高职高专机电类专业系列教材

电力电子技术项目式教程

主　编　蔡新梅
副主编　洪　茜
参　编　华春梅
主　审　李　妍

机　械　工　业　出　版　社

全书共分 7 个项目，主要内容包括电力电子器件的认识与检测、直流LED 调光电路的安装与调试、交流白炽灯调光电路的安装与调试、UPS 电路的安装与调试、变频器的安装与调试、直流开关电源的安装与调试、电力电子技术实验。

本书以项目为载体，把电力电子技术的相关知识融入项目化单元中，每个项目都选取当前先进的、典型的电路或设备，是一本知识性、实践性非常强的工学结合教材。

本书突出了工程性、实践性，降低了理论难度，通俗易懂，图文并茂，适合高职高专学生作为教材使用，也可供相关专业工程技术人员参考。

为方便教学，本书有电子课件、项目测试答案、模拟试卷及答案等，凡选用本书作为授课教材的老师，均可通过电话（010-88379564）或 QQ（2314073523）咨询。

图书在版编目（CIP）数据

电力电子技术项目式教程/蔡新梅主编．—北京：机械工业出版社，2018.12（2025.2 重印）
高职高专机电类专业系列教材
ISBN 978-7-111-61482-1

Ⅰ．①电…　Ⅱ．①蔡…　Ⅲ．①电力电子技术-高等职业教育-教材　Ⅳ．①TM76

中国版本图书馆 CIP 数据核字（2018）第 267530 号

机械工业出版社（北京市百万庄大街 22 号　邮政编码 100037）
策划编辑：曲世海　责任编辑：曲世海　韩　静
责任校对：肖　琳　封面设计：陈　沛
责任印制：郜　敏
北京富资园科技发展有限公司印刷
2025 年 2 月第 1 版第 6 次印刷
184mm×260mm · 12 印张 · 293 千字
标准书号：ISBN 978-7-111-61482-1
定价：39.00 元

电话服务	网络服务
客服电话：010-88361066	机　工　官　网：www.cmpbook.com
010-88379833	机　工　官　博：weibo.com/cmp1952
010-68326294	金　　书　　网：www.golden-book.com
封底无防伪标均为盗版	机工教育服务网：www.cmpedu.com

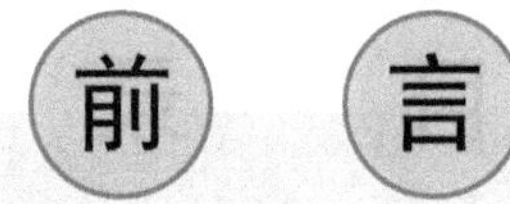

前言

职业教育是我国教育体系的重要组成部分，是国民经济和社会发展的重要基础。职业教育的教学质量直接关系到我国劳动者的素质，影响着经济发展的进程。随着国家高等职业教育改革发展示范院校和骨干院校项目建设计划的启动，新一轮职业教育改革在神州大地拉开了序幕。

本书是为贯彻高等职业教育、教学改革精神，在企业专业人士的大力支持下，与编者共同结合企业的工作实际联合编写的，将电力电子技术相关知识提炼后分类，目的是使学生在今后的工作中具有较好的实际应用能力和解决问题能力。

本书作为高职电类专业课教材，从高等职业教育的实际出发，注重理论联系实际，突出应用环节，本书理论知识简单易懂，力求使学生掌握基础知识点，选取与理论知识相关的实际应用电路或设备，让学生学以致用，并能安装、调试和维护。

本书以项目为载体，着重介绍各种电能变换电路的基本工作过程、电路结构、电路或设备的安装与调试等内容，主要包括电力电子器件的认识与检测、直流 LED 调光电路的安装与调试、交流白炽灯调光电路的安装与调试、UPS 电路的安装与调试、变频器的安装与调试、直流开关电源的安装与调试、电力电子技术实验 7 个项目。为了体现素质教育，提高职业院校学生的应用能力，本书新增【项目评价】环节。

主编蔡新梅负责编写项目五、项目六、项目七；副主编洪茜负责编写项目一、项目二、项目三；华春梅负责编写项目四。蔡新梅负责全书的策划、组织和定稿，李妍对全书内容进行审核。

限于编者的水平和经历，书中内容难以覆盖各地区、各院校的实际情况，希望各兄弟院校及单位提出宝贵意见和建议，以便再版修订时改正。

编　者

目 录

前言
项目一 电力电子器件的认识与检测 …… 1
【项目分析】 …… 1
【项目目标】 …… 1
【知识链接】 …… 1
知识链接一 认识电力电子器件 …… 1
知识链接二 认识不可控器件——电力二极管 …… 3
知识链接三 认识半控型器件——晶闸管 …… 5
知识链接四 认识典型全控型器件 …… 11
【项目实施】 …… 14
晶闸管的认识与检测 …… 14
【项目评价】 …… 16
【项目测试】 …… 17
项目二 直流 LED 调光电路的安装与调试 …… 18
【项目分析】 …… 18
【项目目标】 …… 19
【知识链接】 …… 19
知识链接一 整流电路 …… 19
知识链接二 单结晶体管触发电路 …… 44
【项目扩展】 …… 49
其他触发电路 …… 49
【项目实施】 …… 51
直流 LED 调光电路的安装与调试 …… 51
【项目评价】 …… 53
【项目测试】 …… 54
项目三 交流白炽灯调光电路的安装与调试 …… 55
【项目分析】 …… 55
【项目目标】 …… 55
【知识链接】 …… 56
知识链接一 认识双向晶闸管 …… 56
知识链接二 调压电路 …… 58
【项目扩展】 …… 63
认识交流调功器 …… 63
【项目实施】 …… 66
双向晶闸管的检测 …… 66

交流白炽灯调光电路的安装与调试 …… 67
【项目评价】 …… 68
【项目测试】 …… 69
项目四　UPS 电路的安装与调试 …… 70
【项目分析】 …… 70
【项目目标】 …… 70
【知识链接】 …… 71
知识链接一　认识 UPS …… 71
知识链接二　逆变电路 …… 74
知识链接三　电压型逆变电路 …… 75
知识链接四　电流型逆变电路 …… 83
知识链接五　逆变电路的换相 …… 85
【项目扩展】 …… 87
有源逆变 …… 87
【项目实施】 …… 94
UPS 电路的安装与调试 …… 94
【项目评价】 …… 97
【项目测试】 …… 98
项目五　变频器的安装与调试 …… 99
【项目分析】 …… 99
【项目目标】 …… 99
【知识链接】 …… 100
知识链接一　认识变频器 …… 100
知识链接二　交-交变频电路 …… 102
知识链接三　交-直-交变频电路 …… 107
【项目实施】 …… 111
变频器的安装与调试 …… 111
【项目评价】 …… 116
【项目测试】 …… 117
项目六　直流开关电源的安装与调试 …… 118
【项目分析】 …… 118
【项目目标】 …… 119
【知识链接】 …… 119
知识链接一　认识开关电源 …… 119
知识链接二　直流斩波器 …… 122
知识链接三　直流斩波器在电力传动中的应用 …… 125
知识链接四　脉宽调制（PWM）的控制 …… 130
【项目扩展】 …… 134
认识软开关技术 …… 134
【项目实施】 …… 136
直流开关电源的安装与调试 …… 136

【项目评价】 …… 137
【项目测试】 …… 138

项目七 电力电子技术实验 …… 139
实验一 单结晶体管触发电路实验 …… 139
实验二 正弦波同步移相触发电路实验 …… 140
实验三 锯齿波同步移相触发电路实验 …… 142
实验四 西门子 TCA785 集成触发电路实验 …… 144
实验五 单相半波可控整流电路实验 …… 147
实验六 单相桥式半控整流电路实验 …… 150
实验七 单相桥式全控整流及有源逆变电路实验 …… 153
实验八 三相半波可控整流电路实验 …… 156
实验九 三相半波有源逆变电路实验 …… 159
实验十 三相桥式半控整流电路实验 …… 162
实验十一 三相桥式全控整流及有源逆变电路实验 …… 164
实验十二 单相交流调压电路实验（1） …… 168
实验十三 单相交流调压电路实验（2） …… 171
实验十四 单相交流调功电路实验 …… 173
实验十五 三相交流调压电路实验 …… 175
实验十六 直流斩波电路原理实验 …… 178
实验十七 SCR、GTO、MOSFET、GTR、IGBT 特性实验 …… 180
实验十八 GTO、MOSFET、GTR、IGBT 驱动与保护电路实验 …… 183

参考文献 …… 186

项目一　电力电子器件的认识与检测

【项目分析】

电力电子技术是以电力电子器件为基础的一门课程。电力电子器件是一种能够实现高效率应用和精密控制的电力半导体器件，它是各类电力电子设备、电力电子工程的核心组成部分，典型的电力电子器件如图 1-1 所示。

本项目从电力电子器件原理出发，介绍电力电子器件的结构、原理和性能参数，并根据电力电子器件的特点，结合电路实例介绍常用电力电子器件的认识与检测。常用电力电子器件测量仪器仪表如图 1-2 所示。

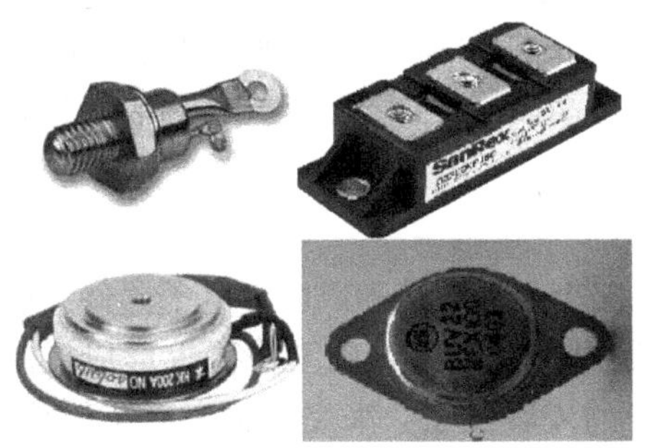

图 1-1　典型的电力电子器件

图 1-2　常用电力电子器件测量仪器仪表

【项目目标】

知识目标

1. 熟悉常用电力电子器件的工作特性。
2. 掌握电力二极管与普通二极管的异同。
3. 了解典型全控型器件的工作原理。

技能目标

1. 能够根据电路需求合理选择电力电子器件。
2. 熟练掌握晶闸管的测量方法。
3. 掌握晶闸管工作过程及工作参数的选择。

【知识链接】

知识链接一　认识电力电子器件

模拟和数字电子电路的基础是晶体管和集成电路等电子器件，而电力电子电路的基础则是电力电子器件，所以掌握各种常用电力电子器件的特性和正确使用方法是学好电力电子技术的基础。下文在对电力电子器件的概念、特点和分类等问题做简要概述之后，分别介绍各种常用电力电子器件的工作过程、基本特性、主要参数以及选择和使用中应注意的问题。

1. 电力电子器件的概念和特征

在电气设备或电力系统中，直接承担电能的变换或控制任务的电路被称为主电路（Main Power Circuit）。电力电子器件（Power Electronic Device）是指在可直接用于处理电能的主电路中，实现电能的变换或控制的电子器件。电力电子器件指电力半导体器件，其所采用的主要材料是硅。

由于电力电子器件直接用于处理电能的主电路，因而同处理信息的电子器件相比，它一般具有如下特征：

1）电力电子器件所能处理电功率的大小，即其承受电压和电流的能力，是其最重要的参数。其处理电功率的能力小至毫瓦级，大至兆瓦级，一般都远大于处理信息的电子器件。

2）由于处理的电功率较大，所以为了减小本身的损耗，提高效率，电力电子器件一般都工作在开关状态。

3）在实际应用中，电力电子器件往往需要由信息电子电路来控制。

4）尽管工作在开关状态，但是电力电子器件自身的功率损耗通常远大于信息电子器件，因而为了保证不因损耗散发的热量导致器件温度过高而损坏，不仅在器件封装上比较讲究散热设计，并且在其工作时一般都还需要安装散热器。

2. 应用电力电子器件的系统组成

如图1-3所示，在实际应用中，一般是由控制电路、驱动电路和以电力电子器件为核心的主电路组成一个系统。由信息电子电路组成的控制电路按照系统的工作要求形成控制信号，通过驱动电路去控制主电路中电力电子器件的导通或者关断，来完成整个系统的功能。由于主电路中往往有电压和电流的过冲，因此，在主电路和控制电路中需附加一些保护电路，以保证电力电子器件和整个电力电子系统正常可靠运行。

从图1-3中还可以看出，电力电子器件一般都有三个端子（也称极或管脚），其中两个端子是连接在主电路中的流通主电路电流的端子，而第三端被称为控制端（或门极）。电力电子器件的导通或者关断是通过在其控制端和一个主电路端子之间施加一定的信号来控制的，这个主电路端子是驱动电路和主电路的公共端。

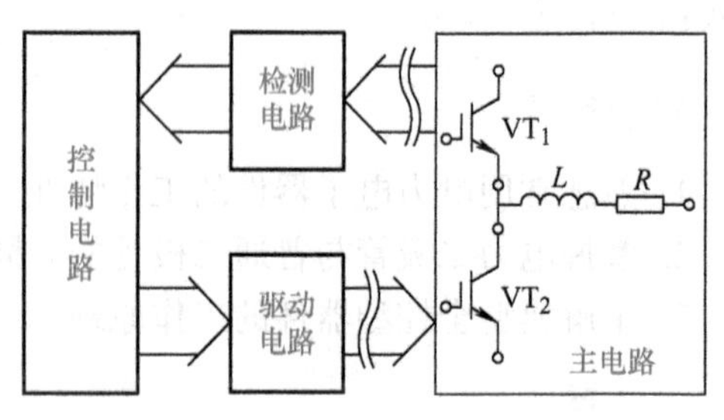

图1-3　电力电子器件在实际应用中的系统组成

3. 电力电子器件的分类

按照电力电子器件能够被控制电路信号所控制的程度，可以将电力电子器件分为不可控器件、全控型器件和半控型器件三类。

（1）不可控器件　不能用控制信号控制其通断的电力电子器件称为不可控器件。这类器件不需要外加驱动电路，如电力二极管（Power Diode）。这种器件只有两个端子，其基本特性与信息电子电路中的二极管一样，器件的导通和关断完全是由其在主电路中承受的电压和电流决定的。

(2) 全控型器件　通过控制信号既可以控制其导通，又可以控制其关断的电力电子器件称为全控型器件。由于与半控型器件相比，可以由控制信号控制其关断，因此又称为自关断器件。这类器件品种很多，目前最常用的是绝缘栅双极型晶体管（Insulated-Gate Bipolar Transistor，IGBT）、电力场效应晶体管（Power MOSFET，简称为电力 MOSFET）、门极关断（Gate-Turn-Off，GTO）晶闸管等。

(3) 半控型器件　通过控制信号可以控制其导通而不能控制其关断的电力电子器件称为半控型器件。这类器件主要是指晶闸管（Thyristor）及其大部分派生器件，器件的关断完全是由其在主电路中承受的电压和电流决定的。

按照驱动电路加在电力电子器件控制端和公共端之间信号的性质，可以将电力电子器件（电力二极管除外）分为电流驱动型和电压驱动型两类。

(1) 电流驱动型　如果是通过从控制端注入或者抽出电流来实现导通或者关断的控制，这类电力电子器件称为电流驱动型电力电子器件，也称电流控制型电力电子器件。

(2) 电压驱动型　如果是仅通过在控制端和公共端之间施加一定的电压信号就可实现导通或者关断的控制，这类电力电子器件称为电压驱动型电力电子器件，也称电压控制型电力电子器件。由于电压驱动型器件实际上是通过加在控制端上的电压在器件的两个端子之间产生可控的电场来改变流过器件的电流大小和通断状态的，所以电压驱动型器件又称为场控器件，或者场效应器件。

根据驱动电路加在电力电子器件控制端和公共端之间有效信号的波形，可将电力电子器件（电力二极管除外）分为脉冲触发型和电平控制型两类。

(1) 脉冲触发型　在控制端施加一个脉冲信号来控制器件通断，一旦器件进入导通或阻断状态且主电路条件不变的情况下，不必通过继续施加控制端信号就能维持器件的导通或阻断状态，这类电力电子器件被称为脉冲触发型电力电子器件。

(2) 电平控制型　如果必须通过持续在控制端和公共端之间施加一定电平的电压或电流信号来使器件开通并维持在导通状态，或者关断并维持在阻断状态，这类电力电子器件则称为电平控制型电力电子器件。

电力电子器件还可以按照器件内部电子和空穴两种载流子参与导电的情况分为单极型器件、双极型器件和复合型器件三类。由一种载流子参与导电的器件称为单极型器件（也称多子器件）；由电子和空穴两种载流子参与导电的器件称为双极型器件（也称少子器件）；由单极型器件和双极型器件集成混合而成的器件则称为复合型器件，也称混合型器件。

知识链接二　认识不可控器件——电力二极管

电力二极管（Power Diode）自20世纪50年代初期就获得应用，当时也称半导体整流器（Semiconductor Rectifier，SR），并开始逐步取代汞弧整流器。电力二极管虽然是不可控器件，但其结构和原理简单且工作可靠，所以，直到现在电力二极管仍然大量应用于许多电气设备中。特别是开通和关断速度很快的快恢复二极管和肖特基二极管，具有不可替代的地位。

1. 电力二极管的结构与伏安特性

(1) 电力二极管的结构　电力二极管的基本结构与信息电子电路中的二极管一样，都是以半导体 PN 结为基础的。电力二极管实际上是由一个面积较大的 PN 结和两端引线以及封装组成的。电力二极管的外形、基本结构和电气图形符号如图 1-4 所示。从外形上看，电力二极管主要有螺栓型和平板型两种封装。

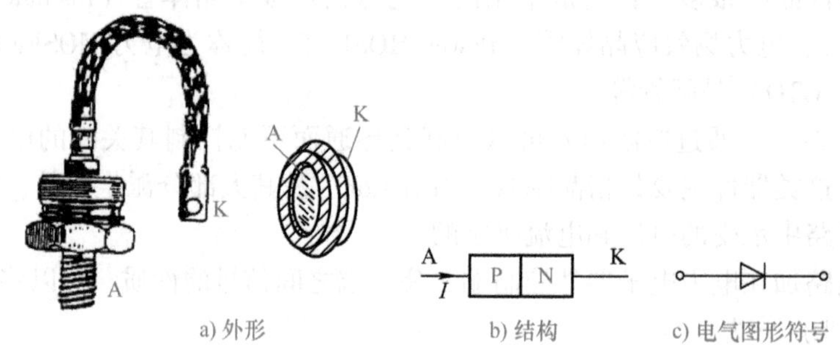

图 1-4　电力二极管的外形、结构和电气图形符号

（2）电力二极管的伏安特性　电力二极管的伏安特性如图 1-5 所示。当电力二极管承受的正向电压大到一定值（门槛电压 U_{TO}）时，正向电流才开始明显增加，处于稳定导通状态。与正向电流 I_F 对应的电力二极管两端的电压 U_F 称为正向电压降。当电力二极管承受反向电压时，只有微小而数值恒定的反向漏电流。

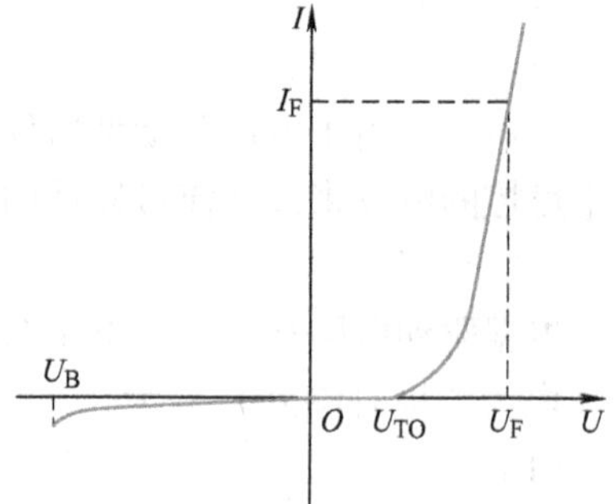

图 1-5　电力二极管的伏安特性

2. 电力二极管的主要参数

（1）正向平均电流 $I_{F(AV)}$　指电力二极管长期运行在规定散热条件下，允许流过的最大正弦半波电流的平均值。正向平均电流是按照电流的发热效应来定义的，因此使用时应按工作中实际波形的电流与正向平均电流所造成的发热效应相等，即有效值相等的原则来选取电流定额，并应留有一定的裕量。当用在频率较高的场合时，开关损耗造成的发热往往也不能忽略。当采用反向漏电流较大的电力二极管时，其断态损耗造成的发热效应也不小。

（2）正向平均电压 $U_{F(AV)}$　指电力二极管在规定条件下，流过某一指定的稳态正向电流时对应的正向压降，简称管压降，一般在 0.45～1V 范围内。

（3）反向重复峰值电压 U_{RRM}　指对电力二极管所能重复施加的反向最高峰值电压，此值通常为击穿电压 U_B 的 2/3。使用时，通常按照电路中管子可能承受的反向最高峰值电压的两倍来选定此项参数。

（4）最高工作结温 T_{JM}　指器件中 PN 结不至于损坏的前提下所能承受的最高平均温度。T_{JM} 通常在 125～175℃范围内。

（5）反向漏电流 I_{RR}　对应于反向重复峰值电压时的漏电流。

3. 电力二极管的主要类型

电力二极管在许多电力电子电路中都有广泛的应用。电力二极管可以在交流-直流变换电路中作为整流器件，也可以在电感元件的电能需要适当释放的电路中作为续流元件，还可以在各种变流电路中作为电压隔离、钳位或保护器件。在应用时，应根据不同场合的不同要求，选择不同类型的电力二极管。下面按照正向压降、反向耐压、反向漏电流等性能，介绍几种常用的电力二极管。

（1）普通二极管　普通二极管（General Purpose Diode）又称整流二极管（Rectifier Diode），多用于开关频率不高（1kHz 以下）的整流电路中。其反向恢复时间较长，一般在 5μs 以上，但其正向电流定额和反向电压定额可以达到很高，分别可达数千安和数千伏。

（2）快恢复二极管　恢复过程很短，特别是反向恢复过程很短（一般在 5μs 以下）的二极管被称为快恢复二极管（Fast Recovery Diode，FRD），简称快速二极管，工艺上多采用掺金措施，结构上有的采用 PN 结型结构，也有的采用对此加以改进的 PiN 结构。不管是什么结构，快恢复二极管从性能上可分为快速恢复和超快速恢复两个等级。前者反向恢复时间为数百纳秒或更长，后者则在 100ns 以下，甚至达到 20～30ns。

（3）肖特基二极管　利用金属与半导体接触形成的金属-半导体结原理制作的二极管称为肖特基势垒二极管（Schottky Barrier Diode，SBD），简称为肖特基二极管。其优点在于：反向恢复时间很短（10～40ns），正向恢复过程中也不会有明显的电压过冲；反向偏压较低时其正向压降明显低于快恢复二极管。因此，其开关损耗和正向导通损耗都比快速二极管还要小，效率高。其缺点在于：其反向偏压较低，因此多用于 200V 以下的低压场合；反向漏电流较大且对温度敏感，因此反向稳态损耗不能忽略，而且必须更严格地限制其工作温度。

知识链接三　认识半控型器件——晶闸管

晶闸管的全称是硅晶体闸流管，曾称可控硅（SCR）。它是由三个 PN 结构成的一种大功率开关型半导体器件，它能以较小的电流控制上千安的电流和数千伏的电压。

晶闸管包括普通晶闸管、双向晶闸管、快速晶闸管、门极关断晶闸管和逆导晶闸管等。下面着重介绍普通晶闸管，本书如不特别说明，则所说的晶闸管就指普通晶闸管。

1. 晶闸管的结构

晶闸管的外形如图 1-6 所示。晶闸管的外形大致有三种：塑封型、螺旋型和平板型。图 1-6a 为塑封型，通常其额定电流在 10A 以下；图 1-6b、c 为螺旋型，其额定电流一般为 10～200A；图 1-6d 为平板型，通常其额定电流在 200A 以上。晶闸管工作时，由于器件损耗而产生热量，需要通过散热器降低管芯温度，器件外形是为了便于安装散热器而设计的。

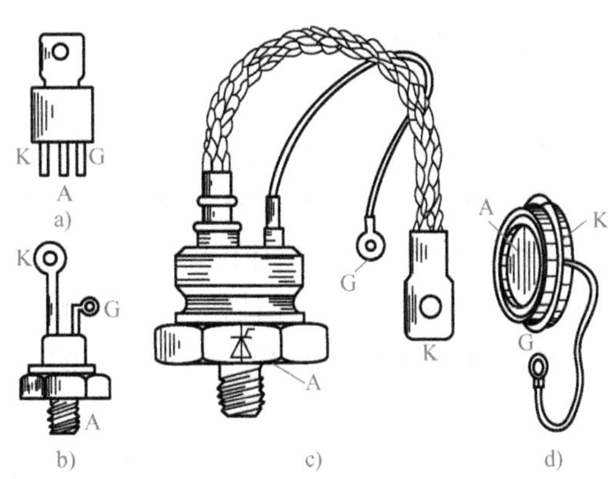

图 1-6　晶闸管的外形

晶闸管的内部结构及电气图形符号如图 1-7 所示。晶闸管是具有三个 PN 结的四层（$P_1N_1P_2N_2$）三端（A、K、G）器件，由最外的 P_1 层和 N_2 层引出两个电极，分别为阳极 A 和阴极 K，由中间的 P_2 层引出的电极是门极 G。晶闸管内部具有三个 PN 结，即 J_1、J_2、J_3，它的 PNPN 结构可以等效为三个二极管串联电路，如图 1-8a 所示。另外，还可将晶闸管的四层结构中的 N_1 和 P_2 层分成两部分，因此晶闸管可用一个 PNP（$P_1N_1P_2$）型晶体管和一个 NPN（$N_1P_2N_2$）型晶体管来等效，如图 1-8b 所示。

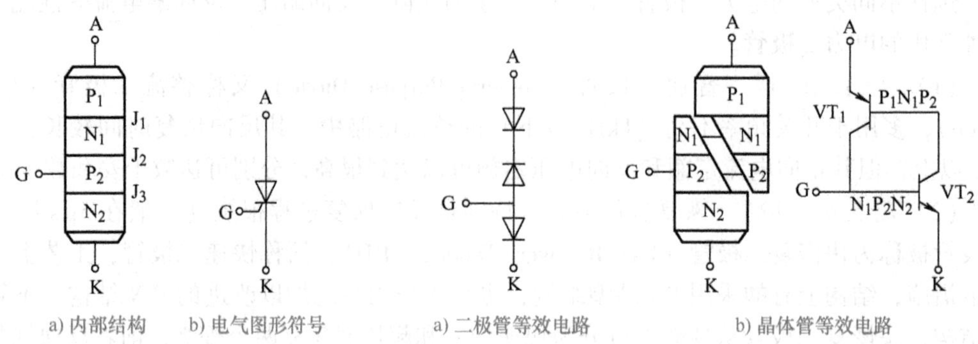

a) 内部结构　b) 电气图形符号

图 1-7　晶闸管的内部结构及电气图形符号

a) 二极管等效电路　b) 晶体管等效电路

图 1-8　晶闸管的等效电路

2. 晶闸管的工作过程

晶闸管导通的工作过程可以用双晶体管模型来解释，如图 1-9 所示。如果外电路向门极注入电流 I_G，也就是注入驱动电流，则 I_G 流入晶体管 VT_2 的基极，即产生集电极电流 I_{c2}，它构成晶体管 VT_1 的基极电流，放大成集电极电流 I_{c1}，又进一步增大 VT_2 的基极电流，如此形成强烈的正反馈，最后 VT_1 和 VT_2 进入完全饱和状态，即晶闸管导通。此时如果撤掉外电路注入门极的电流 I_G，晶闸管由于内部已形成了强烈的正反馈会仍然维持导通状态。而若要使晶闸管关断，必须去掉阳极所加的正向电压，或者给阳极施加反压，或者设法使流过晶闸管的电流降低到接近于零的某一数值以下，晶闸管才能关断。所以，对晶闸管的驱动过程称为触发，产生注入门极的触发电流 I_G 的电路称为门极触发电路。正是由于通过其门极只能控制其开通，不能控制其关断，晶闸管才被称为半控型器件。

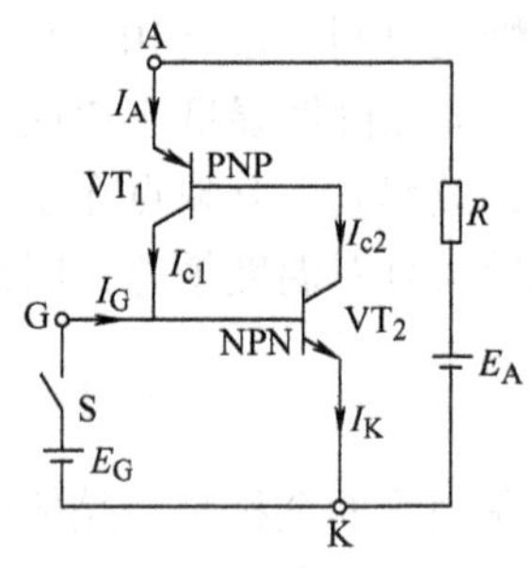

图 1-9　晶闸管工作过程示意图

下面通过晶闸管的导通、关断实验来进一步说明其工作过程，实验电路如图 1-10 所示。阳极电源 E_a 通过负载（白炽灯）接到晶闸管的阳极 A 与阴极 K，组成晶闸管的主电路。流过晶闸管阳极的电流称为阳极电流（I_a），晶闸管阳极和阴极两端电压称为阳极电压（U_a）。门极电源 E_g 连接晶闸管的门极 G 与阴极 K，组成控制电路，称为触发电路。流过门极的电流称为门极电流（I_g），门极与阴极之间的电压称为门极电压（U_g）。用灯泡来观察晶闸管的通断情况。该实验分为以下九个步骤进行。

第一步：按图 1-10a 接线，阳极和阴极之间加反向电压，门极和阴极之间不加电压，指示灯不亮，晶闸管不导通。

第二步：按图 1-10b 接线，阳极和阴极之间加反向电压，门极和阴极之间加反向电压，指示灯不亮，晶闸管不导通。

第三步：按图 1-10c 接线，阳极和阴极之间加反向电压，门极和阴极之间加正向电压，指示灯不亮，晶闸管不导通。

第四步：按图 1-10d 接线，阳极和阴极之间加正向电压，门极和阴极之间不加电压，指示灯不亮，晶闸管不导通。

第五步：按图 1-10e 接线，阳极和阴极之间加正向电压，门极和阴极之间加反向电压，指示灯不亮，晶闸管不导通。

第六步：按图 1-10f 接线，阳极和阴极之间加正向电压，门极和阴极之间也加正向电压，指示灯亮，晶闸管导通。

第七步：按图 1-10g 接线，去掉触发电压，指示灯亮，晶闸管仍导通。

第八步：按图 1-10h 接线，门极和阴极之间加反向电压，指示灯亮，晶闸管仍导通。

第九步：按图 1-10i 接线，去掉触发电压，将电位器阻值加大，晶闸管阳极电流减小，当电流减小到一定值时，指示灯熄灭，晶闸管关断。

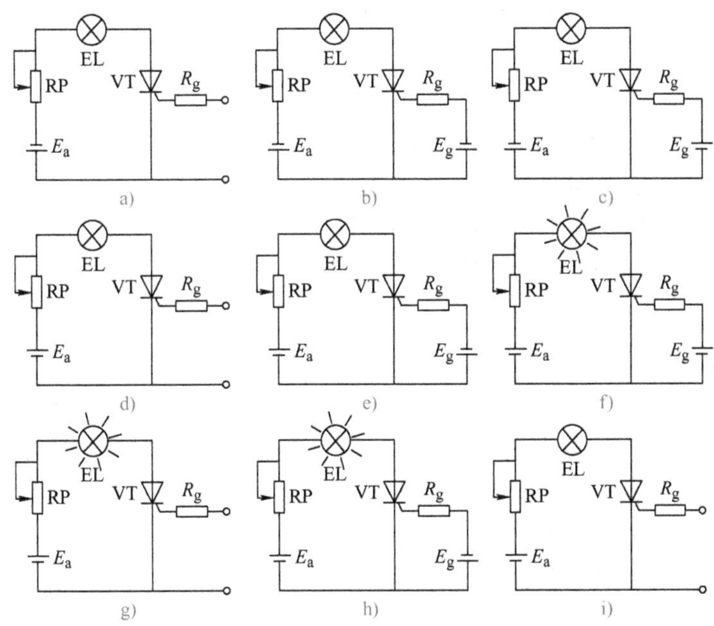

图 1-10　晶闸管导通、关断条件实验电路

以上实验说明如下：

1）当晶闸管承受反向阳极电压时，无论门极是否有正向触发电压或者承受反向触发电压，晶闸管不导通，只有很小的反向漏电流流过管子，这种状态称为反向阻断状态。**说明晶闸管像整流二极管一样，具有单向导电性。**

2）当晶闸管承受正向阳极电压时，门极加上反向触发电压或者不加触发电压，晶闸管不导通，这种状态称为正向阻断状态，**这是二极管所不具备的。**

3）当晶闸管承受正向阳极电压时，门极加上正向触发电压，晶闸管导通，这种状态称为正向导通状态。**这就是晶闸管的闸流特性，即可控特性。**

4）晶闸管一旦导通后维持阳极电压不变，将触发电压撤除，管子依然处于导通状态，即门极对管子不再具有控制作用。

由此可见，晶闸管的导通条件是阳极承受正向电压，处于阻断状态的晶闸管，只有在门极加正向触发电压，才能使其导通。晶闸管一旦导通，门极将失去控制作用。而要使导通的晶闸管关断，只能利用外加电压和外电路的作用使流过晶闸管的电流降到接近于零的某一数值（称为维持电流）以下，因此可以采取去掉晶闸管的阳极电压，或者给晶闸管的阳极加反向电压，或者降低正向阳极电压等方式来使晶闸管关断。

3. 晶闸管的伏安特性

晶闸管阳极与阴极之间的电压 U_A 与阳极电流 I_A 的关系，称为晶闸管的阳极伏安特性，简称伏安特性，如图1-11所示。

第Ⅰ象限为晶闸管的正向特性，第Ⅲ象限为晶闸管的反向特性。当门极断开 $I_G=0$ 时，若在晶闸管两端施加正向阳极电压，由于 J_2 结受反压阻挡，则晶闸管处于正向阻断状态，正向漏电流很小。随着正向阳极电压 U_A 的增大，正向漏电流也相应增大。当 U_A 升高到正向转折电压 U_{BO} 时，正向漏电流急剧增大，特性由高阻区到达低阻区，晶闸管器件即由断态转入通态。导通状态时的晶闸管特性和二极管的正向特性相似，即通过较大的阳极电流，而器件本身的压降却很小。

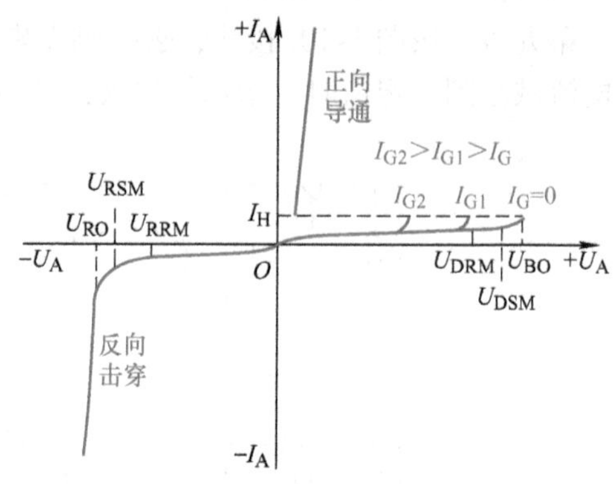

图1-11　晶闸管的伏安特性

在使用晶闸管时，先加上一定的正向阳极电压，然后在门极与阴极加上足够大的触发电压，使晶闸管导通。导通后的晶闸管的通态压降很小，为1V左右。若导通期间的门极电流为零，则当阳极电流降至维持电流 I_H 以下时，晶闸管就又回到正向阻断状态。

晶闸管加反向阳极电压时，晶闸管的反向特性与一般二极管的伏安特性相似。由于此时晶闸管的 J_1、J_3 结均为反向偏置，因此器件只流过很小的反向漏电流，器件处于反向阻断状态。但当反压升高到反向转折电压 U_{RO} 后，则会由于反向漏电流的急剧增大而导致器件发热损坏，即器件反向击穿。

4. 晶闸管的主要参数

晶闸管的主要参数是其性能指标的反映，表明晶闸管所具有的性能和能力。在实际使用过程中，往往要根据实际的工作条件进行晶闸管的合理选择，所以必须掌握其主要参数，这样才能取得满意的技术及经济效果。

（1）晶闸管的电压定额

1）断态重复峰值电压 U_{DRM}。当门极断开，晶闸管处在额定结温时，允许重复加在管子上的正向峰值电压称为晶闸管的断态重复峰值电压，又称正向重复峰值电压，用 U_{DRM} 表示。

2）反向重复峰值电压 U_{RRM}。当门极断开，晶闸管处在额定结温时，允许重复加在管子上的反向峰值电压称为反向重复峰值电压，用 U_{RRM} 表示。

3）额定电压 U_{Tn}。在晶闸管的铭牌上，额定电压是以电压等级的形式给出的，通常是指将 U_{DRM} 和 U_{RRM} 中的较小值按相应的标准电压等级中偏小的电压值，取相应的标准电压级别。电压等级见表1-1。例如：一晶闸管实测 $U_{DRM}=812V$，$U_{RRM}=756V$，两者较小的756V按表1-1中相应的电压等级标准为700V，故该晶闸管的额定电压 U_{Tn} 为700V，电压级别为7级。

表 1-1　晶闸管的正、反向重复峰值电压等级

级别	正、反向重复峰值电压/V	级别	正、反向重复峰值电压/V	级别	正、反向重复峰值电压/V
1	100	8	800	20	2000
2	200	9	900	22	2200
3	300	10	1000	24	2400
4	400	11	1100	26	2600
5	500	12	1200	28	2800
6	600	14	1400	30	3000
7	700	16	1600		

另外，在使用过程中，环境温度的变化、散热条件以及出现的各种过电压都会对晶闸管产生影响，因此在选择管子的时候，晶闸管的额定电压是实际工作时可能承受的最大电压的 2～3 倍。

4）通态平均电压 $U_{T(AV)}$。在规定环境温度、标准散热条件下，器件通以额定电流时，阳极和阴极间电压降的平均值，称为通态平均电压（也称管压降），其数值按表 1-2 分组。从减小损耗和器件发热来看，应选择 $U_{T(AV)}$ 较小的管子。实际应用中当晶闸管流过较大的恒定直流电流时，其通态平均电压比器件出厂时定义的值（见表 1-2）要大，约为 1.5V。

表 1-2　晶闸管通态平均电压分组

组别	A	B	C	D	E
通态平均电压/V	$U_{T(AV)} \leqslant 0.4$	$0.4 < U_{T(AV)} \leqslant 0.5$	$0.5 < U_{T(AV)} \leqslant 0.6$	$0.6 < U_{T(AV)} \leqslant 0.7$	$0.7 < U_{T(AV)} \leqslant 0.8$
组别	F	G	H	I	
通态平均电压/V	$0.8 < U_{T(AV)} \leqslant 0.9$	$0.9 < U_{T(AV)} \leqslant 1.0$	$1.0 < U_{T(AV)} \leqslant 1.1$	$1.1 < U_{T(AV)} \leqslant 1.2$	

（2）晶闸管的电流定额

1）额定电流 $I_{T(AV)}$。晶闸管额定电流的标定与其他电气设备不同，采用的不是有效值，而是平均电流，即在环境温度为 40℃ 和规定的冷却条件下，晶闸管在导通角不小于 170°的电阻性负载电路中，当不超过额定结温且稳定时，所允许通过的工频正弦半波电流的平均值。因此，晶闸管额定电流又称为通态平均电流。

在规定条件下，流经晶闸管的工频正弦半波电流波形如图 1-12 所示。

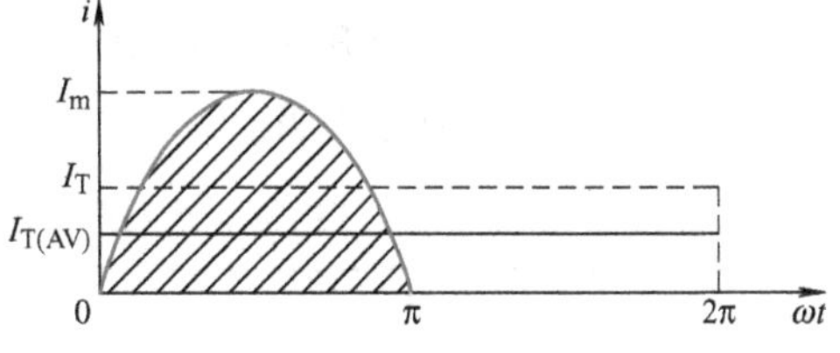

图 1-12　流过晶闸管的工频正弦半波电流波形

设该电流的峰值为 I_m，则通态平均电流为

$$I_{T(AV)} = \frac{1}{2\pi}\int_0^{\pi} I_m \sin\omega t \, d(\omega t) = \frac{I_m}{\pi} \tag{1-1}$$

该电流波形的有效值为

$$I_T = \sqrt{\frac{1}{2\pi}\int_0^{\pi} (I_m \sin\omega t)^2 d(\omega t)} = \frac{I_m}{2} \tag{1-2}$$

正弦半波电流的有效值与平均值之比为

$$\frac{I_T}{I_{T(AV)}} = \frac{\pi}{2} = 1.57 = K_f(\text{称为波形系数}) \tag{1-3}$$

由式(1-3) 可知，额定电流为100A的晶闸管，其允许通过的电流有效值为157A。但是，由于晶闸管的过载能力差，一般选用时会取1.5~2倍的安全裕量，即

$$I_{T(AV)}=(1.5\sim2)I_T/1.57 \tag{1-4}$$

要注意的是，对于不同的电路、不同的负载、不同的导通角，流过晶闸管的电流波形是不一样的，从而它的电流平均值和有效值的关系也就不一样。因此，晶闸管在实际选择时，要根据实际波形进行换算。

2）维持电流 I_H。在室温下门极断开时，器件从较大的通态电流降到刚好能保持导通的最小阳极电流称为维持电流 I_H。维持电流与器件容量、结温等因素有关，额定电流大的管子维持电流也大，同一管子结温低时维持电流增大，维持电流大的管子容易关断。同一型号的管子其维持电流也各不相同。

3）擎住电流 I_L。当器件从阻断状态刚转为导通状态就去除触发信号，此时要保持器件持续导通所需要的最小阳极电流称为擎住电流 I_L。对同一个晶闸管来说，通常擎住电流 I_L 为维持电流 I_H 的2~4倍。

（3）门极参数

1）门极触发电流 I_{gT}。室温下，在晶闸管的阳极-阴极之间加上6V的正向阳极电压，管子由断态转为通态所必需的最小门极电流，称为门极触发电流 I_{gT}。

2）门极触发电压 U_{gT}。产生门极触发电流 I_{gT} 所必需的最小门极电压，称为门极触发电压 U_{gT}。

对于晶闸管的使用者来说，为使触发电路适用于所有型号的晶闸管，触发电路送出的电压和电流要适当地大于型号规定的标准值，但不应超过门极可加信号的峰值，功率不能超过门极平均功率和门极峰值功率。

（4）动态参数

1）断态电压临界上升率 du/dt。du/dt 是在额定结温和门极开路的情况下，从断态到通态转换的最大阳极电压上升率。实际使用时的电压上升率必须低于此规定值。表1-3为晶闸管的断态电压临界上升率等级。

表1-3　断态电压临界上升率（du/dt）的等级

du/dt/(V/μs)	25	50	100	200	500	800	1000
级别	A	B	C	D	E	F	G

限制器件正向电压上升率的原因是：在正向阻断状态下，反偏的 J_2 结相当于一个结电容，如果阳极电压突然增大，便会有一充电电流流过 J_2 结，相当于有触发电流。若 du/dt 过大，即充电电流过大，就会造成晶闸管的误导通。所以在使用时，需要采取保护措施，使它不超过规定值。

2）通态电流临界上升率 di/dt。di/dt 是在规定条件下，晶闸管能承受而无有害影响的最大通态电流上升率。表1-4为晶闸管通态电流临界上升率等级。

如果阳极电流上升太快，则晶闸管刚一开通时，会有很大的电流集中在门极附近的小区域内，造成 J_2 结局部过热而使晶闸管损坏。因此，在实际使用时要采取保护措施，将它限制在允许值内。

表 1-4　通态电流临界上升率（di/dt）的等级

di/dt /(A/μs)	25	50	100	150	200	300	500
级别	A	B	C	D	E	F	G

（5）晶闸管的型号　根据国家的有关规定，普通晶闸管的型号及含义如下：

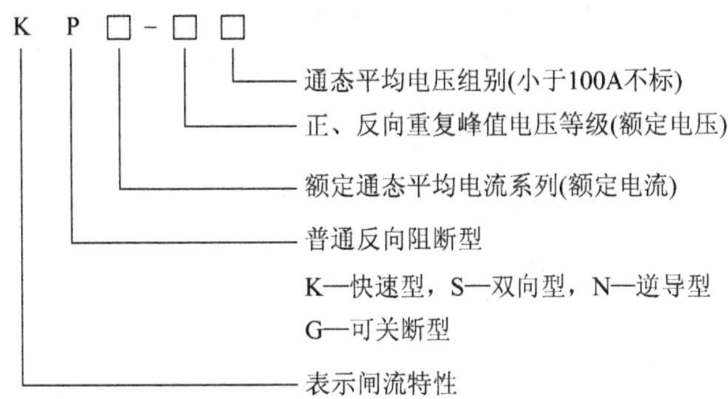

如 KP5－7E 表示额定电流为 5A、额定电压为 700V 的普通晶闸管。

知识链接四　认识典型全控型器件

随着半导体制造工艺水平的不断提高以及信息技术的发展，由电力电子技术与信息电子技术相结合而形成的新一代高频化、全控型、采用集成电路制造工艺的电力电子器件逐渐成为电力电子技术应用的主角。其中，尤以门极关断（GTO）晶闸管、电力晶体管（GTR）、功率场效应晶体管（Power MOSFET）和绝缘栅双极型晶体管（IGBT）为典型。

1. 门极关断（GTO）晶闸管

门极关断晶闸管简称为 GTO，是一种具有自关断能力的晶闸管。当其处于阻断状态时，如果有正向阳极电压，同时在门极加上一定的正向触发电压，GTO 可以由阻断状态转为导通状态；当其处于导通状态时，门极加上足够大的反向触发电压，GTO 可以由导通状态转为阻断状态。可见，我们既可以控制其导通，又可以控制其关断，这种电力电子器件被称为全控型器件。GTO 具有普通晶闸管的全部优点，如耐压高、电流大、价格便宜等，同时又是全控型器件，因而被广泛应用于电力机车的逆变器、电网动态无功补偿和大功率直流斩波调速装置中。

（1）GTO 的工作过程　GTO 的内部结构与普通晶闸管相似，都是 PNPN 四层三端半导体器件，其电气图形符号及等效电路如图 1-13 所示。图中，A、G 和 K 分别表示 GTO 的阳极、门极和阴极。

GTO 的外部引出三个电极，但内部却包含数百个共阳极的小 GTO，这些小 GTO 称为 GTO 元。GTO 元的阳极是共有的，门极和阴极分别并联在一起，这是为实现门极控制关断所采取的特殊设计。

GTO 的开通原理与普通晶闸管相同。在图 1-13b 所示的等效电路中，当阳极加正向电压、门极同时加正向触发电压时，在等效晶体管 $P_1N_1P_2$ 和 $N_1P_2N_2$ 内形成如下正反馈过程：

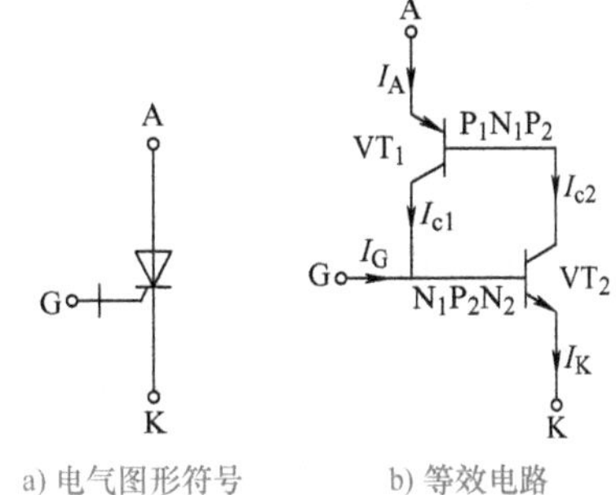

a) 电气图形符号　　b) 等效电路

图 1-13　GTO 的电气图形符号及等效电路

$$I_G \uparrow \longrightarrow I_{c2} \uparrow \longrightarrow I_A \uparrow \longrightarrow I_{c1} \uparrow$$

随着晶体管 VT_2 的发射极电流和 VT_1 发射极电流的增加，两个等效晶体管均饱和导通，GTO 则完成了导通过程。

（2）GTO 的主要参数　GTO 的基本参数与普通晶闸管大多相同，不同之处叙述如下：

1）最大可关断阳极电流 I_{ATO}。GTO 的阳极电流允许值受两方面因素的限制：一是额定工作结温，其决定了 GTO 的平均电流额定值；二是门极负电流脉冲可以关断的最大阳极电流的限制，这是由 GTO 只能工作在临界饱和导通状态所决定的。阳极电流过大，GTO 便处于较深的饱和导通状态，门极负电流脉冲不可能将其关断。所以 GTO 必须规定一个最大可关断阳极电流 I_{ATO} 作为其容量，I_{ATO} 即管子的铭牌电流。

在实际应用中，可关断阳极电流 I_{ATO} 还与门极关断负电流波形、阳极电压上升率、工作频率及电路参数的变化等因素有关，因此它不是一个固定不变的数值。

2）关断增益 β_{off}。关断增益 β_{off} 为最大可关断电流 I_{ATO} 与门极负电流最大值 I_{GM} 之比，即

$$\beta_{off} = \frac{I_{ATO}}{|-I_{GM}|}$$

β_{off} 表示 GTO 的关断能力。当门极负电流上升率一定时，β_{off} 随可关断阳极电流的增加而增加；当可关断阳极电流一定时，β_{off} 随门极负电流上升率的增加而减小。采用适当的门极电路，很容易获得上升率较快、幅值足够的门极负电流，因此在实际应用中不必追求过高的关断增益。

（3）GTO 门极驱动电路　设计与选择性能优良的门极驱动电路对保证 GTO 的正常工作和性能优化至关重要，特别是对门极关断技术应特别予以重视，它是正确使用 GTO 的关键。

图 1-14 所示为一种桥式驱动电路。当在晶体管 VT_1、VT_3 的基极加控制电压使它们饱和导通时，GTO 触发导通；当在普通晶闸管 VT_2、VT_4 的门极加控制电压使其导通时，GTO 关断。考虑到关断时门极电流较大，所以关断时用普通晶闸管组。晶闸管组是不能同时导通的。图中电感 L 的作用是在晶闸管阳极电流下降期间释放所存储的能量，补偿 GTO 的门极关断电流，提高关断能力。

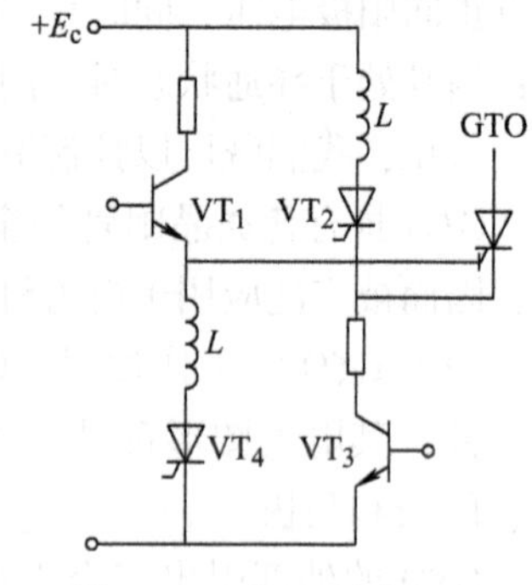

图 1-14　桥式驱动电路

2. 电力晶体管

电力晶体管（Giant Transistor）简称 GTR，是一种电流控制的双极双结大功率电力电子器件，一般将集电极功率大于 1W 的晶体管称为电力晶体管。

GTR 的结构：电力晶体管与一般双极型晶体管的结构相似，它们都是三层半导体、两个 PN 结的三端器件。GTR 分为 PNP 型和 NPN 型两种，但大功率的 GTR 多采用 NPN 型。GTR 的电气图形符号如图 1-15 所示。

3. 功率场效应晶体管

功率场效应晶体管简称功率 MOSFET，它是一种单极型电压控制器件，具有输入阻抗

高（可达40MΩ）、工作速度快（开关频率可达500kHz以上）、驱动功率小、电路简单、热稳定性好、无二次击穿问题、安全工作区（SOA）宽等优点。目前电力MOSFET的耐压可达1000V，电流为200A，工作频率可达1MHz，开关时间仅13ns，因此它在小容量机器人传动装置、荧光灯镇流器等高频中小功率的电力电子装置中应用极为广泛。

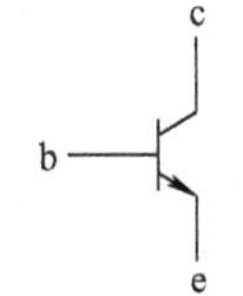

图1-15　NPN型GTR的电气图形符号

(1) 功率MOSFET的结构与工作过程　功率MOSFET有多种结构形式，根据载流子的性质可分为P沟道和N沟道两种类型，电气图形符号如图1-16所示，它有三个电极：栅极G、源极S和漏极D，图中箭头表示载流子移动方向。

根据制造工艺不同，功率MOSFET分为利用V形槽实现垂直导电的VVMOSFET和具有垂直导电双扩散MOS结构的VDMOSFET。目前使用最多的是N沟道增强型VDMOSFET，这是因为它的漏极到源极的电流垂直于芯片表面流过，这种结构可使导电沟道缩短、截面积加大，因而具有较高的通流能力和功率处理能力。

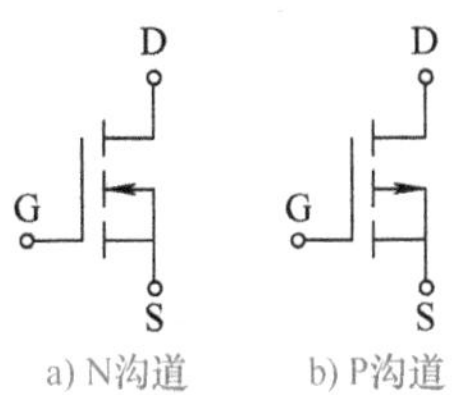

图1-16　功率MOSFET的电气图形符号

功率MOSFET的工作过程与传统的MOS器件基本相同，当栅源极加正向电压（$U_{GS}>0$）时，MOSFET内沟道出现，形成漏极到源极的电流I_D，器件导通；反之，当栅源极加反向电压（$U_{GS}<0$）时，沟道消失，器件关断。

(2) 功率MOSFET的主要参数

1）通态电阻R_{on}。通常规定，在确定的栅源电压U_{GS}下，功率MOSFET由可调电阻区进入饱和区时的集射极间直流电阻为通态电阻。它是影响最大输出功率的重要参数，在开关电路中它决定输出电压幅度和自身损耗大小。

2）开启电压U_T。开启电压U_T又称阈值电压，指功率MOSFET流过一定量的漏极电流时的最小栅源电压。施加的栅源电压不能太大，否则容易击穿器件。

3）漏源电压U_{DS}。漏源电压U_{DS}是指漏极和源极之间所能承受的最大电压。它决定了功率MOSFET的最高工作电压。

4）栅源电压U_{GS}。栅源电压U_{GS}是为了防止绝缘栅层因栅源电压过高时发生介质击穿而设定的参数，其极限值一般定为±20V。

5）漏极连续电流I_D和漏极峰值电流I_{DM}。在器件内部温度不超过最高工作温度时，功率MOSFET允许通过的最大漏极连续电流和脉冲电流称为漏极连续电流I_D和漏极峰值电流I_{DM}。该电流定额主要受结温的限制，结温高时，应降低定额数值。

4. 绝缘栅双极型晶体管

绝缘栅双极型晶体管简称IGBT（Insulated Gate Bipolar Transistor），它的等效结构具有晶体管模式。IGBT于1982年研制，1986年投产，是发展最快而且很有前途的一种复合型器件。目前，IGBT的产品已系列化，最大电流容量达1800A，最高电压达4500V，工作频率达50kHz。IGBT集中了功率MOSFET和GTR的优点，其导通电阻是同一耐压规格的功率MOSFET的1/10，开关时间是同容量GTR的1/10，在电动机控制、中频电源、各种开关电源以及其他高速低损耗的中小功率领域应用十分广泛。

(1) IGBT的结构与工作过程　IGBT有三个电极，分别是集电极C、发射极E和栅极

G。IGBT 可以等效为图 1-17a 所示的电路图，相当于一个功率 MOSFET 驱动一个 GTR，其图形符号如图 1-17b 所示。在应用电路中，IGBT 的 C 接电源正极，E 接电源负极。它的导通和关断由栅极电压 U_{GE}来控制。当栅射极间施加正向电压且大于开启电压 $U_{GE(th)}$时，IGBT 导通，导通后的 IGBT 通态压降低。而在栅射极间施加反向电压或不加电压信号时，IGBT 关断。

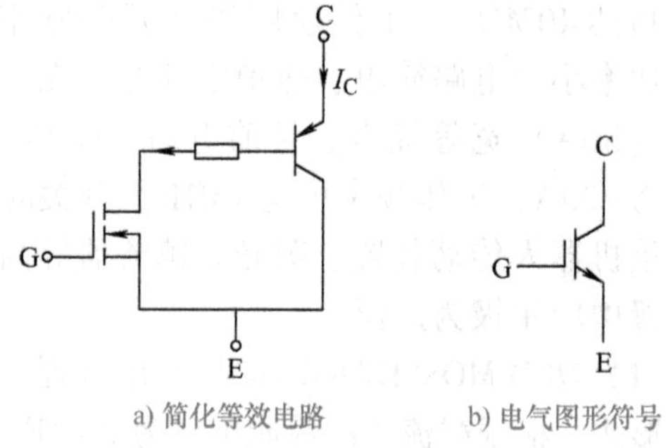

图 1-17　IGBT 的简化等效电路和电气图形符号

（2）IGBT 的基本特性　IGBT 的转移特性如图 1-18a 所示，当 $U_{GE}<U_{GE(th)}$时，IGBT 关断；当 $U_{GE}>U_{GE(th)}$（开启电压，一般为 3 ~ 6V）时，IGBT 开通，其输出电流 I_C与驱动电压 U_{GE}基本呈线性关系，U_{GE}越高，I_C越大。IGBT 的输出特性是以 U_{GE}为参考变量时，I_C与 U_{CE}间的关系，如图 1-18b 所示，它分为三个区域：正向阻断区、有源区和饱和区。值得注意的是，IGBT 的反向电压承受能力很差，其反向阻断电压 U_{BM}只有几十伏，因此限制了它在需要承受高反电压场合的应用。

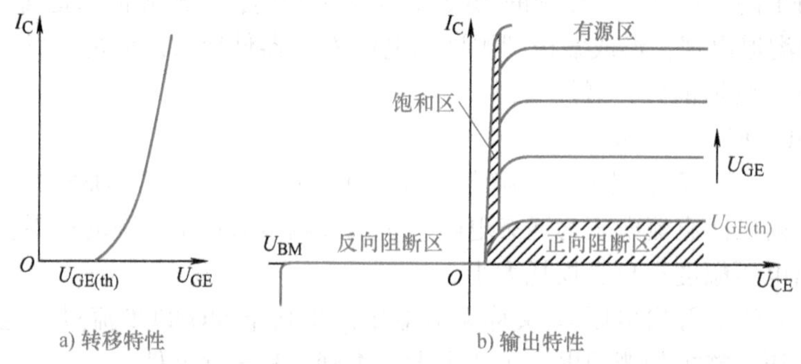

图 1-18　IGBT 的转移特性和输出特性

（3）IGBT 的主要参数

1）最大集射极间电压 U_{CES}：决定了器件的最高工作电压，它由内部 PNP 型晶体管的击穿电压确定，具有正温度系数。

2）最大集电极电流 I_{CM}：指允许通过集电极的最大电流 I_{CM}。

3）最大集电极功耗 P_{CM}：是指正常工作温度下允许的最大功耗。

4）最大栅射极电压 U_{GES}：是由栅氧化层的厚度和特性所限制的。为确保长期使用的可靠性，应将栅射极电压限制在 20V 之内，其最佳值一般取 15V 左右。

【项目实施】

晶闸管的认识与检测

一、晶闸管的外形结构认识

观察晶闸管的结构，认真查看并记录器件外壳上的有关信息，包括型号、电压、电流、结构类型等。整理晶闸管型号记录并填写表 1-5。

表 1-5 晶闸管型号记录表

项目	型号	额定电压	额定电流	结构类型
1 号晶闸管				
2 号晶闸管				
3 号晶闸管				

二、晶闸管的检测

判别晶闸管电极：将万用表置于 $R\times1\text{k}$ 档或 $R\times100$ 档，用万用表黑表笔接其中一个电极，红表笔分别接另外两个电极 。假如有一次阻值小，而另一次阻值大，就说明黑表笔接的是门极 G。在所测阻值小的那一次测量中，红表笔接的是阴极 K，而在所测阻值大的那一次，红表笔接的是阳极 A。若两次测量的阻值不符合上述要求，应更换表笔重新测量。

鉴别晶闸管的好坏：将万用表置于 $R\times1$ 档，用表笔测 G、K 之间的正、反向电阻，阻值应为几欧至几十欧。一般黑表笔接 G，红表笔接 K 时，阻值较小，如图 1-19a 所示。

触发特性测量：将万用表置于 $R\times10$ 档，红表笔接阴极 K，黑表笔接阳极 A，指针应接近∞，如图 1-19b 所示；在不断开阳极的同时用黑表笔接触门极 G，万用表指针向右偏转到低阻值，表明晶闸管能触发导通，如图 1-19c 所示；在不断开阳极 A 的情况下，断开黑表笔与门极 G 的接触，万用表指针应保持在原来的低阻值上，表明晶闸管撤去控制信号后仍将保持导通状态，如图 1-19d 所示。

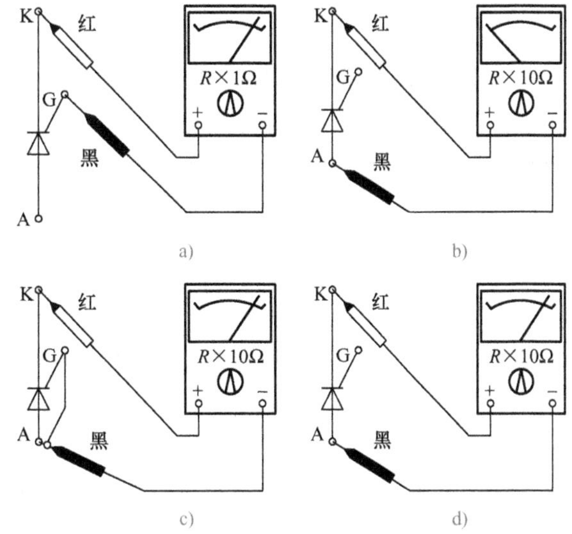

图 1-19 用万用表测量晶闸管

根据晶闸管测量的要求和方法，测量晶闸管质量的好坏，用万用表认真测量晶闸管各引脚之间的电阻值并记录。整理测量记录并填写表 1-6，说明晶闸管质量好坏。

表 1-6 晶闸管质量记录表

项目	R_{AK}	R_{KA}	R_{KG}	R_{GK}	质量好坏
1 号晶闸管					
2 号晶闸管					
3 号晶闸管					

三、平板式晶闸管的拆装

图 1-20 所示为带散热器的平板式晶闸管，每人独立完成一次晶闸管的拆装操作，完整地记录晶闸管拆装的顺序及各部分名称。

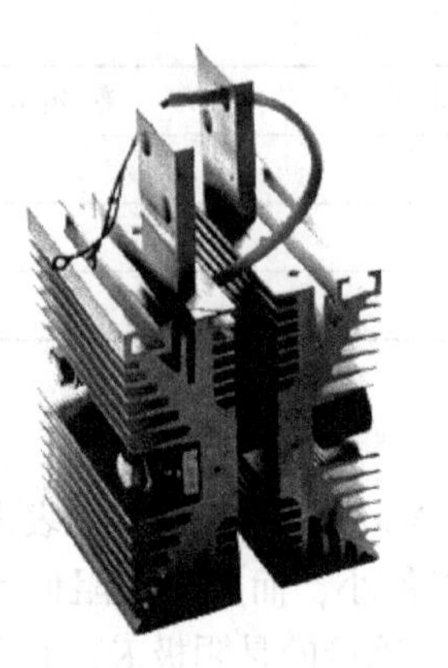
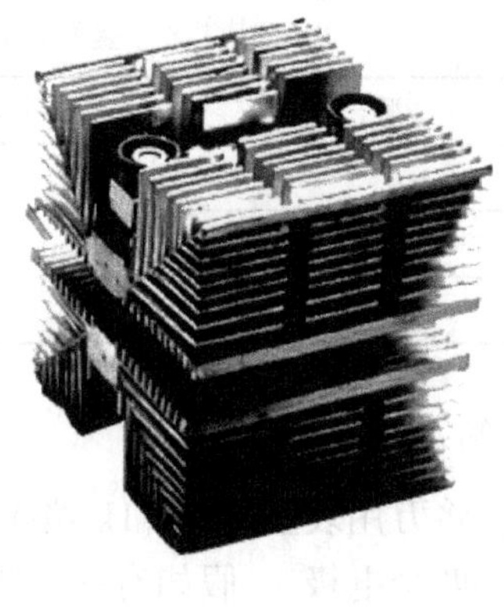

图 1-20　带散热器的平板式晶闸管

【项目评价】

半导体开关器件的认识与识别评价单见表 1-7。

表 1-7　半导体开关器件的认识与识别评价单

序号	考评点	分值	建议考核方式	评价标准		
				优	良	及格
一	相关知识点的学习	20	教师评价（50%）+互评（50%）	对相关知识点的掌握牢固、明确，正确理解元器件的特性	对相关知识点的掌握一般，基本能正确理解元器件的特性	对相关知识点的掌握牢固，但对元器件的参数理解不够清晰
二	识别与检测元器件、分析电路、了解主要元器件的功能及参数	60	教师评价（50%）+互评（50%）	能快速正确识别、检测晶闸管等元器件，正确分析电路原理，准确说出元器件的功能及参数	能正确识别、检测晶闸管等元器件，正确分析电路原理，能比较准确地说出元器件的功能及参数	能比较正确地识别、检测晶闸管等元器件，能准确说出元器件的功能
三	任务总结报告	10	教师评价（100%）	格式标准，内容完整、清晰，详细记录任务分析、实施过程，并进行归纳总结	格式标准，内容清晰地记录任务分析，实施过程，并进行归纳总结	内容清晰，记录的任务分析、实施过程比较详细，并进行归纳总结
四	职业素养	10	教师评价（30%）+自评（20%）+互评（50%）	工作积极主动、遵守工作纪律、服从工作安排、遵守安全操作规程、爱惜器材与测量工具	工作比较积极主动、遵守工作纪律、服从工作安排、遵守安全操作规程、比较爱惜器材与测量工具	工作积极主动性一般、遵守工作纪律、服从工作安排、遵守安全操作规程、比较爱惜器材与测量工具

【项目测试】

1. 电力电子器件在实际应用中，一般是由________、________和________组成一个系统。

2. 画出电力二极管的伏安特性曲线并简述其主要参数。

3. 晶闸管导通的条件是什么？导通后流过晶闸管的电流由哪些因素决定？晶闸管的关断条件是什么？如何实现？晶闸管导通与阻断时其两端电压各为多少？

4. 图 1-21 中阴影部分为晶闸管处于通态区间的电流波形，各波形的电流最大值均为 I_m，试计算各波形的电流平均值 I_{d1}、I_{d2}、I_{d3}与电流有效值 I_1、I_2、I_3。

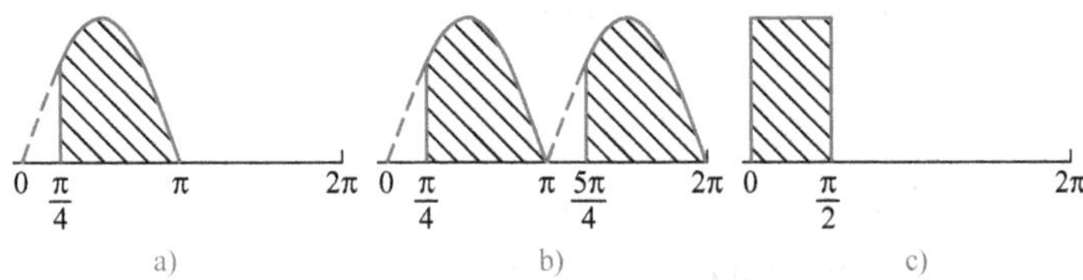

图 1-21　晶闸管导通模型

5. GTO 和普通晶闸管同为 PNPN 结构，为什么 GTO 能够自关断，而普通晶闸管不能？

6. 试说明 GTO、GTR、MOSFET、IGBT 各自的优缺点。

项目二　直流LED调光电路的安装与调试

【项目分析】

调光灯在日常生活中的应用非常广泛，其种类也很多，其中的 LED 调光灯由于发光效率高、耗电量少和使用寿命长等优点而得到越来越广泛的应用，图 2-1 所示为可调光 LED 台灯。

直流调光灯电路结构框图如图 2-2 所示，各组成部分作用如下：

➢ 整流电路——将交流电变成单方向的脉动直流电。

➢ 触发电路——给晶闸管提供可控的触发脉冲信号。

➢ 晶闸管——根据触发信号出现的时刻（即触发延迟角 α 的大小），实现可控导通，改变触发信号到来的时刻，就可改变流过灯泡的电流，从而控制灯泡的亮度。

图 2-1　可调光 LED 台灯

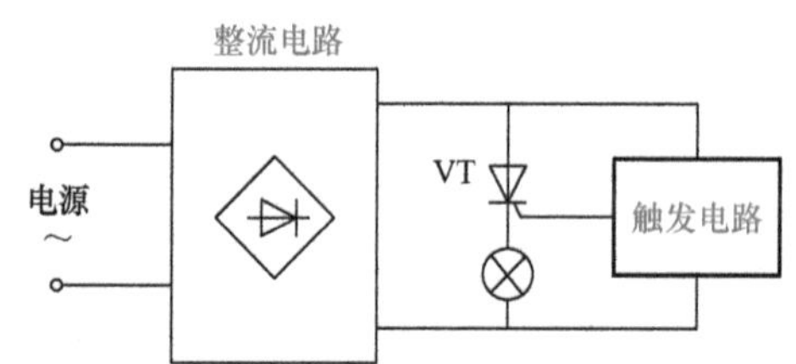

图 2-2　直流调光灯电路结构框图

直流调光灯电路由主电路和触发电路两部分构成，其电路原理图如图 2-3 所示。通过对主电路及触发电路的分析使学生能够理解电路的工作过程，进而掌握分析电路的方法。下面将具体学习与该电路有关的知识，包括晶闸管、整流电路、单结晶体管触发电路等内容。

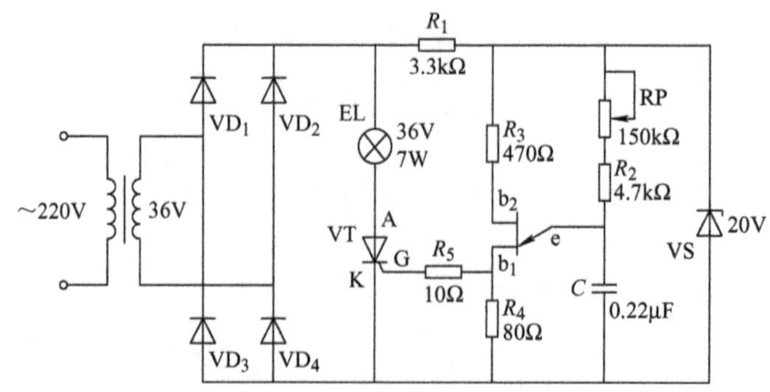

图 2-3　直流调光灯电路原理图

【项目目标】

知识目标

1. 熟悉常用的电力电子器件的工作过程。
2. 掌握常用整流电路的工作过程。
3. 掌握晶闸管的工作过程。
4. 会分析单结晶体管触发电路的工作过程。
5. 熟悉触发电路与主电路电压同步的基本概念。

技能目标

1. 能用万用表测试晶闸管和单结晶体管的好坏。
2. 能按电路及工艺要求正确搭接电路。
3. 能够进行直流调光灯电路的调试、故障分析与排除。

【知识链接】

知识链接一　整流电路

整流电路（Rectifier）是应用广泛的电能变换电路，它的作用是将交流电能变为大小可以调节的直流电能供给直流用电设备。整流电路的应用十分广泛，例如电炉的温度控制、直流电动机的转速控制、同步发电机的励磁调节、电镀及电解电源等。

可控整流电路有多种形式，按晶闸管整流器所使用的电源和电路结构不同，可分为如下几类：

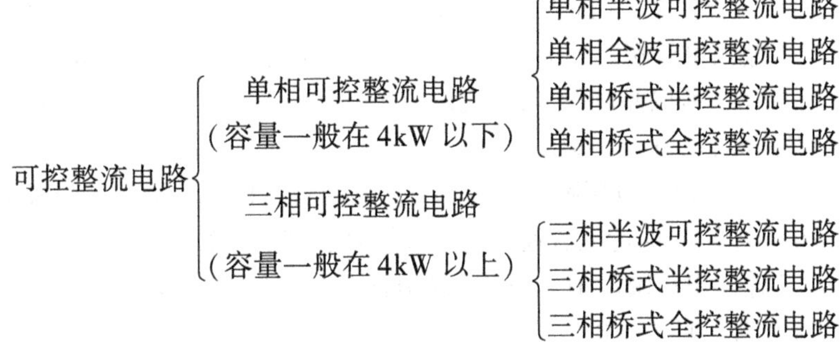

一、单相半波可控整流电路

1. 电阻性负载

（1）负载特点　白炽灯、电炉及电焊机等均属于电阻性负载，其特点是：负载两端电压、电流波形相似（同相位），电压、电流均允许突变。

（2）电路组成及工作过程　图 2-4a 为单相半波电阻性负载可控整流电路。电路由晶闸管 VT、负载电阻 R_d 及单相整流变压器 TR 组成。TR 用来变换电压和隔离电网，u_1、u_2 为一、二次侧的正弦交流电压瞬时值；u_d、i_d 为整流输出电压和负载电流的瞬时值；u_T 为晶闸管两端电压的瞬时值。

图 2-4b 为单相半波电阻性负载可控整流电路工作过程。其中，U_2为二次电压有效值；u_g为晶闸管门极触发电压；U_d为负载上直流输出电压的平均值；交流正弦电压波形的横坐标为电角度 ωt。在交流电 u_2的一个周期内，用 ωt 坐标点将波形分为 $\omega t_0 \sim \omega t_1$、$\omega t_1 \sim \omega t_2$、$\omega t_2 \sim \omega t_3$三段，下面对波形进行逐段分析。

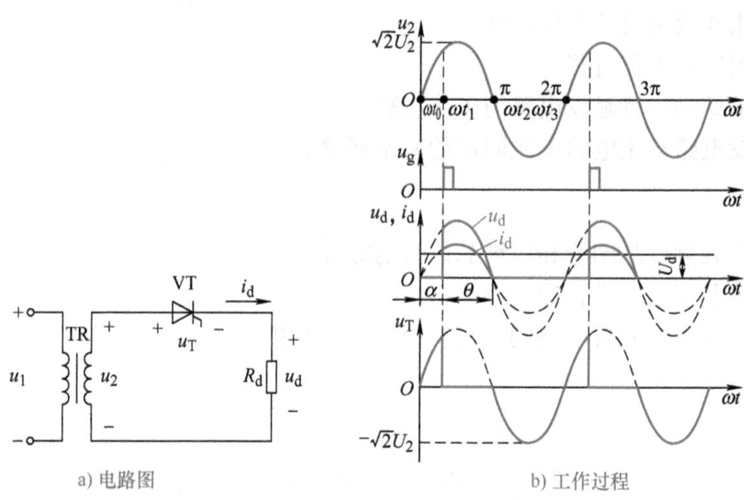

a) 电路图　　b) 工作过程

图 2-4　单相半波电阻性负载可控整流电路及工作过程

当 $\omega t=\omega t_0$时：输入电压瞬时值 $u_2=0$，晶闸管 VT 门极触发电压 $u_g=0$，所以晶闸管 VT 保持阻断状态且承受电压 $u_T=0$；电阻 R_d无电流通过，也无压降，即 $i_d=0$，$u_d=0$。

当 $\omega t_0<\omega t<\omega t_1$时：输入电压瞬时值 $u_2>0$，晶闸管 VT 承受正向阳极电压，但晶闸管 VT 门极仍无触发电压，即 $u_g=0$，所以晶闸管 VT 仍保持阻断状态，其承受电压 $u_T=u_2>0$；电阻 R_d无电流通过，也无压降，即 $i_d=0$，$u_d=0$。

当 $\omega t=\omega t_1$时：输入电压瞬时值 $u_2>0$，晶闸管 VT 承受正向阳极电压，晶闸管 VT 门极有触发电压，即 $u_g>0$，所以晶闸管 VT 导通，其管压降近似为零，即 $u_T=0$；电阻 R_d有电流通过且产生压降，即 $i_d>0$，$u_d>0$。

当 $\omega t_1<\omega t<\omega t_2$时：输入电压瞬时值 $u_2>0$，晶闸管 VT 仍承受正向阳极电压且保持导通状态，即 $u_T=0$；电阻 R_d保持电流通过且产生压降，即 $i_d>0$，$u_d>0$。

当 $\omega t=\omega t_2$时：输入电压瞬时值 $u_2=0$，晶闸管 VT 自然关断且承受电压 $u_T=0$；电阻 R_d无电流通过，也无压降，即 $i_d=0$，$u_d=0$。

当 $\omega t_2<\omega t<\omega t_3$时：输入电压瞬时值 $u_2<0$，晶闸管 VT 承受反向阳极电压，所以晶闸管 VT 保持阻断状态，其承受电压 $u_T=u_2<0$；电阻 R_d仍无电流通过，也无压降，即 $i_d=0$，$u_d=0$。

（3）相关概念

1）触发延迟角：从晶闸管开始承受正向阳极电压起到晶闸管触发导通，这期间所对应的电角度称为触发延迟角（也称移相角），用 α 表示。在图 2-4b 中对应 $\omega t_0<\omega t<\omega t_1$段。

2）导通角：晶闸管在一个周期内导通的电角度称为导通角，用 θ 表示。在图 2-4b 中对应 $\omega t_1<\omega t<\omega t_2$段。在电阻性负载的单相半波可控整流电路中，$\alpha+\theta=\pi$。

3）移相：改变触发延迟角 α 的大小，即改变触发脉冲在每个周期内出现的时刻称为移相。通过移相改变晶闸管的导通时间，就可以改变直流输出电压平均值 U_d 的大小，这种控制方式称为相控。

4）移相范围：在晶闸管承受正向阳极电压时，触发延迟角 α 的变化范围称为移相范围。通过图 2-4b 可以看出，在电阻性负载的单相半波可控整流电路中，触发延迟角 α 的移相范围为 $0<\alpha<\pi$，其对应的导通角 θ 的变化范围为 $\pi>\theta>0$。

（4）各电量的计算

1）负载上直流输出电压的平均值 U_d 与电流的平均值 I_d 分别为

$$U_d = \frac{1}{2\pi}\int_{\alpha}^{\pi}\sqrt{2}U_2\sin\omega t\mathrm{d}(\omega t) = 0.45U_2\frac{1+\cos\alpha}{2} \tag{2-1}$$

$$I_d = \frac{U_d}{R_d} = 0.45\frac{U_2}{R_d}\cdot\frac{1+\cos\alpha}{2} \tag{2-2}$$

2）负载上直流输出电压的有效值 U 与电流的有效值 I 分别为

$$U = \sqrt{\frac{1}{2\pi}\int_{\alpha}^{\pi}(\sqrt{2}U_2\sin\omega t)^2\mathrm{d}(\omega t)} = U_2\sqrt{\frac{1}{4\pi}\sin2\alpha+\frac{\pi-\alpha}{2\pi}} \tag{2-3}$$

$$I = \frac{U}{R_d} = \frac{U_2}{R_d}\sqrt{\frac{1}{4\pi}\sin2\alpha+\frac{\pi-\alpha}{2\pi}} \tag{2-4}$$

3）晶闸管的电流有效值 I_T。在单相半波可控整流电路中，晶闸管与负载串联，所以负载电流的有效值也就是流过晶闸管电流的有效值，即

$$I_T = I = \frac{U_2}{R_d}\sqrt{\frac{1}{4\pi}\sin2\alpha+\frac{\pi-\alpha}{2\pi}} \tag{2-5}$$

4）晶闸管承受的最大电压。晶闸管承受的最大正、反向电压为

$$U_{TM} = \sqrt{2}U_2 \tag{2-6}$$

5）电路的功率因数为

$$\cos\varphi = \frac{P}{S} = \frac{UI}{U_2 I} = \sqrt{\frac{1}{4\pi}\sin2\alpha+\frac{\pi-\alpha}{2\pi}} \tag{2-7}$$

由式(2-7) 可以看出，$\cos\varphi$ 是 α 的函数，α 从 0 到 π 变化时，$\cos\varphi$ 从 0.707 到 0 之间变化。可见，电阻性负载的单相半波可控整流电路中，变压器的最大利用率仅有 70%。α 越大，$\cos\varphi$ 就越小，设备利用率就越差。

例 2-1　有一单相半波可控整流电路，负载电阻 R_d 为 10Ω，直接接到交流电源 220V 上，要求触发延迟角从 180°至 0°可移相，如图 2-5 所示。求：

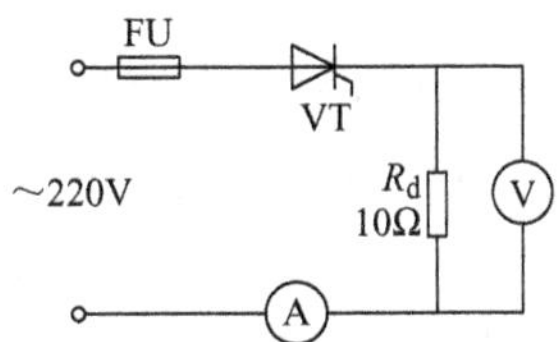

图 2-5　单相半波可控整流电路

（1）触发延迟角 $\alpha=60°$ 时，电压表、电流表读数及此时的电路功率因数；

（2）如导线电流密度取 $J=6\text{A/mm}^2$，计算导线截面积；

（3）计算 R_d 的功率；

（4）电压、电流考虑 2 倍裕量，试选择晶闸管。

解：（1）当 $\alpha=60°$ 时，由式(2-1)、式(2-2) 和式(2-7) 计算得

$$U_d = 0.45U_2\frac{1+\cos\alpha}{2} = 0.338U_2 = 0.338\times220\text{V}\approx74.4\text{V}$$

$$I_d = \frac{U_d}{R_d} = \frac{74.4}{10}A = 7.44A$$

$$\cos\varphi = 0.635$$

（2）计算导线截面积、电阻功率，选择晶闸管额定电流时，应以电流最大值考虑。触发延迟角 $\alpha = 0°$时电压、电流最大，故以 $\alpha = 0°$计算。

当 $\alpha = 0°$时，$U_{dM} = 0.45U_2 = 0.45 \times 220V = 99V$

$$I_{dM} = \frac{U_d}{R_d} = \frac{99}{10}A = 9.9A$$

所以电路中最大有效电流为

$$I_M = 1.57 \times I_{dM} = 1.57 \times 9.9A \approx 15.5A$$

导线截面积 S 为

$$SJ \geqslant I_M,\ S \geqslant \frac{I_M}{J} = \frac{15.5}{6}mm^2 \approx 2.58mm^2$$

根据导线线芯截面规格，选 $S = 2.93mm^2$（7 根 22 号的塑料铜线）。

（3）R_d的功率为

$$P_M = I_M^2 R_d = (15.5)^2 \times 10W = 2402.5W \approx 2.4kW$$

（注意：不是 $P_d = I_d^2 R_d$，P_d是平均功率。）

（4）器件承受的最大正反向电压为

$$U_{Tn} = 2U_{TM} = 2\sqrt{2} \times U_2 = 2\sqrt{2} \times 220V \approx 622V$$

$$I_{T(AV)} \geqslant 2 \times \frac{I_M}{1.57} = 2 \times \frac{15.5}{1.57}A \approx 19.7A$$

晶闸管的型号规格应为 KP20－7。

2. 电感性负载

（1）负载特点　在工业应用中，有很多负载既具有电阻性又具有电感性，如直流电动机的励磁线圈、电动机电磁离合器的励磁线圈以及串接平波电抗器的负载等。这些电感性负载实际上是电感性和电阻性的统一体，但为了便于分析，通常将电感性负载看成电阻与电感串联的负载，如图 2-6a 所示。

（2）电路组成及工作过程　图 2-6a 为单相半波电感性负载可控整流电路。电路由晶闸管 VT、电感性负载及单相整流变压器 TR 组成。图 2-6b 为单相半波电感性负载可控整流电路工作过程。在交流电 u_2的一个周期内，用 ωt 坐标点将波形分为 $\omega t_0 \sim \omega t_1$、$\omega t_1 \sim \omega t_2$、$\omega t_2 \sim \omega t_3$、$\omega t_3 \sim \omega t_4$、$\omega t_4 \sim \omega t_5$五段，下面对波形进行逐段分析。

当 $\omega t = \omega t_0$时：输入电压瞬时值 $u_2 = 0$，晶闸管 VT 门极触发电压 $u_g = 0$，所以晶闸管 VT 不导通且承受电压 $u_T = 0$；直流侧负载无电流通过，也无压降，即 $i_d = 0$，$u_d = 0$。

当 $\omega t_0 < \omega t < \omega t_1$时：输入电压瞬时值 $u_2 > 0$，晶闸管 VT 承受正向阳极电压，但晶闸管 VT 门极仍无触发电压，即 $u_g = 0$，所以晶闸管 VT 仍保持阻断状态，其承受电压 $u_T = u_2 > 0$；直流侧负载仍无电流通过，也无压降，即 $i_d = 0$，$u_d = 0$。

当 $\omega t = \omega t_1$时：输入电压瞬时值 $u_2 > 0$，晶闸管 VT 承受正向阳极电压，晶闸管 VT 门极有触发电压，即 $u_g > 0$，所以晶闸管 VT 导通，其压降近似为零，即 $u_T = 0$；由于电感 L_d对电流变化的抗拒作用，所以 i_d不能突变，只能从零值开始逐渐增大，即 $i_d = 0\uparrow$；直流侧负

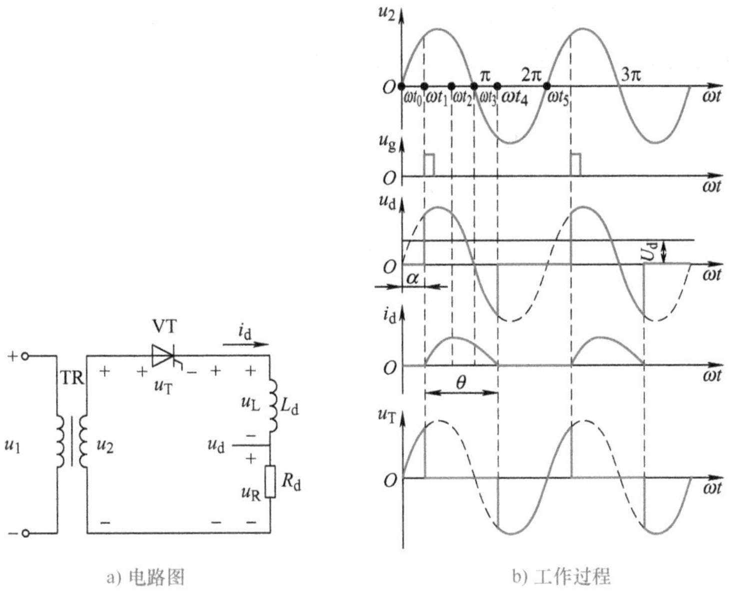

a) 电路图　　b) 工作过程

图 2-6　单相半波电感性负载可控整流电路及工作过程

载压降产生突变，即 $u_d>0$。

当 $\omega t_1<\omega t<\omega t_2$ 时：输入电压瞬时值 $u_2>0$，晶闸管 VT 仍承受正向阳极电压且保持导通状态，即 $u_T=0$；直流侧负载保持电流通过且产生压降，即 $i_d>0\uparrow$，$u_d>0$，在此期间电感储存磁场能量，整个电路处于“充磁”工作状态。

当 $\omega t=\omega t_2$ 时：输入电压瞬时值 $u_2>0$，晶闸管 VT 仍承受正向阳极电压且保持导通状态，即 $u_T=0$；直流侧负载保持电流通过且产生压降，即 $i_d>0$，$u_d>0$，但此时电流 i_d 不再增大，电路“充磁”过程结束。

当 $\omega t_2<\omega t<\omega t_3$ 时：输入电压瞬时值 $u_2>0$，晶闸管 VT 仍承受正向阳极电压且保持导通状态，即 $u_T=0$；直流侧负载保持电流通过且产生压降，即 $i_d>0\downarrow$，$u_d>0$，但电感 L_d 产生感应电动势阻碍回路电流减小，整个电路处于“放磁”工作状态。

当 $\omega t=\omega t_3$ 时：输入电压瞬时值 $u_2=0$；直流侧负载压降为零，即 $u_d=0$，但此时电流 i_d 继续下降，电感 L_d 产生感应电动势，极性为下正上负，在其作用下晶闸管 VT 继续承受正向阳极电压且保持导通状态，即 $u_T=0$；直流侧负载保持电流通过，即 $i_d>0\downarrow$，整个电路仍处于“放磁”工作状态。

当 $\omega t_3<\omega t<\omega t_4$ 时：输入电压瞬时值 $u_2<0$；直流侧负载压降 $u_d<0$；但此时 u_2 数值较小，在数值上还小于电感 L_d 产生的感应电动势 u_L，即 $|u_L|>|u_2|$，所以晶闸管 VT 继续承受正向阳极电压且保持导通状态，即 $u_T=0$；直流侧负载保持电流通过，即 $i_d>0\downarrow$，整个电路还处于“放磁”工作状态。

当 $\omega t=\omega t_4$ 时：输入电压瞬时值 $u_2<0$；但此时 u_2 数值上等于电感 L_d 产生的感应电动势 u_L，即 $|u_L|=|u_2|$，所以晶闸管 VT 不承受电压，即 $u_T=0$，晶闸管 VT 自然关断，整个电路“放磁”过程结束；直流侧负载无电流通过，也无压降，即 $i_d=0$，$u_d=0$。

当 $\omega t_4<\omega t<\omega t_5$ 时：输入电压瞬时值 $u_2<0$；晶闸管 VT 继续承受反向阳极电压且保持不导通状态，即 $u_T<0$；直流侧负载无电流通过，也无压降，即 $i_d=0$，$u_d=0$。

3. 电感性负载并接续流二极管

为了使带有大电感负载的单相半波可控整流电路正常工作，必须使负载端不出现负电压，因此要在电源电压 u_2 负半周期时，使晶闸管 VT 承受反压而关断。解决办法是在负载两端并联一个二极管，其极性如图 2-7a 所示，该二极管可为电感性负载在晶闸管关断时刻提供续流回路，所以该二极管称为续流二极管，简称续流管，其波形图如图 2-7b 所示。

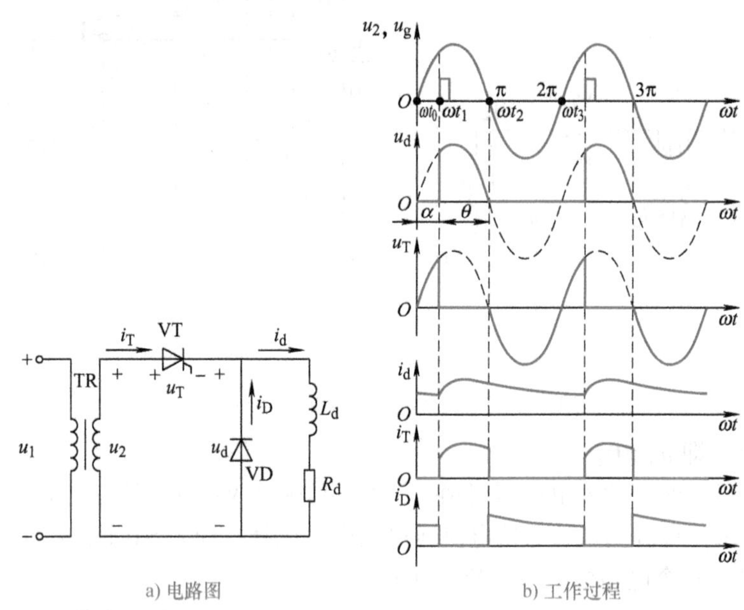

a) 电路图　　b) 工作过程

图 2-7　有续流二极管的单相半波大电感负载可控整流电路及工作过程

(1) 续流二极管的作用　当 $\omega t_1 < \omega t < \omega t_2$ 时：输入电压瞬时值 $u_2 > 0$；晶闸管 VT 承受正向阳极电压且已经导通，即 $u_T = 0$，$i_T > 0$；直流侧负载有电流通过且产生压降，即 $i_d > 0$，$u_d > 0$；续流二极管 VD 承受反压不导通，即 $i_D = 0$，此时负载上电压波形与不加二极管 VD 时相同。

当 $\omega t = \omega t_2$ 时：输入电压瞬时值 $u_2 = 0$；此时续流二极管 VD 与晶闸管 VT 同时导通，对电感 L_d 续流，即 $i_d = i_T + i_D$；晶闸管通态压降近似为零，即 $u_T = 0$；直流侧负载电压等于二极管压降，即 $u_d = 0$。

当 $\omega t_2 < \omega t < \omega t_3$ 时：输入电压瞬时值 $u_2 < 0$；此时通过续流二极管 VD 给晶闸管 VT 施加反向阳极电压，即 $u_T = u_2 < 0$；晶闸管 VT 被关断，即 $i_T = 0$；续流二极管 VD 对电感 L_d 续流导通，即 $i_d = i_D > 0$；直流侧负载电压等于二极管压降，即 $u_d = 0$。

(2) 各电量的计算

1) 输出端电压和电流的平均值。由于输出电压波形与电阻性负载波形相同，所以 U_d 与 I_d 计算式与电阻性负载时相同，即

$$U_d = \frac{1}{2\pi}\int_{\alpha}^{\pi} \sqrt{2} U_2 \sin\omega t \mathrm{d}(\omega t) = 0.45 U_2 \frac{1 + \cos\alpha}{2} \tag{2-8}$$

$$I_d = \frac{U_d}{R_d} = 0.45 \frac{U_2}{R_d} \cdot \frac{1 + \cos\alpha}{2} \tag{2-9}$$

2）负载、晶闸管及续流二极管电流值。当电感量足够大时，流过负载的电流波形可以看成是一条平行于横轴的直线，即标准直流，晶闸管电流 i_T 与续流管电流 i_D 均为矩形波。

假若负载电流的平均值为 I_d，则流过晶闸管与续流管的电流平均值分别为

$$I_{dT}=\frac{\pi-\alpha}{2\pi}I_d=\frac{\theta_T}{2\pi}I_d \tag{2-10}$$

$$I_{dD}=\frac{\pi+\alpha}{2\pi}I_d=\frac{\theta_D}{2\pi}I_d \tag{2-11}$$

流过晶闸管与续流二极管的电流有效值分别为

$$I_T=\sqrt{\frac{\pi-\alpha}{2\pi}}I_d=\sqrt{\frac{\theta_T}{2\pi}}I_d \tag{2-12}$$

$$I_D=\sqrt{\frac{\pi+\alpha}{2\pi}}I_d=\sqrt{\frac{\theta_D}{2\pi}}I_d \tag{2-13}$$

3）晶闸管和续流二极管承受的最大电压均为 $\sqrt{2}U_2$，移相范围为 0 ~ π，与电阻性负载时相同。

二、单相桥式全控整流电路

1. 电阻性负载

（1）电路组成及工作过程　单相桥式全控整流电路如图 2-8a 所示，晶闸管 VT_1、VT_2 采用共阴极接法，晶闸管 VT_3、VT_4 采用共阳极接法。如果共阴极的两个晶闸管同时触发，阳极电位高的晶闸管导通后使另一个晶闸管承受反向电压，因此只有阳极电位高的晶闸管导通。同样共阳极的两个晶闸管同时触发时，只有阴极电位低的晶闸管导通。电路中由 VT_1、VT_3 和 VT_2、VT_4 构成两个整流路径，对应触发脉冲 u_{g1} 与 u_{g3}、u_{g2} 与 u_{g4} 必须成对出现，且两组门极触发信号相位保持 180°相差。

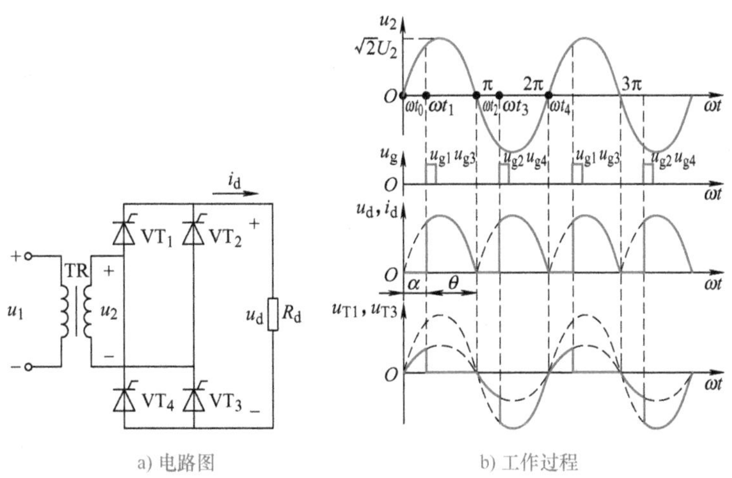

a) 电路图　　b) 工作过程

图 2-8　单相桥式全控整流电路带电阻性负载的电路及工作过程

图 2-8b 为单相桥式全控整流电路带电阻性负载时的工作过程。在交流电 u_2 的一个周期内，用 ωt 坐标点将波形分为四段，下面对波形进行逐段分析。

当 $\omega t_0 \leqslant \omega t < \omega t_1$ 时：输入电压瞬时值 $u_2 \geqslant 0$；所有晶闸管门极都没有触发电压，即 $u_g = 0$，所以全部晶闸管保持阻断状态，其中晶闸管 VT_1 和 VT_3 承受的电压 $u_{T1} = u_{T3} = u_2/2 \geqslant 0$；电阻 R_d 无电流通过，也无压降，即 $i_d = 0$，$u_d = 0$。

当 $\omega t_1 \leqslant \omega t < \omega t_2$ 时：输入电压瞬时值 $u_2 > 0$；在 $\omega t = \omega t_1$ 时刻，给晶闸管 VT_1、VT_3 门极施加触发电压 u_{g1}、u_{g3}，即 $u_{g1} > 0$、$u_{g3} > 0$；晶闸管 VT_1、VT_3 承受正向阳极电压导通，即 $u_{T1} = u_{T3} = 0$；直流侧负载有电流通过且产生压降，即 $i_d > 0$，$u_d = u_2 > 0$。

当 $\omega t_2 \leqslant \omega t < \omega t_3$ 时：输入电压瞬时值 $u_2 \leqslant 0$；在 $\omega t = \omega t_2$ 时刻，晶闸管 VT_1、VT_3 自然关断，晶闸管 VT_2、VT_4 门极仍没有施加触发电压，所以全部晶闸管保持阻断状态，其中晶闸管 VT_1 和 VT_3 承受的电压 $u_{T1} = u_{T3} = u_2/2 \leqslant 0$；电阻 R_d 无电流通过，也无压降，即 $i_d = 0$，$u_d = 0$。

当 $\omega t_3 \leqslant \omega t < \omega t_4$ 时：输入电压瞬时值 $u_2 < 0$；在 $\omega t = \omega t_3$ 时刻，给晶闸管 VT_2、VT_4 门极施加触发电压 u_{g2}、u_{g4}，即 $u_{g2} > 0$、$u_{g4} > 0$；晶闸管 VT_2、VT_4 承受正向阳极电压导通，即 $u_{T2} = u_{T4} = 0$，而晶闸管 VT_1、VT_3 的压降 $u_{T1} = u_{T3} = u_2 < 0$；直流侧负载有电流通过且产生压降，即 $i_d > 0$，$u_d = |u_2| > 0$。

（2）各电量的计算　负载上直流输出电压的平均值 U_d 为

$$U_d = \frac{1}{\pi}\int_{\alpha}^{\pi}\sqrt{2}U_2\sin\omega t\mathrm{d}(\omega t) = 0.9U_2\frac{1+\cos\alpha}{2} \tag{2-14}$$

电流平均值 I_d 为

$$I_d = U_d/R_d \tag{2-15}$$

晶闸管可能承受的最大正、反向电压均为 $\sqrt{2}U_2$，移相范围为 $0 \sim \pi$。

2. 电感性负载

（1）电路组成及工作过程　图 2-9 为单相桥式全控整流电路带电感性负载时的电路及工作过程。在交流电 u_2 的一个周期内，用 ωt 坐标点将波形分为四段，下面对波形进行逐段分析。

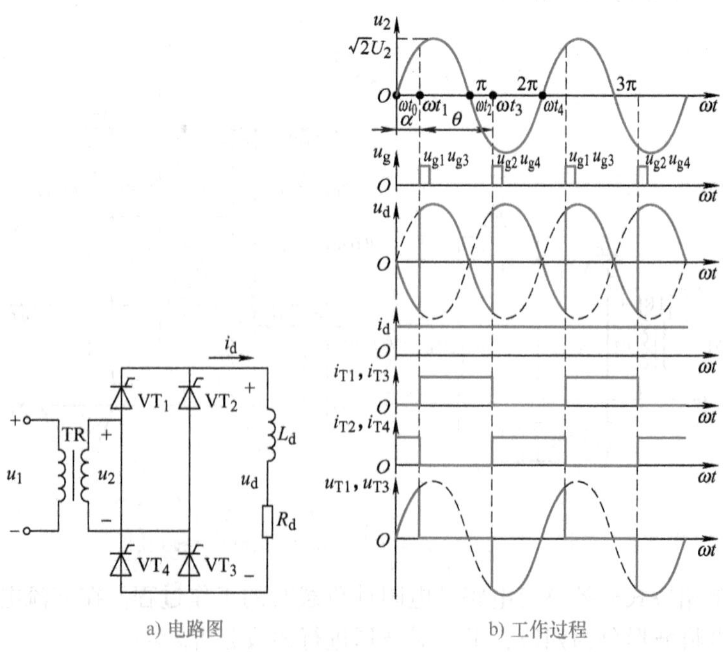

图 2-9　单相桥式全控整流电路带电感性负载时的电路及工作过程

当 $\omega t_1 \leqslant \omega t < \omega t_2$ 时：输入电压瞬时值 $u_2>0$；在 $\omega t=\omega t_1$ 时刻，给晶闸管 VT_1、VT_3 门极施加触发电压 u_{g1}、u_{g3}，即 $u_{g1}>0$、$u_{g3}>0$；晶闸管 VT_1、VT_3 承受正向阳极电压导通，即 $u_{T1}=u_{T3}=0$；直流侧负载有电流通过且产生压降，即 $i_{T1}=i_{T3}=i_d>0$，$u_d=u_2>0$。

当 $\omega t_2 \leqslant \omega t < \omega t_3$ 时：输入电压瞬时值 $u_2 \leqslant 0$；但此时 u_2 数值较小，在数值上还小于电感 L_d 产生的感应电动势 u_L，即 $|u_L|>|u_2|$，所以晶闸管 VT_1、VT_3 继续承受正向阳极电压且保持导通状态，即 $u_{T1}=u_{T3}=0$；直流侧负载保持电流通过且产生压降，即 $i_{T1}=i_{T3}=i_d>0$，$u_d=u_2 \leqslant 0$。

当 $\omega t_3 \leqslant \omega t < \omega t_4$ 时：输入电压瞬时值 $u_2<0$；在 $\omega t=\omega t_3$ 时刻，给晶闸管 VT_2、VT_4 门极施加触发电压 u_{g2}、u_{g4}，即 $u_{g2}>0$、$u_{g4}>0$；晶闸管 VT_2、VT_4 承受正向阳极电压导通，即 $u_{T2}=u_{T4}=0$，而晶闸管 VT_1、VT_3 的压降 $u_{T1}=u_{T3}=u_2<0$；直流侧负载有电流通过且产生压降，即 $i_{T2}=i_{T4}=i_d>0$，$u_d=|u_2|>0$。

当 $\omega t_0 \leqslant \omega t < \omega t_1$ 时：输入电压瞬时值 $u_2 \geqslant 0$；但此时 u_2 数值较小，在数值上还小于电感 L_d 产生的感应电动势 u_L，即 $|u_L|>|u_2|$，所以晶闸管 VT_2、VT_4 继续承受正向阳极电压且保持导通状态，即 $u_{T2}=u_{T4}=0$，而晶闸管 VT_1、VT_3 的压降 $u_{T1}=u_{T3}=u_2 \geqslant 0$；直流侧负载保持电流通过且产生压降，即 $i_{T2}=i_{T4}=i_d>0$，$u_d=-u_2 \leqslant 0$。

（2）各电量的计算　单相桥式全控整流电路带电感性负载不接续流二极管时，有效移相范围为 $0 \sim \pi/2$，在此区间负载上直流输出电压的平均值 U_d 为

$$U_d=\frac{1}{\pi}\int_{\alpha}^{\pi+\alpha}\sqrt{2}U_2\sin\omega t\mathrm{d}(\omega t)=0.9U_2\cos\alpha \qquad (2\text{-}16)$$

晶闸管可能承受的最大正、反向电压均为 $\sqrt{2}U_2$。

3. 电感性负载并接续流二极管

（1）电路组成及工作过程　图2-10为单相桥式全控整流电路带电感性负载并接续流二极管的电路及工作过程。在交流电 u_2 的一个周期内，用 ωt 坐标点将波形分为四段，下面对波形进行逐段分析。

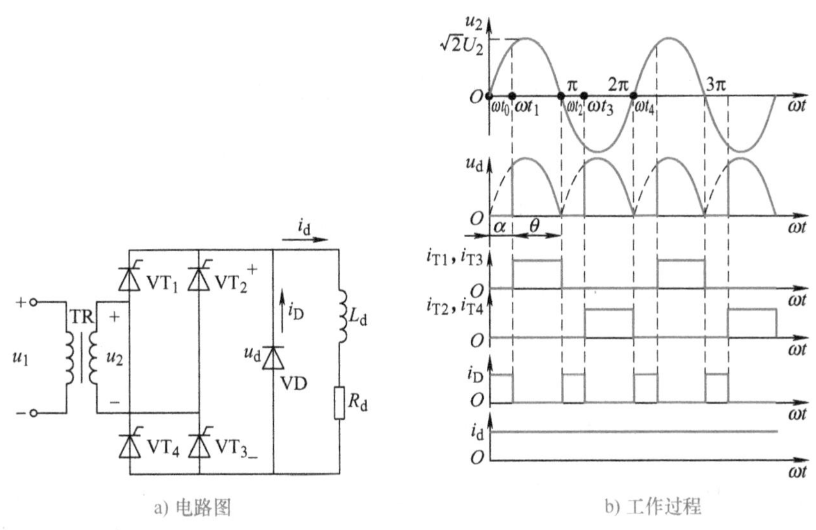

a) 电路图　　b) 工作过程

图2-10　单相桥式全控整流电路带电感性负载并接续流二极管的电路及工作过程

当 $\omega t_0 \leqslant \omega t < \omega t_1$ 时：输入电压瞬时值 $u_2 \geqslant 0$；续流二极管导通，晶闸管 VT_2、VT_4 通过续流二极管承受反向阳极电压关断，所有晶闸管不导通，即 $i_T = 0$，其中晶闸管 VT_1 的压降 $u_{T1} = u_2/2 \geqslant 0$；直流侧负载通过续流二极管保持电流，即 $i_D = i_d > 0$，$u_d = 0$。

当 $\omega t_1 \leqslant \omega t < \omega t_2$ 时：输入电压瞬时值 $u_2 > 0$；在 $\omega t = \omega t_1$ 时刻，给晶闸管 VT_1、VT_3 门极施加触发电压 u_{g1}、u_{g3}，即 $u_{g1} > 0$、$u_{g3} > 0$；晶闸管 VT_1、VT_3 承受正向阳极电压导通，即 $u_{T1} = u_{T3} = 0$；直流侧负载有电流通过且产生压降，即 $i_{T1} = i_{T3} = i_d > 0$，$u_d = u_2 > 0$。

当 $\omega t_2 \leqslant \omega t < \omega t_3$ 时：输入电压瞬时值 $u_2 \leqslant 0$；续流二极管导通，晶闸管 VT_1、VT_3 通过续流二极管承受反向阳极电压关断，所有晶闸管不导通，即 $i_T = 0$，其中晶闸管 VT_1 的压降 $u_{T1} = u_2/2 \leqslant 0$；直流侧负载通过续流二极管保持电流，即 $i_D = i_d > 0$，$u_d = 0$。

当 $\omega t_3 \leqslant \omega t < \omega t_4$ 时：输入电压瞬时值 $u_2 < 0$；在 $\omega t = \omega t_3$ 时刻，给晶闸管 VT_2、VT_4 门极施加触发电压 u_{g2}、u_{g4}，即 $u_{g2} > 0$、$u_{g4} > 0$；晶闸管 VT_2、VT_4 承受正向阳极电压导通，即 $u_{T2} = u_{T4} = 0$，而晶闸管 VT_1、VT_3 的压降 $u_{T1} = u_{T3} = u_2 < 0$；直流侧负载有电流通过且产生压降，即 $i_{T2} = i_{T4} = i_d > 0$，$u_d = |u_2| > 0$。

（2）各电量的计算　负载上直流输出电压的平均值 U_d 为

$$U_d = \frac{1}{\pi}\int_{\alpha}^{\pi} \sqrt{2} U_2 \sin\omega t \mathrm{d}(\omega t) = 0.9 U_2 \frac{1+\cos\alpha}{2} \tag{2-17}$$

晶闸管可能承受的最大正、反向电压均为 $\sqrt{2}U_2$，移相范围为 $0 \sim \pi$。

例 2-2　单相桥式全控整流电路带大电感负载，$U_2 = 220\text{V}$，$R_d = 4\Omega$，已知 $\alpha = 60°$。

（1）求输出电压、电流的平均值以及流过晶闸管的电流平均值和有效值。

（2）若负载两端并接续流二极管，如图 2-10a 所示，则输出电压、电流的平均值是多少？流过晶闸管和续流二极管的电流平均值和有效值是多少？

解：（1）不接续流二极管时，由式(2-16）计算得

$$U_d = 0.9 U_2 \cos\alpha = 0.9 \times 220 \times \cos 60° \text{V} = 99\text{V}$$

$$I_d = \frac{U_d}{R_d} = \frac{99}{4}\text{A} = 24.75\text{A}$$

因负载电流是由两组晶闸管轮流导通提供的，故流过晶闸管的电流平均值和有效值为

$$I_{dT} = \frac{1}{2} I_d = \frac{1}{2} \times 24.75\text{A} \approx 12.38\text{A}$$

$$I_T = \frac{1}{\sqrt{2}} I_d = \frac{1}{\sqrt{2}} \times 24.75\text{A} \approx 17.5\text{A}$$

（2）加接续流二极管时，由式(2-17）计算得

$$U_d = 0.9 U_2 \frac{1+\cos\alpha}{2} = 0.9 \times 220 \times \frac{1+\cos 60°}{2}\text{V} = 148.5\text{V}$$

$$I_d = \frac{U_d}{R_d} = \frac{148.5}{4}\text{A} \approx 37.13\text{A}$$

负载电流是由两组晶闸管以及所接的续流二极管共同提供的，故每个晶闸管的导通角均为 $\theta_T = \pi - \alpha$，续流二极管 VD 的导通角为 $\theta_D = 2\alpha$，所以流过晶闸管和续流二极管的电流平均值和有效值分别为

$$I_{dT}=\frac{\pi-\alpha}{2\pi}I_d=\frac{180°-60°}{360°}\times 37.13A\approx 12.38A$$

$$I_T=\sqrt{\frac{\pi-\alpha}{2\pi}}I_d=\sqrt{\frac{180°-60°}{360°}}\times 37.13A\approx 21.44A$$

$$I_{dD}=\frac{2\alpha}{2\pi}I_d=\frac{\alpha}{\pi}I_d=\frac{60°}{180°}\times 37.13A\approx 12.38A$$

$$I_D=\sqrt{\frac{\alpha}{\pi}}I_d=\sqrt{\frac{60°}{180°}}\times 37.13A\approx 21.44A$$

三、单相桥式半控整流电路

在单相桥式全控整流电路中，每个导电回路都由两个晶闸管同时控制。如果在每个导电回路中，一个仍用晶闸管，另一个则改为整流二极管，就构成了单相桥式半控整流电路。它与单相桥式全控整流电路相比，更为经济，对触发电路的要求也更简单。

1. 电阻性负载

(1) 电路组成及工作过程　单相桥式半控整流电路可以看成是单相桥式全控整流电路的一种简化形式。单相桥式半控整流电路的结构一般是将晶闸管 VT_1、VT_2 接成共阴极接法，二极管 VD_1、VD_2 接成共阳极接法，如图 2-11a 所示。晶闸管 VT_1、VT_2 可以采用同一组脉冲触发，只不过两组脉冲相位间隔必须保持 180°。由于在 a 点和 b 点之间经 VD_1 和 VD_2 有一漏电电流流通路径，因此哪个二极管的阴极所处的电位低，哪个二极管就导通，即二极管 VD_1、VD_2 能否导通仅取决于电源电压 u_2 的正、负，与 VT_1、VT_2 是否导通及负载性质均无关。在任意瞬时，电路中总会有一个二极管导通，因此晶闸管只承受正压而不承受反压，最小值是零；二极管只承受反压而不承受正压，最大值是零。

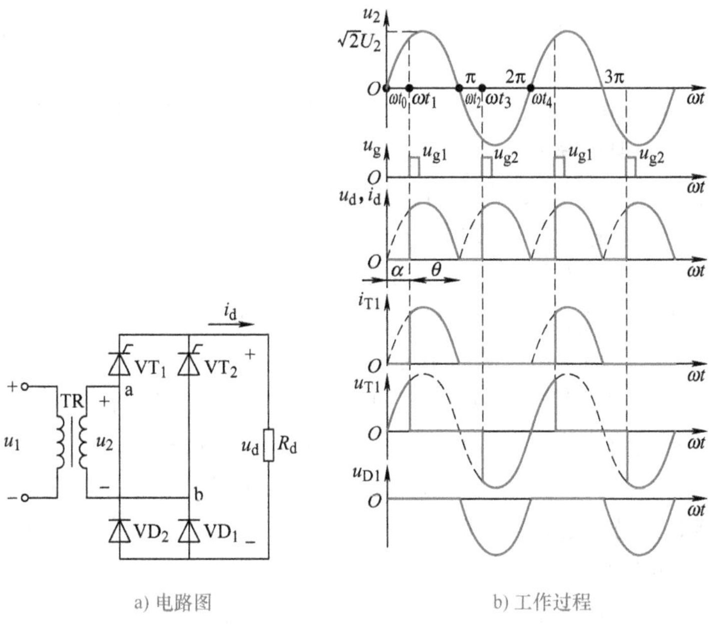

a) 电路图　　b) 工作过程

图 2-11　单相桥式半控整流电路带电阻性负载的电路及工作过程

图2-11b为单相桥式半控整流电路带电阻性负载的工作过程。在交流电 u_2 的一个周期内，用 ωt 坐标点将波形分为四段，下面对波形进行逐段分析。

当 $\omega t_0 \leqslant \omega t < \omega t_1$ 时：输入电压瞬时值 $u_2 \geqslant 0$；晶闸管门极没有触发电压，即 $u_g = 0$，所以晶闸管保持阻断状态，晶闸管 VT_1 承受的电压 $u_{T1} = u_2 \geqslant 0$；二极管 VD_1 导通，其压降 $u_{D1} = 0$；直流侧负载电阻 R_d 无电流通过，也无压降，即 $i_d = i_T = 0$，$u_d = 0$。

当 $\omega t_1 \leqslant \omega t < \omega t_2$ 时：输入电压瞬时值 $u_2 > 0$；在 $\omega t = \omega t_1$ 时刻，给晶闸管 VT_1 门极施加触发电压 u_{g1}，即 $u_{g1} > 0$；晶闸管 VT_1 承受正向阳极电压导通，即 $u_{T1} = 0$；二极管 VD_1 导通，其压降 $u_{D1} = 0$；直流侧负载电阻 R_d 有电流通过且产生压降，即 $i_d = i_{T1} = i_{D1} > 0$，$u_d = u_2 > 0$。

当 $\omega t_2 \leqslant \omega t < \omega t_3$ 时：输入电压瞬时值 $u_2 \leqslant 0$；在 $\omega t = \omega t_2$ 时刻，晶闸管 VT_1 和二极管 VD_1 自然关断，二极管 VD_2 导通，晶闸管 VT_2 门极仍没有施加触发电压而不导通；晶闸管 VT_1 承受电压 $u_{T1} = 0$；二极管 VD_1 压降 $u_{D1} = u_2 \leqslant 0$；直流侧负载电阻 R_d 无电流通过，也无压降，即 $i_d = i_T = 0$，$u_d = 0$。

当 $\omega t_3 \leqslant \omega t < \omega t_4$ 时：输入电压瞬时值 $u_2 < 0$；在 $\omega t = \omega t_3$ 时刻，给晶闸管 VT_2 门极施加触发电压 u_{g2}，即 $u_{g2} > 0$，所以晶闸管 VT_2 承受正向阳极电压导通；二极管 VD_2 导通；晶闸管 VT_1 承受电压 $u_{T1} = u_2 < 0$；二极管 VD_1 压降 $u_{D1} = u_2 < 0$；直流侧负载电阻 R_d 有电流通过且产生压降，即 $i_d = i_{T2} = i_{D2} > 0$，$u_d = |u_2| > 0$。

（2）各电量的计算 负载上直流输出电压的平均值 U_d 为

$$U_d = \frac{1}{\pi}\int_{\alpha}^{\pi} \sqrt{2}U_2 \sin\omega t \mathrm{d}(\omega t) = 0.9U_2 \frac{1+\cos\alpha}{2} \tag{2-18}$$

晶闸管可能承受的最大正、反向电压均为 $\sqrt{2}U_2$，移相范围为 $0 \sim \pi$。

2. 电感性负载

（1）电路组成及工作过程 图2-12为单相桥式半控整流电路带电感性负载的电路及工作过程。在交流电 u_2 的一个周期内，用 ωt 坐标点将波形分为四段，下面对波形进行逐段分析。

当 $\omega t = \omega t_0$ 时：输入电压瞬时值 $u_2 = 0$；此时电感 L_d 产生的感应电动势 u_L 的极性是下正上负，因此晶闸管 VT_2 保持导通；晶闸管 VT_1 承受电压 $u_{T1} = u_2 = 0$；二极管 VD_1、VD_2 同时导通，即 $i_{T2} = i_{D1} + i_{D2} = i_d > 0$；直流侧负载的电压 $u_d = 0$。

当 $\omega t_0 < \omega t < \omega t_1$ 时：输入电压瞬时值 $u_2 > 0$；此时电感 L_d 产生的感应电动势 u_L 的极性是下正上负，因此晶闸管 VT_2 保持导通；晶闸管 VT_1 承受电压 $u_{T1} = u_2 > 0$；二极管 VD_1 导通，二极管 VD_2 关断，即 $i_{D1} = i_{T2} = i_d > 0$；直流侧负载的电压 $u_d = 0$。

当 $\omega t_1 \leqslant \omega t < \omega t_2$ 时：输入电压瞬时值 $u_2 > 0$；在 $\omega t = \omega t_1$ 时刻，给晶闸管 VT_1 门极施加触发电压 u_{g1}，即 $u_{g1} > 0$；晶闸管 VT_1 承受正向阳极电压导通，即 $u_{T1} = 0$；二极管 VD_1 导通；直流侧负载有电流通过且产生压降，即 $i_d = i_{T1} = i_{D1} > 0$，$u_d = u_2 > 0$。

当 $\omega t = \omega t_2$ 时：输入电压瞬时值 $u_2 = 0$；此时电感 L_d 产生的感应电动势 u_L 的极性是下正上负，因此晶闸管 VT_1 保持导通，其压降 $u_{T1} = 0$；二极管 VD_1、VD_2 同时导通，即 $i_{T1} = i_{D1} + i_{D2} = i_d > 0$；直流侧负载的电压 $u_d = 0$。

当 $\omega t_2 < \omega t < \omega t_3$ 时：输入电压瞬时值 $u_2 < 0$；此时电感 L_d 产生的感应电动势 u_L 的极性是下正上负，因此晶闸管 VT_1 保持导通，其压降 $u_{T1} = 0$；二极管 VD_2 导通，二极管 VD_1 关断，即 $i_{D2} = i_{T1} = i_d > 0$；直流侧负载的电压 $u_d = 0$。

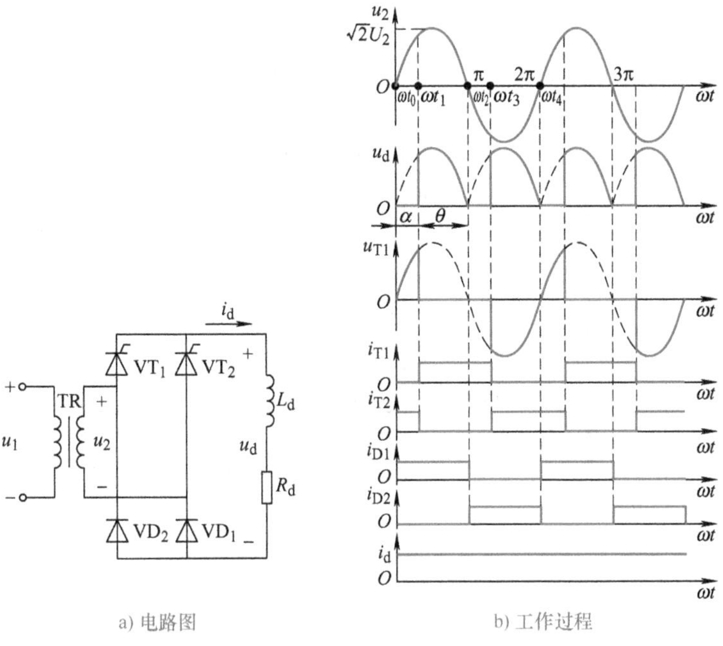

a) 电路图　　b) 工作过程

图 2-12　单相桥式半控整流电路带电感性负载的电路及工作过程

当 $\omega t_3 \leqslant \omega t < \omega t_4$ 时：输入电压瞬时值 $u_2 < 0$；在 $\omega t = \omega t_3$ 时刻，给晶闸管 VT_2 门极施加触发电压 u_{g2}，即 $u_{g2} > 0$，所以晶闸管 VT_2 承受正向阳极电压导通；二极管 VD_2 导通；晶闸管 VT_1 承受电压 $u_{T1} = u_2 < 0$；直流侧负载有电流通过且产生压降，即 $i_d = i_{T2} = i_{D2} > 0$，$u_d = |u_2| > 0$。

从上述分析可以看出，当电源电压 u_2 过零变负，即 $\omega t_2 < \omega t < \omega t_3$ 时，负载电流 i_d 可在 VT_1 与 VD_2 内部续流，电路似乎不必另接续流二极管就能正常工作。但在实际上，若突然关断触发电路或把触发延迟角 α 增大到 180°时，会发生正在导通的晶闸管一直导通、两个整流二极管 VD_1 与 VD_2 不断轮流导通而产生失控的现象，其输出电压 u_d 波形为单相正弦半波。

（2）失控现象分析　如图 2-13 所示，如果在 VT_1 与 VD_1 导通状态下突然关断触发电路，当 u_2 过零变负时，VD_1 关断，VD_2 导通，这样 VT_1 和 VD_2 就构成了内部续流，只要 L_d 的电感量足够大，其内部自然续流就可以维持整个负半周。当电源电压 u_2 再次进入正半周时，VD_2 关断，VD_1 导通，VT_1 和 VD_1 又构成了单相半波整流。这种关断触发电路后，主电路仍有直流输出的不正常现象称为失控现象。失控现象在电路中是不允许的，因此电路必须接续流二极管 VD 来避免失控现象出现。

接续流二极管后的电路及波形图如图 2-14 所示。当电感 L_d 通过续流二极管续流时，直流侧的输出电压被钳位在 1V 左右，从而迫使内部续流通路中的晶闸管 VT_1 和 VD_2 的电流减小至维持电流以下，迫使晶闸管 VT_1 关断，这样就避免了失控现象的发生。

（3）各电量的计算　负载上直流输出电压的平均值 U_d 为

$$U_d = \frac{1}{\pi}\int_{\alpha}^{\pi}\sqrt{2}U_2\sin\omega t\mathrm{d}(\omega t) = 0.9U_2\frac{1+\cos\alpha}{2} \tag{2-19}$$

晶闸管可能承受的最大正、反向电压均为 $\sqrt{2}U_2$，移相范围为 0 ~ π。

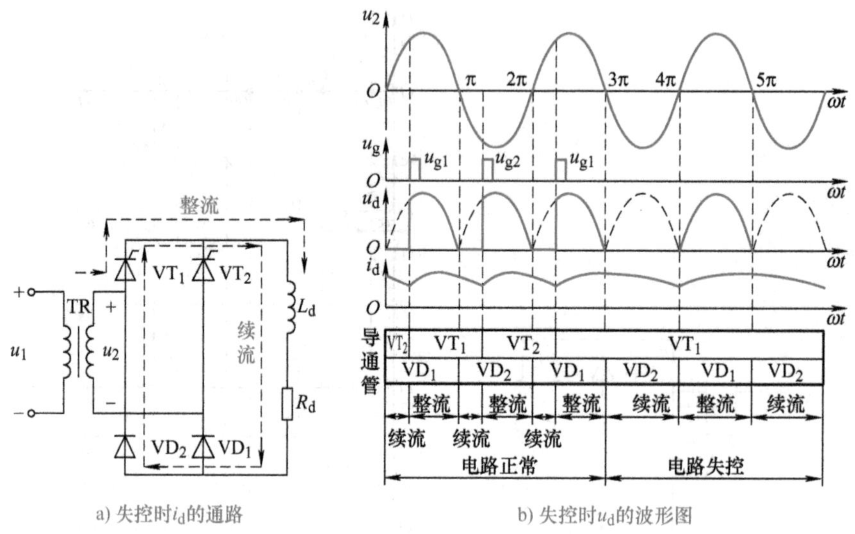

a) 失控时i_d的通路　　b) 失控时u_d的波形图

图 2-13　单相桥式半控整流电路带电感性负载不接续流二极管发生失控现象示意图

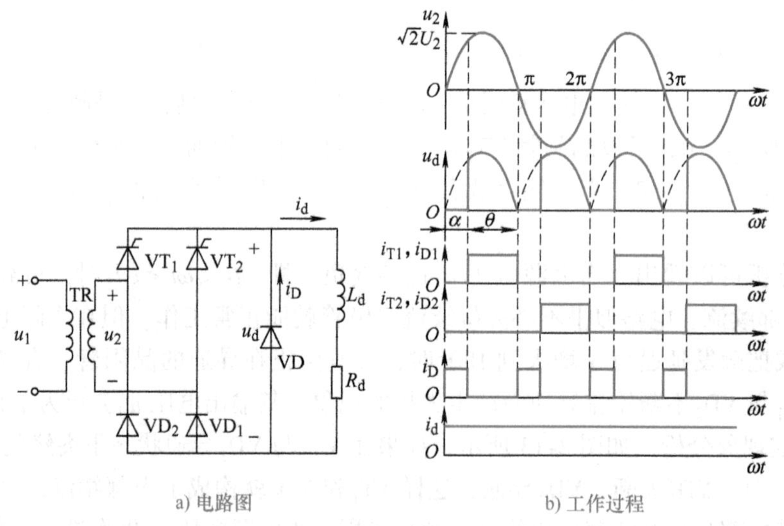
a) 电路图　　b) 工作过程

图 2-14　单相桥式半控整流电路带电感性负载并接续流二极管的电路及工作过程

四、三相半波不可控整流电路和可控整流电路

单相可控整流电路线路简单，价格低廉，制造、调整、维护都比较容易，但其输出的直流电压脉动大，脉动频率低，在负载容量较大时会造成三相交流电网严重不平衡，因此负载容量较大时（超过 4kW），一般常用三相可控整流电路。

三相半波可控整流电路是最基本的三相可控整流电路，其他类型的三相可控整流电路可看作是三相半波可控整流电路以不同方式串联或并联组合而成的。

1. 三相半波不可控整流电路

（1）电路组成及工作过程　三相半波不可控整流电路如图 2-15a 所示，整流二极管 VD_1、VD_2、VD_3接成共阴极接法，负载跨接在共阴极与中性点之间，负载电流必须通过变压器的中性线才能构成回路，因此该电路也称为三相零式整流电路。

图2-15b为三相半波电阻性负载不可控整流电路输出电压波形图。图2-15c为三相相电压波形图。图2-15d为二极管VD_1的电压波形图。由于二极管接成共阴极接法，所以确定二极管导通的条件就是比较二极管阳极电位的高低，阳极所处电位最高的那个二极管将导通。在交流电一个周期内，用ωt坐标点将波形分为3段，下面对波形进行逐段分析。

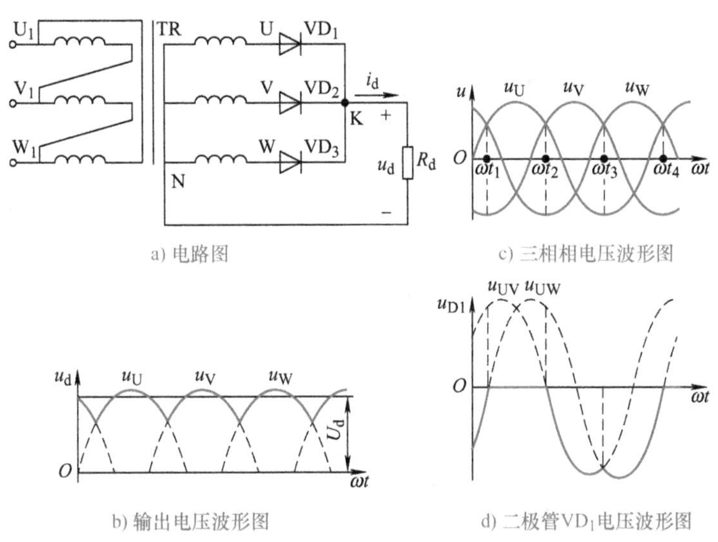

图2-15 三相半波电阻性负载不可控整流电路及波形图

当$\omega t_1 < \omega t < \omega t_2$时：三相相电压瞬时值$u_U$最大，且$u_U > 0$，所以二极管$VD_1$导通，即$i_{D1} = i_d > 0$；直流侧负载电阻$R_d$的电压$u_d = u_U > 0$；二极管$VD_1$承受电压$u_{D1} = 0$。

当$\omega t_2 < \omega t < \omega t_3$时：三相相电压瞬时值$u_V$最大，且$u_V > 0$，所以二极管$VD_2$导通，即$i_{D2} = i_d > 0$；直流侧负载电阻$R_d$的电压$u_d = u_V > 0$；二极管$VD_1$压降$u_{D1} = u_U - u_V = u_{UV} < 0$。

当$\omega t_3 < \omega t < \omega t_4$时：三相相电压瞬时值$u_W$最大，且$u_W > 0$，所以二极管$VD_3$导通，即$i_{D3} = i_d > 0$；直流侧负载电阻$R_d$的电压$u_d = u_W > 0$；二极管$VD_1$压降$u_{D1} = u_U - u_W = u_{UW} < 0$。

(2) 自然换相点 变压器二次侧相邻相电压波形的交点称为自然换相点。正半周期的自然换相点相位间隔120°，如图2-15c所示。每过一次自然换相点，电路就会自动换流一次，即后相导通、前相关断，所以对二极管整流而言，自然换相点是下一相二极管导通的最早时刻。

2. 三相半波可控整流电路

将三相半波不可控整流电路的整流二极管换成晶闸管即为三相半波可控整流电路，如图2-16所示。对晶闸管而言，自然换相点也是保证下一相晶闸管承受正向阳极电压的最早时刻，因此自然换相点是晶闸管触发延迟角α的起算点。由于自然换相点距相电压波形原点为30°，所以触发脉冲距对应相电压的原点为30°+α。三相触发脉冲的相位间隔应与电源的相位差一致，即均为120°。

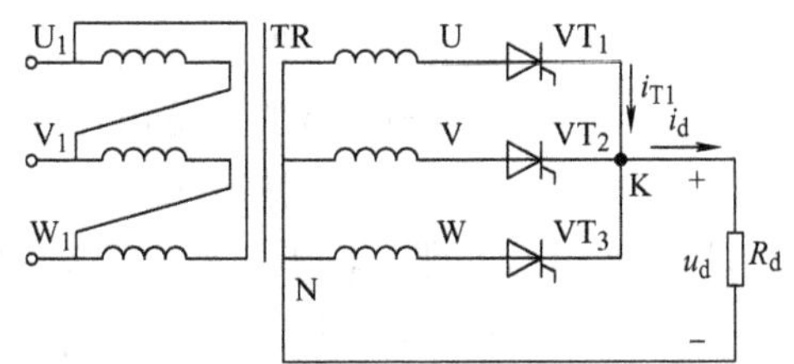

图2-16 三相半波电阻性负载可控整流电路图

（1）电阻性负载

1）$\alpha=30°$时的工作过程。三相半波电阻性负载可控整流电路$\alpha=30°$时的波形图如图2-17a所示。在交流电一个周期内，用ωt将波形分为六段，设电路已处于工作状态，下面对波形进行逐段分析。

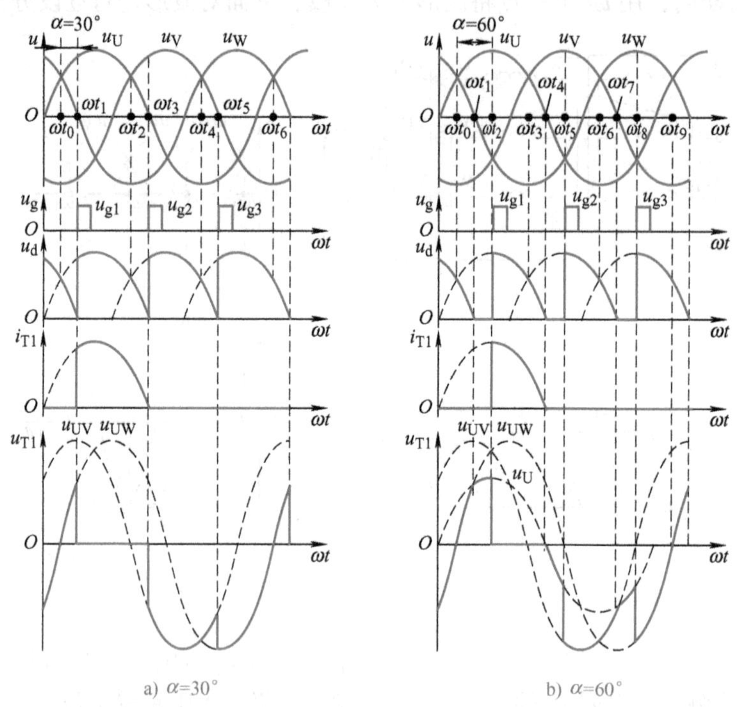

a) α=30°　　b) α=60°

图2-17　三相半波电阻性负载可控整流电路$\alpha=30°$（$\alpha=60°$）时的工作过程

当$\omega t_0 \leqslant \omega t < \omega t_1$时：三相相电压瞬时值$u_U$最大，且$u_U \geqslant u_W > 0$；但晶闸管$VT_1$门极仍没有施加触发电压，即$u_{g1}=0$；晶闸管$VT_3$保持导通，即$i_{T3}=i_d>0$；直流侧负载电阻$R_d$的电压$u_d=u_W>0$；晶闸管$VT_1$承受电压$u_{T1}=u_{UW}\geqslant 0$。

当$\omega t_1 \leqslant \omega t < \omega t_2$时：三相相电压瞬时值$u_U$最大，且$u_U>0$；在$\omega t=\omega t_1$时刻，给晶闸管$VT_1$门极施加触发电压$u_{g1}$，即$u_{g1}>0$；晶闸管$VT_1$导通，即$i_{T1}=i_d>0$；直流侧负载电阻$R_d$的电压$u_d=u_U>0$；晶闸管$VT_1$承受电压$u_{T1}=0$。

当$\omega t_2 \leqslant \omega t < \omega t_3$时：三相相电压瞬时值$u_V$最大，且$u_V \geqslant u_U > 0$；但晶闸管$VT_2$门极仍没有施加触发电压，即$u_{g2}=0$；晶闸管$VT_1$保持导通，即$i_{T1}=i_d>0$；直流侧负载电阻$R_d$的电压$u_d=u_U>0$；晶闸管$VT_1$承受电压$u_{T1}=0$。

当$\omega t_3 \leqslant \omega t < \omega t_4$时：三相相电压瞬时值$u_V$最大，且$u_V>0$；在$\omega t=\omega t_3$时刻，给晶闸管$VT_2$门极施加触发电压$u_{g2}$，即$u_{g2}>0$；晶闸管$VT_2$导通，即$i_{T2}=i_d>0$；直流侧负载电阻$R_d$的电压$u_d=u_V>0$；晶闸管$VT_1$承受电压$u_{T1}=u_{UV}<0$。

当$\omega t_4 \leqslant \omega t < \omega t_5$时：三相相电压瞬时值$u_W$最大，且$u_W \geqslant u_V > 0$；但晶闸管$VT_3$门极仍没有施加触发电压，即$u_{g3}=0$；晶闸管$VT_2$保持导通，即$i_{T2}=i_d>0$；直流侧负载电阻$R_d$的电压$u_d=u_V>0$；晶闸管$VT_1$承受电压$u_{T1}=u_{UV}<0$。

当$\omega t_5 \leqslant \omega t < \omega t_6$时：三相相电压瞬时值$u_W$最大，且$u_W>0$；在$\omega t=\omega t_5$时刻，给晶闸管

VT_3门极施加触发电压 u_{g3}，即 $u_{g3}>0$；晶闸管 VT_3导通，即 $i_{T3}=i_d>0$；直流侧负载电阻 R_d的电压 $u_d=u_W>0$；晶闸管 VT_1承受电压 $u_{T1}=u_{UW}<0$。

2）$\alpha=60°$时的工作过程。三相半波电阻性负载可控整流电路 $\alpha=60°$时的波形图如图 2-17b 所示。

3）各电量的计算。

① 负载上直流输出电压的平均值 U_d。

当 $0°\leqslant\alpha\leqslant30°$时，有

$$U_d=\frac{3}{2\pi}\int_{\frac{\pi}{6}+\alpha}^{\frac{5}{6}\pi+\alpha}\sqrt{2}U_2\sin\omega t\mathrm{d}(\omega t)=1.17U_2\cos\alpha \tag{2-20}$$

当 $30°<\alpha\leqslant150°$时，有

$$U_d=\frac{3}{2\pi}\int_{\frac{\pi}{6}+\alpha}^{\pi}\sqrt{2}U_2\sin\omega t\mathrm{d}(\omega t)=0.675U_2\left[1+\cos\left(\frac{\pi}{6}+\alpha\right)\right] \tag{2-21}$$

② 晶闸管可能承受的最大正向电压为$\sqrt{2}U_2$，最大反向电压为$\sqrt{6}U_2$，移相范围为$0°\sim150°$。

（2）电感性负载

1）电感性负载的工作过程。图 2-18a 为三相半波电感性负载可控整流电路图。当 $\alpha\leqslant30°$时，三相半波电感性负载可控整流电路波形图与电阻性负载时完全相同，其输出电压一直大于零；当 $\alpha>30°$时，三相半波电感性负载可控整流电路的输出电压过零变负时，由于负载电感 L_d的续流作用，晶闸管不会关断，要继续导通至另一晶闸管触发导通为止，因此其输出电流 i_d是连续的，而输出电压 u_d的波形中出现负值部分。图 2-18b 为三相半波电感性负载可控整流电路 $\alpha=60°$时的波形图。

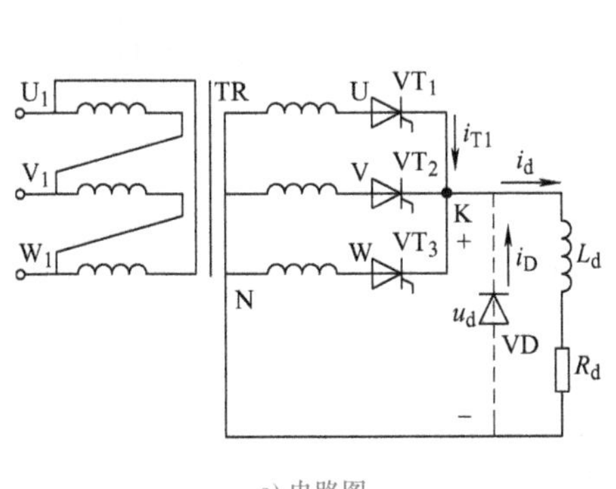

a) 电路图

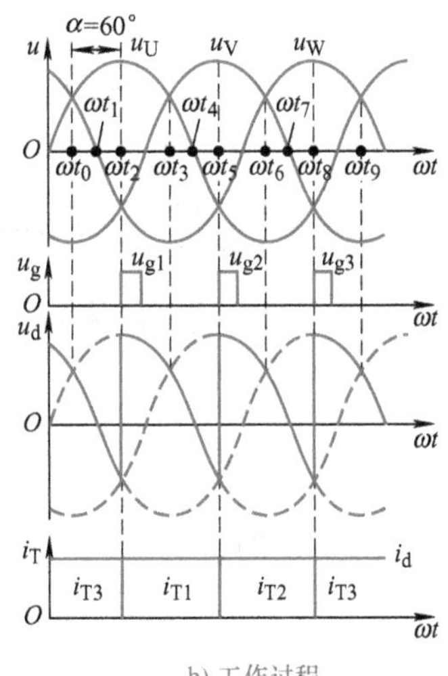

b) 工作过程

图 2-18　三相半波电感性负载可控整流电路 $\alpha=60°$时的工作过程

2）各电量的计算。负载上直流输出电压的平均值 U_d为

$$U_d=\frac{3}{2\pi}\int_{\frac{\pi}{6}+\alpha}^{\frac{5}{6}\pi+\alpha}\sqrt{2}U_2\sin\omega t\mathrm{d}(\omega t)=1.17U_2\cos\alpha \tag{2-22}$$

由式(2-22) 可以看出，在 $\alpha>30°$后，电感性负载的 U_d波形出现负值，在同一 α 角时，U_d值将比电阻性负载时小。

流过晶闸管的电流有效值I_T为

$$I_T = \frac{1}{\sqrt{3}} I_d \tag{2-23}$$

晶闸管可能承受的最大正、反向电压均为$\sqrt{6}U_2$，移相范围为0°~90°。

（3）电感性负载并接续流二极管

1）电感性负载并接续流二极管的工作过程。为了扩大移相范围并使负载电流i_d平稳，可在电感性负载两端并接续流二极管，如图2-18a中的VD。当0°≤α≤30°时，电源电压均为正值，u_d波形连续，续流二极管不起作用；当30°<α≤150°时，电源电压出现过零变负时，续流二极管及时导通为负载电流提供续流回路，晶闸管承受反向电源相电压而关断，这样u_d波形不再出现负值，与电阻性负载u_d波形相同。图2-19为接入续流二极管后α=60°时的输出电压和输出电流波形图。其工作过程与不接续流二极管时一样，这里分析从略。

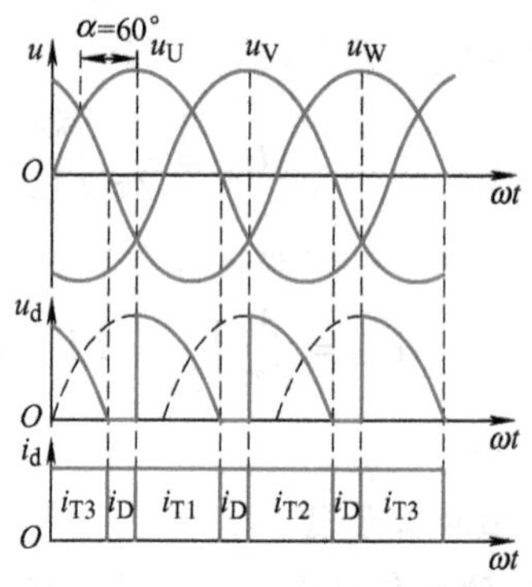

图2-19 三相半波可控整流电路带电感性负载并接续流二极管 α=60°时的工作过程

2）各电量的计算。

① 负载上直流输出电压的平均值U_d。

当0°≤α≤30°时，有

$$U_d = \frac{3}{2\pi}\int_{\frac{\pi}{6}+\alpha}^{\frac{5}{6}\pi+\alpha} \sqrt{2}U_2\sin\omega t\,d(\omega t) = 1.17U_2\cos\alpha \tag{2-24}$$

当30°<α≤150°时，有

$$U_d = \frac{3}{2\pi}\int_{\frac{\pi}{6}+\alpha}^{\pi} \sqrt{2}U_2\sin\omega t\,d(\omega t) = 0.675U_2\left[1+\cos\left(\frac{\pi}{6}+\alpha\right)\right] \tag{2-25}$$

② 流过晶闸管的电流有效值I_T。

当0°≤α≤30°时，有

$$I_T = \frac{1}{\sqrt{3}} I_d \tag{2-26}$$

当30°<α≤150°时，有

$$I_T = \sqrt{\frac{150°-\alpha}{360°}} I_d \tag{2-27}$$

③ 晶闸管可能承受的最大正向电压为$\sqrt{2}U_2$，最大反向电压为$\sqrt{6}U_2$，移相范围为0°~150°。

例2-3 某三相半波可控整流电路，带大电感负载，α=60°，已知电感内阻R=2Ω，电源电压U_2=220V。试计算不接续流二极管与接续流二极管两种情况下的平均电压U_d、平均电流I_d并选择晶闸管的型号。

解：（1）不接续流二极管时，由式(2-22)计算得

$$U_d = 1.17U_2\cos\alpha = 1.17\times220\times\cos60°\text{V} = 128.7\text{V}$$

$$I_d = \frac{U_d}{R_d} = \frac{128.7}{2}\text{A} = 64.35\text{A}$$

$$I_T = \frac{1}{\sqrt{3}} I_d = \frac{1}{\sqrt{3}} \times 64.35\text{A} = 37.15\text{A}$$

$$I_{Tn} = (1.5 \sim 2)\frac{I_T}{1.57} = 35.5 \sim 47.3\text{A}$$

取 50A。

$$U_{Tn} = (2 \sim 3)U_{Tm} = (2 \sim 3)\sqrt{6}U_2 = 1078 \sim 1617\text{V}$$

取 1200V。

所以选择晶闸管型号为 KP50－12。

（2）加接续流二极管时，由式(2-25）计算得

$$U_d = 0.675U_2\left[1 + \cos\left(\frac{\pi}{6} + \alpha\right)\right] = 0.675 \times 220[1 + \cos(30° + 60°)]\text{V} = 148.5\text{V}$$

$$I_d = \frac{U_d}{R_d} = \frac{148.5}{2}\text{A} = 74.25\text{A}$$

$$I_T = \sqrt{\frac{150° - 60°}{360°}} \times 74.25\text{A} = 37.125\text{A}$$

$$I_{Tn} = (1.5 \sim 2)\frac{I_T}{1.57} = 35.5 \sim 47.3\text{A}$$

取 50A。

$$U_{Tn} = (2 \sim 3)U_{Tm} = (2 \sim 3)\sqrt{6}U_2 = 1078 \sim 1617\text{V}$$

取 1200V，所以选择晶闸管型号为 KP50－12。

（4）共阳极三相半波可控整流电路　三相半波可控整流电路，除了上面介绍的共阴极接法外，还有一种是把三个晶闸管的阳极连接在一起，这种接法称为共阳极接法，如图 2-20a 所示。共阳极三相半波可控整流电路的优点是三个晶闸管的阳极连接在一起，可固定在一块散热器上，散热效果好，安装也方便。但其缺点是三相触发电路输出脉冲变压器二次绕组不能有公用线，这给调试和使用带来了不便。

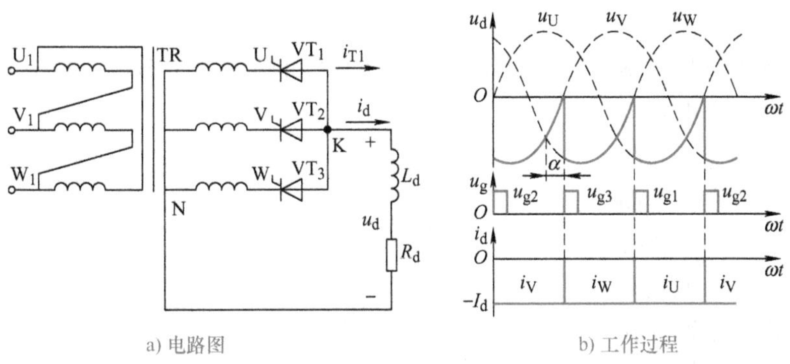

a) 电路图　　　b) 工作过程

图 2-20　共阳极三相半波可控整流电路及工作过程

共阳极电路的分析方法与共阴极接法相同，所不同的是：由于晶闸管方向的改变，它在

电源电压 u_2 负半周时承受正向电压，因此只能在 u_2 的负半周被触发导通，电流的实际方向也改变了，如图 2-20b 所示。其输出电压的平均值 U_d 为

$$U_d = \frac{3}{2\pi}\int_{\frac{\pi}{6}+\alpha}^{\frac{5}{6}\pi+\alpha} -\sqrt{2}U_2\sin\omega t\mathrm{d}(\omega t) = -1.17U_2\cos\alpha \tag{2-28}$$

式中，负号表示变压器中性线为 U_d 的正端，三个连接在一起的阳极为负端。同样，流过整流变压器二次绕组与中性线的电流方向均与共阴极接法相反。电路各电物理量计算与共阴极接法相同。

五、三相桥式全控整流电路

三相半波可控整流电路只需 3 个晶闸管，与单相整流相比，输出电压脉冲小、输出功率大、三相负载平衡。但其不足之处是整流变压器二次侧只有 1/3 周期有单方向电流通过，变压器使用率低，且直流分量会造成变压器直流磁化。因此三相半波可控整流电路应用受到限制，在较大容量或性能要求高时，广泛采用三相桥式可控整流电路。

1. 电阻性负载

（1）电路组成　为了克服三相半波可控整流电路的缺点，利用共阴极接法与共阳极接法相对于变压器的二次电流方向是相反的特点，用一个整流变压器，同时对共阴极与共阳极两组整流电路供电，两组电路独立工作且触发延迟角相同，如图 2-21a 所示。如变压器二次侧 U 相绕组电流正向流过共阴极组的 VT_1 管，反向流过共阳极组的 VT_4 管，这样可使变压器流过二次侧的电流增加一倍，同时又无直流分量，中性线电流 $I_N = I_{d1} + I_{d2}$。电路中共阴极组与共阳极组如果负载完全相同且触发延迟角 α 一致，则此时负载电流 I_{d1}、I_{d2} 在数值上相同，中性线电流的平均值 $I_N = I_{d1} + I_{d2} = 0$，因此将中性线断开不影响工作，再将两个负载合并为一，就成为工业上广泛应用的三相桥式全控整流电路，如图 2-21b 所示。因此三相桥式全控整流电路实质上是两组三相半波可控整流电路的串联，其中一组为共阴极组，另一组为共阳极组。

三相桥式全控整流电路共使用 6 个晶闸管，每个晶闸管的编号与其所对应的自然换相点的点号保持一致。三相交流电正半周期相电压的交点（自然换相点）是 1、3、5，那么对应共阴极组晶闸管的编号就是 VT_1、VT_3、VT_5；三相交流电负半周期相电压的交点（自然换相点）是 4、6、2，那么对应共阴极组晶闸管的编号就是 VT_4、VT_6、VT_2，如图 2-21b 所示。

（2）对触发脉冲的要求　由于三相桥式全控整流电路相当于两组三相半波可控整流电路的串联，要使整个电路构成电流通路就必须保证共阴极组和共阳极组各有一个晶闸管同时导通，因此三相桥式全控整流电路要求触发电路必须同时输出两个触发脉冲，一个触发共阴极组晶闸管，另一个触发共阳极组晶闸管，即触发脉冲必须成对

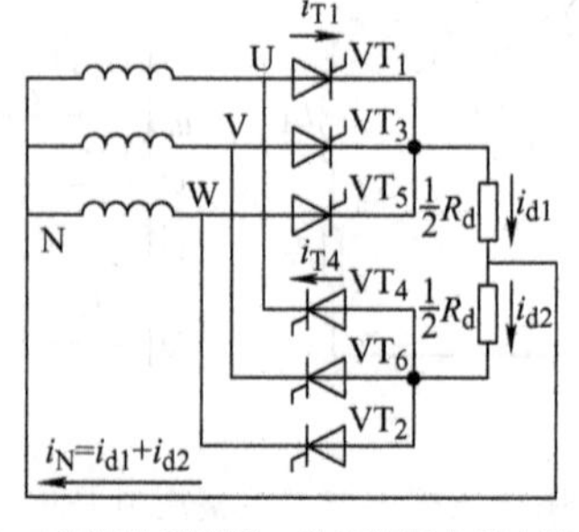

a) 三相半波共阴极、共阳极组串联电路

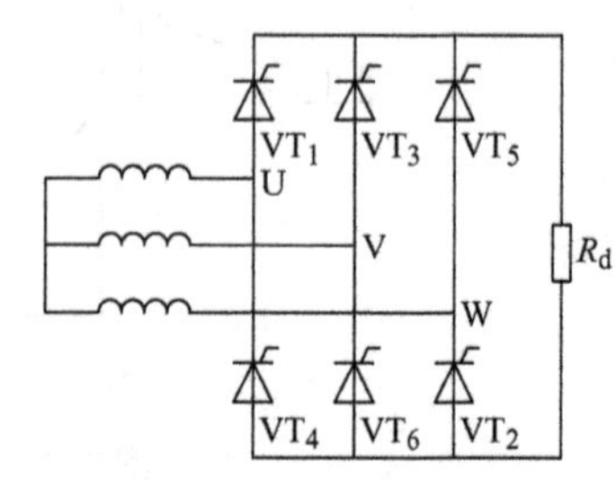

b) 三相桥式全控整流电路

图 2-21　三相半波共阴极、共阳极组串联构成三相桥式全控整流电路

出现。正常情况下触发脉冲出现的顺序是按照晶闸管的编号顺序依次出现的，6 个晶闸管中每个管子导通 120°，每间隔 60°有一个晶闸管换流，如图 2-22 所示。

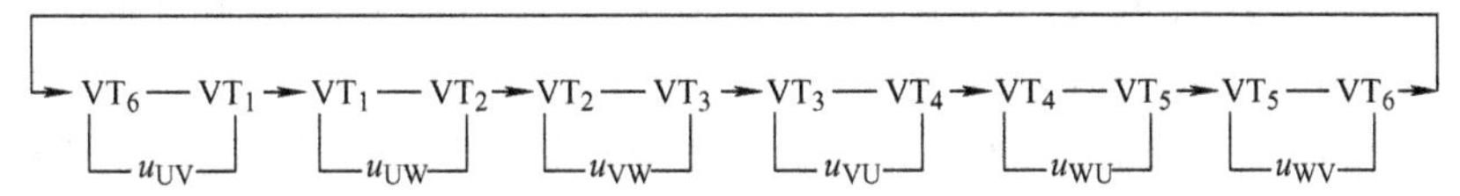

图 2-22　三相桥式全控整流电路晶闸管的导通顺序与输出电压关系图

三相桥式全控整流电路可以使用以下两种触发方式：

1）单宽脉冲触发。如图 2-23 所示，使每一个触发脉冲的宽度大于 60°而小于 120°（如 80° ~ 100°），在相隔 60°要换相时，后一个脉冲出现的时刻，前一个脉冲还未消失，因此在任何换相点均能同时触发相邻两个晶闸管。例如，在触发 VT_3 时，由于 VT_2 的触发脉冲 u_{g2} 还未消失，故 VT_3 与 VT_2 同时被触发导通。

2）双窄脉冲触发。如图 2-23 所示，在触发某一相晶闸管时，触发电路能同时给前一相晶闸管补发一个脉冲（称为辅助脉冲）。例如，在送出 1 号脉冲触发 VT_1 的同时，对 VT_6 也送出 6 号辅助脉冲，这样 VT_1 与 VT_6 就能同时被触发导通，保证两个晶闸管同时工作。这种触发电路虽然复杂，但可以减少触发电路的输出功率，缩小脉冲变压器的铁心体积，故这种触发方式使用较多。

（3）不同触发延迟角时电路的工作过程

1）$\alpha = 0°$时的工作过程。三相桥式全控整流电路带电阻性负载 $\alpha = 0°$时的波形图如图 2-24 所示。在交流电一个周期内，用 ωt 坐标点将波形分为 6 段，设电路已处于工作状态，下面对波形进行逐段分析。

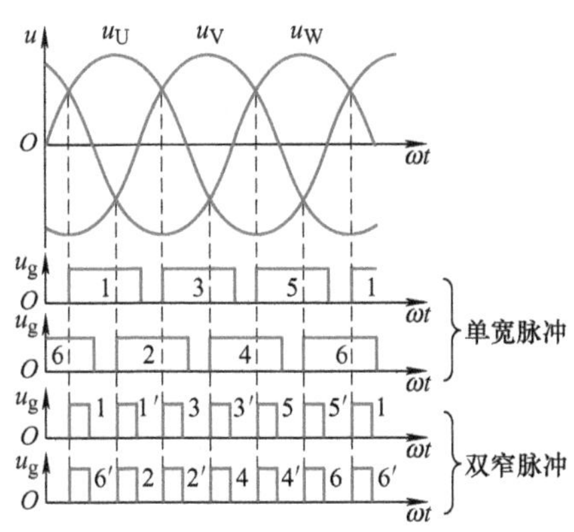

图 2-23　触发脉冲的两种方式

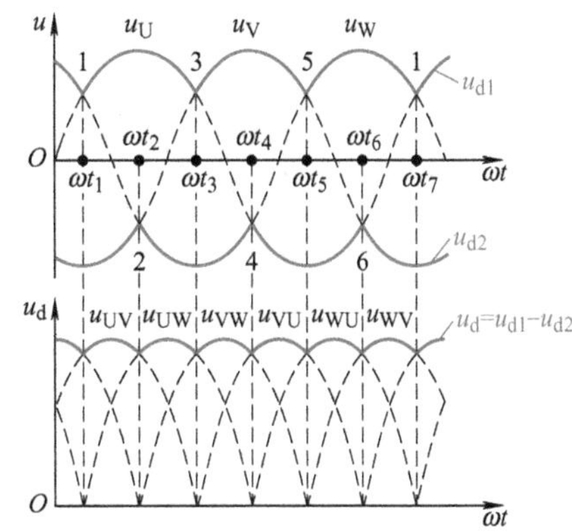

图 2-24　三相桥式全控整流电路带电阻性负载 $\alpha = 0°$时的波形图

当 $\omega t_1 \leqslant \omega t < \omega t_2$ 时：在 $\omega t = \omega t_1$ 时刻，触发脉冲出现顺序是 u_{g6} 和 u_{g1}，并且 $u_{g6} = u_{g1} > 0$；此段三相相电压瞬时值 u_U 最大，u_V 最小，即 $u_{UV} > 0$；晶闸管 VT_6、VT_1 导通，即 $i_{T6} = i_{T1} = i_d > 0$；直流侧负载电压 $u_d = u_{UV} > 0$。

当 $\omega t_2 \leqslant \omega t < \omega t_3$ 时：在 $\omega t = \omega t_2$ 时刻，触发脉冲出现顺序是 u_{g1} 和 u_{g2}，并且 $u_{g1} = u_{g2} > 0$；此段三相相电压瞬时值 u_U 最大，u_W 最小，即 $u_{UW} > 0$；晶闸管 VT_1、VT_2 导通，即 $i_{T1} = i_{T2} =$

$i_d>0$；直流侧负载电压 $u_d=u_{UW}>0$。

当 $\omega t_3 \leqslant \omega t < \omega t_4$ 时：在 $\omega t=\omega t_3$ 时刻，触发脉冲出现顺序是 u_{g2} 和 u_{g3}，并且 $u_{g2}=u_{g3}>0$；此段三相相电压瞬时值 u_V 最大，u_W 最小，即 $u_{VW}>0$；晶闸管 VT_2、VT_3 导通，即 $i_{T2}=i_{T3}=i_d>0$；直流侧负载电压 $u_d=u_{VW}>0$。

当 $\omega t_4 \leqslant \omega t < \omega t_5$ 时：在 $\omega t=\omega t_4$ 时刻，触发脉冲出现顺序是 u_{g3} 和 u_{g4}，并且 $u_{g3}=u_{g4}>0$；此段三相相电压瞬时值 u_V 最大，u_U 最小，即 $u_{VU}>0$；晶闸管 VT_3、VT_4 导通，即 $i_{T3}=i_{T4}=i_d>0$；直流侧负载电压 $u_d=u_{VU}>0$。

当 $\omega t_5 \leqslant \omega t < \omega t_6$ 时：在 $\omega t=\omega t_5$ 时刻，触发脉冲出现顺序是 u_{g4} 和 u_{g5}，并且 $u_{g4}=u_{g5}>0$；此段三相相电压瞬时值 u_W 最大，u_U 最小，即 $u_{WU}>0$；晶闸管 VT_4、VT_5 导通，即 $i_{T4}=i_{T5}=i_d>0$；直流侧负载电压 $u_d=u_{WU}>0$。

当 $\omega t_6 \leqslant \omega t < \omega t_7$ 时：在 $\omega t=\omega t_6$ 时刻，触发脉冲出现顺序是 u_{g5} 和 u_{g6}，并且 $u_{g5}=u_{g6}>0$；此段三相相电压瞬时值 u_W 最大，u_V 最小，即 $u_{WV}>0$；晶闸管 VT_5、VT_6 导通，即 $i_{T5}=i_{T6}=i_d>0$；直流侧负载电压 $u_d=u_{WV}>0$。

2）三相桥式全控整流电路带电阻性负载 $\alpha=30°$、$\alpha=60°$ 和 $\alpha=90°$ 时的波形图如图 2-25 所示。

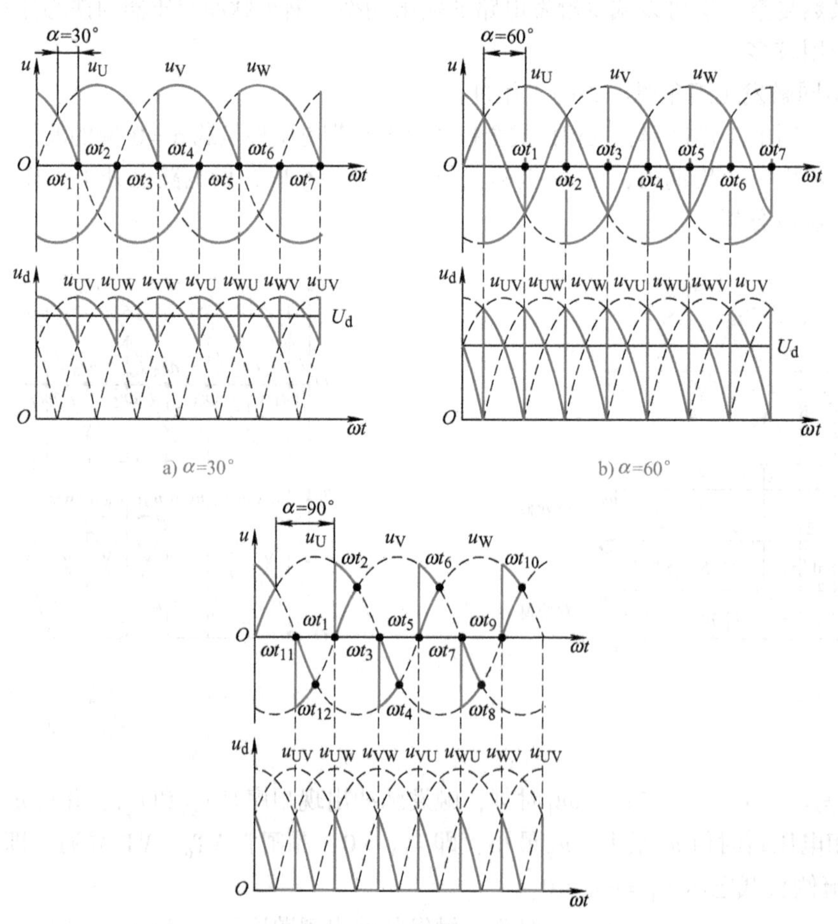

a) α=30°　　b) α=60°

c) α=90°

图 2-25　三相桥式全控整流电路带电阻性负载 α=30°、60°、90°时的波形图

(4) 各电量的计算

1) 负载上直流输出电压的平均值 U_d。

当 $0° \leqslant \alpha \leqslant 60°$ 时，有

$$U_d = \frac{3}{\pi}\int_{\frac{\pi}{3}+\alpha}^{\frac{2\pi}{3}+\alpha}\sqrt{6}U_2\sin\omega t\mathrm{d}(\omega t) = 2.34U_2\cos\alpha \tag{2-29}$$

当 $60° < \alpha \leqslant 120°$ 时，有

$$U_d = \frac{3}{\pi}\int_{\frac{\pi}{3}+\alpha}^{\pi}\sqrt{6}U_2\sin\omega t\mathrm{d}(\omega t) = 2.34U_2\left[1+\cos\left(\frac{\pi}{3}+\alpha\right)\right] \tag{2-30}$$

2) 晶闸管可能承受的最大正、反向电压均为 $\sqrt{6}U_2$，移相范围为 0°～120°。

2. 电感性负载

(1) 电路组成及工作过程　三相桥式全控整流电路带电感性负载电路如图 2-26a 所示。当 $\alpha \leqslant 60°$ 时，其输出电压 u_d 波形连续且在正半周，故电感性负载的波形与电阻性负载的波形完全一样。当 $\alpha > 60°$ 时，在电阻性负载时，u_d 波形不会出现负的部分，因此，输出电压 u_d 断续，电流 i_d 中断；但在电感性负载情况下，当输出电压瞬时值由零变为负，晶闸管本应关断时，在电感中能量的作用下，晶闸管继续维持导通，u_d 波形出现负的部分，因此，当 $\alpha > 60°$ 时电流 i_d 仍将连续。其在 $\alpha = 90°$ 时的工作过程如图 2-26b 所示，在交流电一个周期内，用 ωt 坐标点将波形分为 12 段，设电路已处于工作状态。

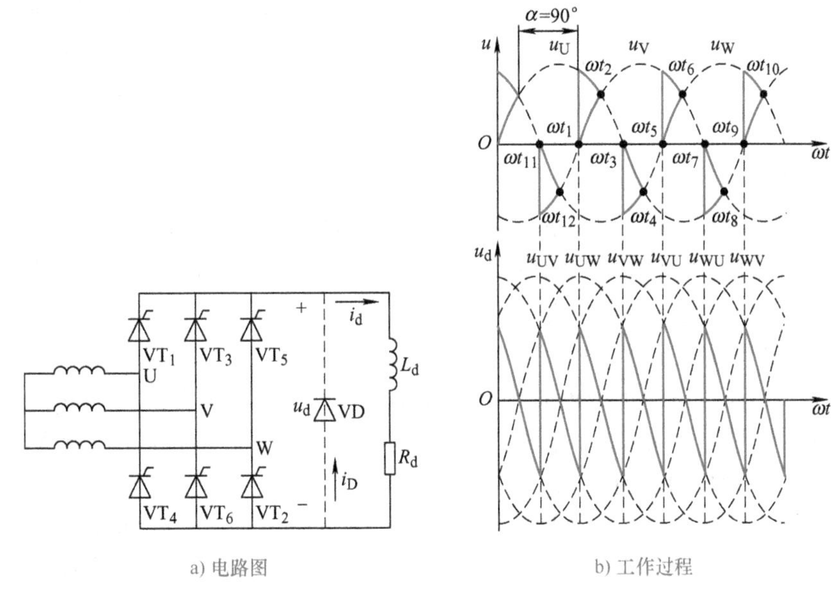

a) 电路图　　b) 工作过程

图 2-26　三相桥式全控整流电路带电感性负载 $\alpha = 90°$ 时的工作过程

由图 2-26b 可见，当 $\alpha = 90°$ 时，整流电压的正负半周相等，输出电压平均值为零。当 $\alpha > 90°$ 时，输出电压平均值仍为零，而且输出电压 u_d 波形将出现断续。因此三相桥式全控整流电路带电感性负载时移相范围是 0°～90°。

(2) 各电量的计算　负载上直流输出电压的平均值 U_d 为

$$U_d = 2.34U_2\cos\alpha \tag{2-31}$$

晶闸管可能承受的最大正、反向电压均为$\sqrt{6}U_2$，移相范围为0°~90°。

（3）电感性负载并接续流二极管　为了提高输出的平均电压并扩大移相范围，可在电感性负载两端并接续流二极管，如图2-26a中的VD。当输出电压进入负半波后，在续流二极管VD的钳位作用下，导通的晶闸管自然关断，因此其输出电压波形同电阻性负载时相同，这里分析从略。

三相桥式全控整流电路输出电压脉动小，脉动频率高。与三相半波可控整流电路相比，在电源电压相同、触发延迟角一样时，其输出电压提高一倍。又因为整流变压器二次绕组电流没有直流分量，不存在铁心被直流磁化问题，故绕组和铁心利用率高，所以被广泛应用于大功率直流电动机调速系统，以及对整流的各项指标要求较高的整流装置上。

六、三相桥式半控整流电路

在中等容量的整流装置或不要求可逆的电力传动中，采用三相桥式半控整流电路比全控电路更简单、更经济。

1. 电阻性负载

（1）电路组成及工作过程　三相桥式半控整流电路如图2-27所示，其相当于两组三相半波电路串联，其中一组来自可控的共阴极组，3个共阴极连接的晶闸管VT_1、VT_3、VT_5只在脉冲触发点才能换流到阳极电位更高的一相中去；另一组来自不可控的共阳极组，3个共阳极连接的二极管VD_4、VD_6、VD_2在三相相电压波形负半周的自然换相点换流，使电流换到阴极电位更低的一相中去。由于共阳极组是不可控的，所以触发电路只需给共阴极组的3个晶闸管施加相隔120°的单窄脉冲即可。

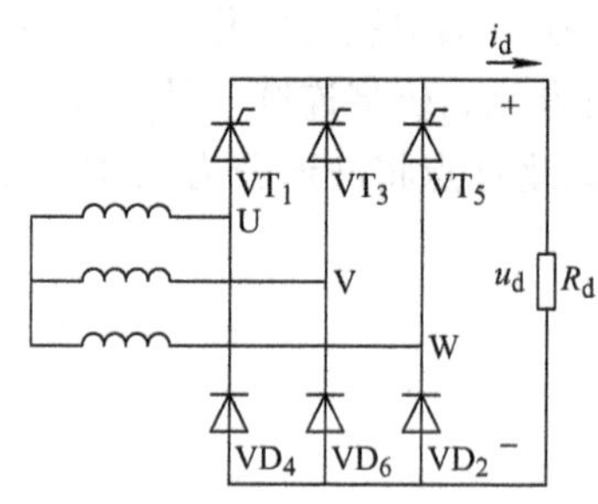

图2-27　三相桥式半控整流电路带电阻性负载

1）$\alpha=30°$时的工作过程。三相桥式半控整流电路带电阻性负载$\alpha=30°$时的波形图如图2-28a所示。在交流电一个周期内，用ωt坐标点将波形分为6段，设电路已处于工作状态，下面对波形进行逐段分析。

当$\omega t_1 \leqslant \omega t < \omega t_2$时：在$\omega t=\omega t_1$时刻，给晶闸管$VT_1$门极施加触发电压$u_{g1}$，即$u_{g1}>0$；此段三相相电压瞬时值$u_U$最大，$u_V$最小，即$u_{UV}>0$；晶闸管$VT_1$和二极管$VD_6$导通，即$i_{T1}=i_{D6}=i_d>0$；直流侧负载电压$u_d=u_{UV}>0$。

当$\omega t_2 \leqslant \omega t < \omega t_3$时：在$\omega t=\omega t_2$时刻，$u_V=u_W$，但过$\omega t_2$以后，$u_W$最小；此段三相相电压瞬时值$u_U$最大，$u_W$最小，即$u_{UW}>0$；晶闸管$VT_1$和二极管$VD_2$导通，即$i_{T1}=i_{D2}=i_d>0$；直流侧负载电压$u_d=u_{UW}>0$。

当$\omega t_3 \leqslant \omega t < \omega t_4$时：在$\omega t=\omega t_3$时刻，给晶闸管$VT_3$门极施加触发电压$u_{g3}$，即$u_{g3}>0$；此段三相相电压瞬时值$u_V$最大，$u_W$最小，即$u_{VW}>0$；晶闸管$VT_3$和二极管$VD_2$导通，即$i_{T3}=i_{D2}=i_d>0$；直流侧负载电压$u_d=u_{VW}>0$。

当$\omega t_4 \leqslant \omega t < \omega t_5$时：在$\omega t=\omega t_4$时刻，$u_W=u_U$，但过$\omega t_4$以后，$u_U$最小；此段三相相电压瞬时值$u_V$最大，$u_U$最小，即$u_{VU}>0$；晶闸管$VT_3$和二极管$VD_4$导通，即$i_{T3}=i_{D4}=i_d>0$；直流侧负载电压$u_d=u_{VU}>0$。

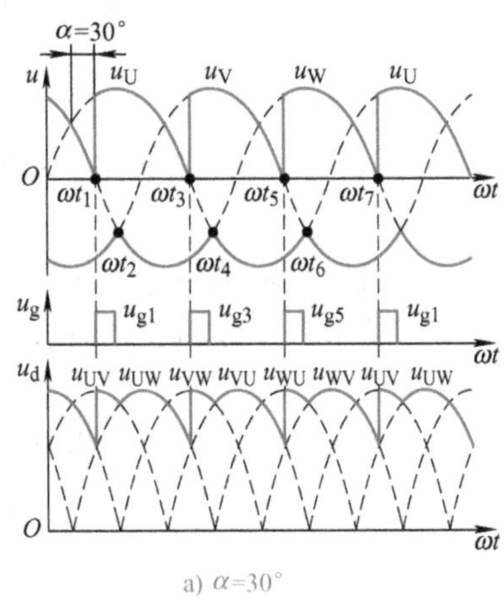

a) $\alpha=30°$

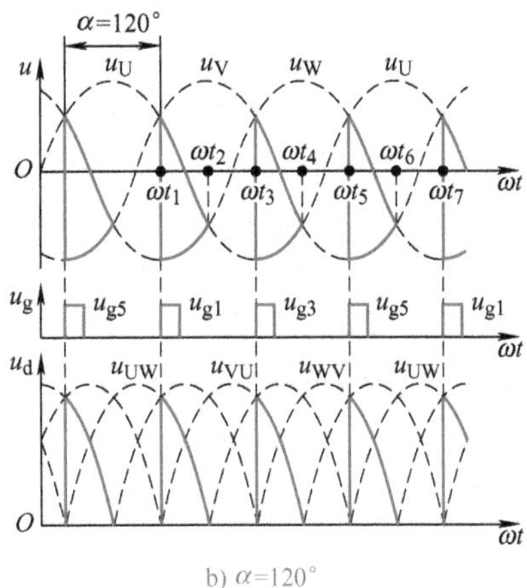

b) $\alpha=120°$

图 2-28　三相桥式半控整流电路带电阻性负载 $\alpha=30°$、120°时的工作过程

当 $\omega t_5 \leqslant \omega t < \omega t_6$ 时：在 $\omega t=\omega t_5$ 时刻，给晶闸管 VT_5 门极施加触发电压 u_{g5}，即 $u_{g5}>0$；此段三相相电压瞬时值 u_W 最大，u_U 最小，即 $u_{WU}>0$；晶闸管 VT_5 和二极管 VD_4 导通，即 $i_{T5}=i_{D4}=i_d>0$；直流侧负载电压 $u_d=u_{WU}>0$。

当 $\omega t_6 \leqslant \omega t < \omega t_7$ 时：在 $\omega t=\omega t_6$ 时刻，$u_U=u_V$，但过 ωt_6 以后，u_V 最小；此段三相相电压瞬时值 u_W 最大，u_V 最小，即 $u_{WV}>0$；晶闸管 VT_5 和二极管 VD_6 导通，即 $i_{T5}=i_{D6}=i_d>0$；直流侧负载电压 $u_d=u_{WV}>0$。

2）三相桥式半控整流电路带电阻性负载 $\alpha=120°$ 时的波形图如图 2-28b 所示。

（2）各电量的计算　负载上直流输出电压的平均值 U_d 为

$$U_d=2.34U_2\frac{1+\cos\alpha}{2} \tag{2-32}$$

晶闸管可能承受的最大正、反向电压均为 $\sqrt{6}U_2$，移相范围为 0°～180°。

2. 电感性负载

（1）电路组成及工作过程　三相桥式半控整流电路带电感性负载如图 2-29 所示，其输出的电压波形与电阻性负载时的相似，当 $\alpha=120°$ 时 u_d 波形如图 2-28b 所示。在交流电一个周期内，用 ωt 坐标点将波形分为 6 段，设电路已处于工作状态，下面对波形进行逐段分析。

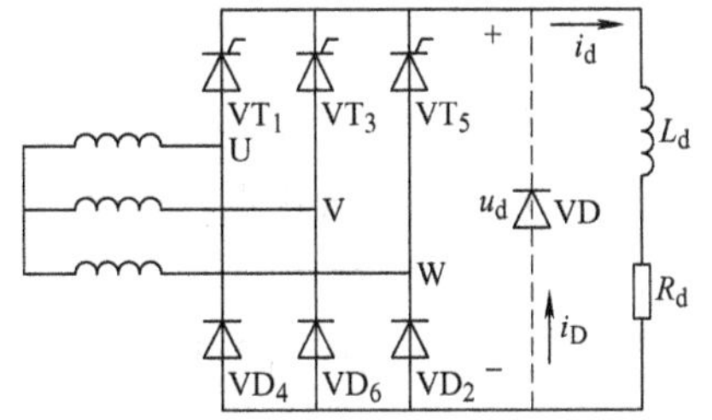

图 2-29　三相桥式半控整流电路带电感性负载

当 $\omega t_1 \leqslant \omega t < \omega t_2$ 时：在 $\omega t=\omega t_1$ 时刻，给晶闸管 VT_1 门极施加触发电压 u_{g1}，即 $u_{g1}>0$；此段三相相电压瞬时值 u_U 最大，u_W 最小，即 $u_{UW}>0$；晶闸管 VT_1 和二极管 VD_2 导通，即 $i_{T1}=i_{D2}=i_d>0$；直流侧负载电压 $u_d=u_{UW}>0$。

当 $\omega t_2 \leqslant \omega t < \omega t_3$ 时：在 $\omega t=\omega t_2$ 时刻，$u_W=u_U$，VD_2 和 VD_4 先并联，再与 VT_1 串联对电感构成续流通路；过 ωt_2 以后，u_U 最小，VT_1 与 VD_4 串联对电感构成续流通路；晶闸管 VT_1 和二极管 VD_4 导通，即 $i_{T1}=i_{D4}=i_d=0$；直流侧负载电压 $u_d=0$。

当 $\omega t_3 \leqslant \omega t < \omega t_4$ 时：在 $\omega t=\omega t_3$ 时刻，给晶闸管 VT_3 门极施加触发电压 u_{g3}，即 $u_{g3}>0$；

此段三相相电压瞬时值 u_V 最大，u_U 最小，即 $u_{VU}>0$；晶闸管 VT_3 和二极管 VD_4 导通，即 $i_{T3}=i_{D4}=i_d>0$；直流侧负载电压 $u_d=u_{VU}>0$。

当 $\omega t_4 \leqslant \omega t < \omega t_5$ 时：在 $\omega t=\omega t_4$ 时刻，$u_U=u_V$，VD_4 和 VD_6 先并联，再与 VT_3 串联对电感构成续流通路；过 ωt_4 以后，u_V 最小，VT_3 与 VD_6 串联对电感构成续流通路；晶闸管 VT_3 和二极管 VD_6 导通，即 $i_{T3}=i_{D6}=i_d=0$；直流侧负载电压 $u_d=0$。

当 $\omega t_5 \leqslant \omega t < \omega t_6$ 时：在 $\omega t=\omega t_5$ 时刻，给晶闸管 VT_5 门极施加触发电压 u_{g5}，即 $u_{g5}>0$；此段三相相电压瞬时值 u_W 最大，u_V 最小，即 $u_{WV}>0$；晶闸管 VT_5 和二极管 VD_6 导通，即 $i_{T5}=i_{D6}=i_d>0$；直流侧负载电压 $u_d=u_{WV}>0$。

当 $\omega t_6 \leqslant \omega t < \omega t_7$ 时：在 $\omega t=\omega t_6$ 时刻，$u_V=u_W$，VD_6 和 VD_2 先并联，再与 VT_5 串联对电感构成续流通路；过 ωt_6 以后，u_W 最小，VT_5 与 VD_2 串联对电感构成续流通路；晶闸管 VT_5 和二极管 VD_2 导通，即 $i_{T5}=i_{D2}=i_d=0$；直流侧负载电压 $u_d=0$。

（2）失控现象　三相桥式半控整流电路带电感性负载时，与单相桥式半控整流电路一样，桥路内部整流管有续流作用，u_d 波形与电阻性负载时一样，不会出现负电压。但当电路工作时突然切断触发脉冲或把 α 快速调至180°时，也会发生导通晶闸管不关断而3个整流二极管轮流导通的失控现象。为了避免失控，带电感性负载的三相桥式半控整流电路也要并接续流二极管，并接续流二极管后只有当 $\alpha>60°$ 时才有续流电流。

（3）电感性负载并接续流二极管　三相桥式半控整流电路带电感性负载并接续流二极管，如图2-29中的VD。在续流二极管VD的钳位作用下，内部续流通路中的晶闸管将自然关断，这样就避免了失控现象的发生。

知识链接二　单结晶体管触发电路

晶闸管由阻断转为导通，除阳极要承受正向电压外，还必须在门极与阴极之间加上足够功率的正向控制电压即触发电压。通过改变触发脉冲输出的时刻，即改变触发延迟角的大小，来达到改变输出电压的目的。为门极提供触发脉冲的电路称为触发电路。触发电路的种类很多，下面介绍常用的单结晶体管触发电路。

一、单结晶体管的认识

由单结晶体管组成的触发电路，具有结构简单、调试方便、触发脉冲前沿陡、抗干扰能力强及温度补偿性能好等优点，广泛应用在单相或要求不高的三相晶闸管装置中。

1. 单结晶体管的结构

单结晶体管的结构如图2-30a所示，在一块高电阻率的N型硅半导体基片上，用欧姆接触方式引出两个电极：第一基极 b_1 与第二基极 b_2，这两个基极之间的电阻为N型硅片的体电阻，通常为2～12kΩ。在两基极之间，靠近 b_2 极掺入P型杂质，形成PN结，由P区引出发射极e。可见这是一种特殊的半导体器件，只有一个PN结，但却有两个基极，故称为单结晶体管，又称双基极管。其等效电路如图2-30b所示，发射极所接的P区与N型硅棒形成的PN结等效为二极管VD；N型硅棒因掺杂浓度很低而呈现高电阻，二极管阴极与基极 b_2 之间的等效电阻为 R_{b2}，二极管阴极与基极 b_1 之间的等效电阻为 R_{b1}；由于 R_{b1} 的阻值受 $e-b_1$ 间电压的控制，所以等效为可变电阻。单结晶体管符号与管脚如图2-30c、d所示。

触发电路常用的单结晶体管型号有BT33和BT35两种。B表示半导体，T表示特种管，

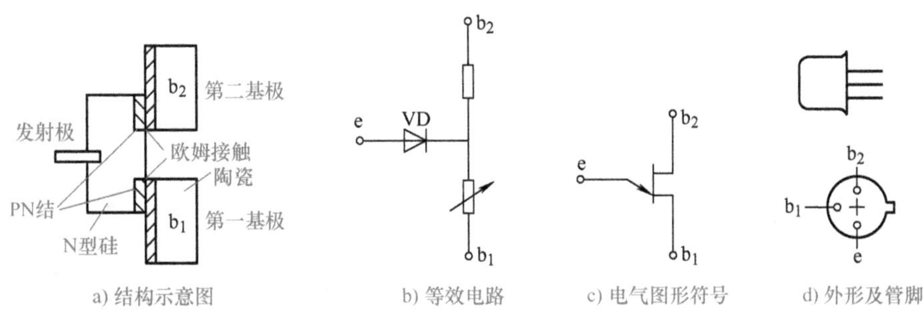

图 2-30　单结晶体管

第一个数字 3 表示有 3 个电极，第二个数字 3（或 5）表示耗散功率为 300mW（或 500mW）。单结晶体管的主要参数见表 2-1。

表 2-1　单结晶体管的主要参数

参数名称		分压比 η	基极电阻 r_{bb}/kΩ	峰点电流 I_P/μA	谷点电流 I_V/mA	谷点电压 U_V/V	饱和电压 U_{es}/V	最大反压 U_{b2e}/V	发射极反向漏电流 I_{eo}/μA	耗散功率 P_{max}/mW
测试条件		$U_{bb}=20V$	$U_{bb}=3V$ $I_e=0$	$U_{bb}=0V$	$U_{bb}=0V$	$U_{bb}=0V$	$U_{bb}=0V$ I_e为最大		U_{b2e}为最大	
BT33	A	0.45～0.9	2～4.5	<4	>1.5	<3.5	<4	≥30	<2	300
	B							≥60		
	C	0.3～0.9	>4.5～12			<4	<4.5	≥30		
	D							≥60		
BT35	A	0.45～0.9	2～4.5			<3.5	<4	≥30		500
	B					>3.5		≥60		
	C	0.3～0.9	>4.5～12			<4	<4.5	≥30		
	D							≥60		

2. 单结晶体管的检测

利用万用表可以很方便地判别单结晶体管的极性和好坏，可选用 $R\times1k\Omega$ 电阻档进行测量。根据单结晶体管的结构，单结晶体管 e 极和 b_1 极或 e 极和 b_2 极之间的正向电阻小于反向电阻，一般 $R_{b1}>R_{b2}$，而 b_1 极和 b_2 极之间的正、反向电阻相等，为 3～10kΩ。只要发射极判断对了，即使 b_1 极和 b_2 极接反了，也不会烧坏管子，只是没有脉冲输出或输出的脉冲幅度很小，这时只需把 b_1 极和 b_2 极调换即可。但若测得某两极之间的电阻值与正常值相差较大，则说明该单结晶体管已经损坏。

3. 单结晶体管的伏安特性

单结晶体管的伏安特性是指两个基极 b_2 极和 b_1 极之间加某一固定直流电压 U_{bb} 时，发射极电流 I_e 与发射极正向电压 U_e 之间的关系。其试验电路及伏安特性如图 2-31 所示。

从图 2-31a 可以看出，两基极 b_1 和 b_2 之间的电阻（$R_{bb}=R_{b1}+R_{b2}$）称为基极电阻，R_{b1} 的数值随发射极电流 I_e 而变化，R_{b2} 的数值与 I_e 无关。当开关 S 断开时，I_{bb} 为零，加发射极

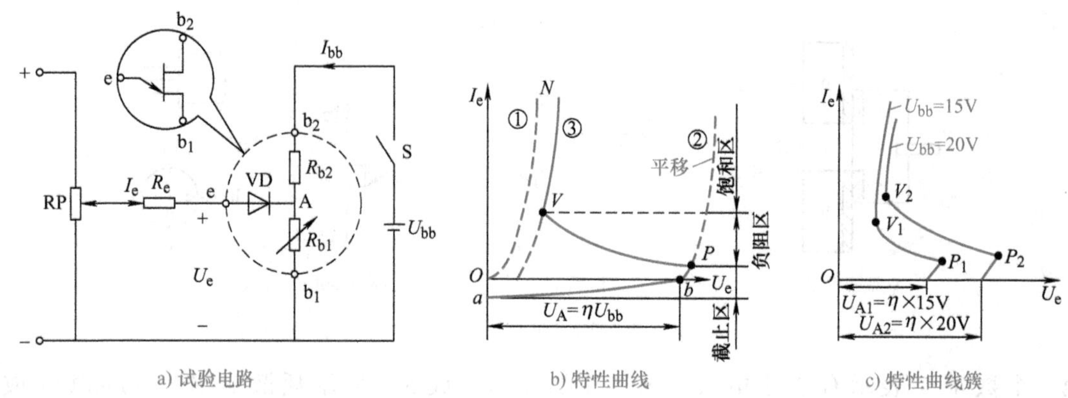

a) 试验电路　　b) 特性曲线　　c) 特性曲线簇

图 2-31　单结晶体管的试验电路及伏安特性

电压 U_e时，得到如图 2-31b 中①所示的伏安特性曲线，该曲线与二极管伏安特性曲线相似。当开关 S 闭合时，在两个基极 b_2和 b_1之间加上正电压 U_{bb}，则 A 点电压为

$$U_A = \frac{R_{b1}}{R_{b1}+R_{b2}}U_{bb} = \eta U_{bb}$$

式中，η 为分压比，其值一般为 0.3～0.85，如果发射极电压由零逐渐增加，就可测得单结晶体管的伏安特性。

（1）截止区 aP 段　当 $0<U_e<\eta U_{bb}$时，单结晶体管的 PN 结反向偏置，只有很小的反向漏电流。随着 U_e的增大，反向漏电流逐渐减小。当 $U_e=\eta U_{bb}$时，单结晶体管的 PN 结处于零偏，电路此时工作在特性曲线与横坐标交点 b 处，$I_e=0$。进一步增加 U_e，PN 结开始正偏，出现正向漏电流，直到 U_e增加到高出 ηU_{bb}一个 PN 结正向压降 U_D，即 $U_e=\eta U_{bb}+U_D$时，等效二极管 VD 才导通，此时单结晶体管由截止状态进入到导通状态，该转折点称为峰点 P。P 点所对应的电压称为峰点电压 U_P，所对应的电流称为峰点电流 I_P。

（2）负阻区 PV 段　当 $U_e>U_P$时，等效二极管 VD 导通，I_e增大，这时大量的空穴载流子从发射极注入 A 点到 b_1的硅片，使 R_{b1}迅速减小，导致 U_A下降，因而 U_e也下降。U_A的下降，使 PN 结承受更大的正偏，引起更多的空穴载流子注入硅片中，使 R_{b1}进一步减小，形成更大的发射极电流 I_e，这是一个强烈的正反馈过程。当 I_e增大到一定程度时，硅片中载流子的浓度趋于饱和，R_{b1}已减小至最小值，A 点的分压 U_A最小，因而 U_e也最小，得到曲线上的 V 点。V 点称为谷点，谷点所对应的电压和电流称为谷点电压 U_V和谷点电流 I_V。这一区间称为特性曲线的负阻区。

（3）饱和区 VN 段　过了 V 点后，发射极与第一基极间半导体内的载流子达到了饱和状态，欲使 I_e继续增大，必须继续增大电压 U_e。因此 U_V是维持单结晶体管导通的最小电压，一旦 $U_e<U_V$，单结晶体管将由导通转变为截止。改变电压 U_{bb}，等效电路中的 U_A和特性曲线中的 U_P也随之改变，从而可获得一簇单结晶体管特性曲线，如图 2-31c 所示。

二、单结晶体管触发电路原理

1. 单结晶体管自激振荡电路

所谓振荡，是指在没有输入信号的情况下，电路输出一定频率、一定幅值的电压或电流信号。利用单结晶体管的负阻特性和 RC 电路的充放电特性，可以组成自激振荡电路，产生脉冲，用以触发晶闸管。电路如图 2-32a 所示。

设电源未接通时，电容 C 上的电压为零。电源 U_{bb} 接通后，电源电压通过 R_2、R_1 加在单结晶体管的 b_2、b_1 上，同时通过电阻 r、R 对电容 C 充电。当电容电压 u_C 达到单结晶体管的峰点电压 U_P 时，$e-b_1$ 导通，单结晶体管进入负阻状态，电容 C 通过 R_{b1}、R_1 放电。因为 R_1 很小，所以放电很快，放电电流在 R_1 上输出脉冲去触发晶闸管。

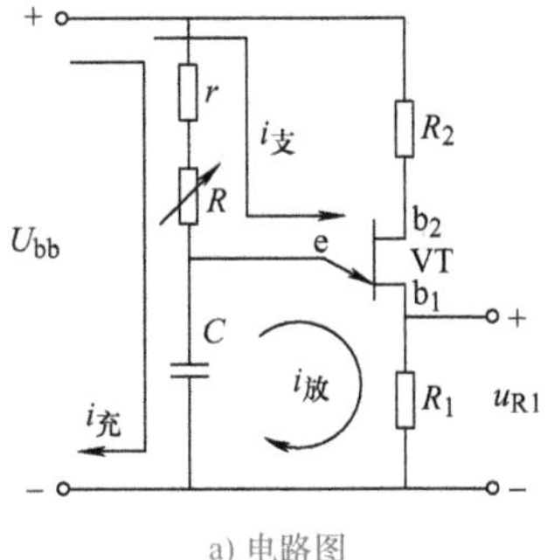

a) 电路图

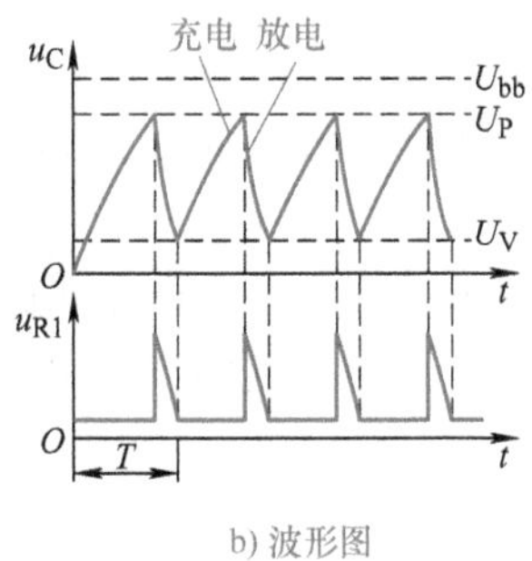

b) 波形图

图 2-32　单结晶体管自激振荡电路及波形图

U_{bb}—20V　C—0.22～0.47μF　R—47kΩ　R_1—50～100Ω

R_2—300～500Ω　r—1～2kΩ

当电容放电使 u_C 下降到 U_V 时，单结晶体管关断，R_1 上的脉冲电压终止，完成一次振荡。放电一结束，电容重新开始充电，重复上述过程，电容 C 由于 $\tau_{放}<\tau_{充}$ 而得到锯齿波电压，R_1 上得到一个周期性尖脉冲输出电压，如图 2-32b 所示。

值得注意的是，$r+R$ 的值太大或太小时，电路不能振荡。当 $r+R$ 的值选得太大时，电容 C 就无法充电到峰点 U_P，单结晶体管就不能工作到负阻区。为防止阻值过小而加电阻 r 来起限流作用，同时防止调节 R 到零时，充电电流 $i_{充}$ 过大造成晶闸管一直导通无法关断而停振。可变电阻 R 的作用是移相控制，因为改变电阻 R 的大小，就改变了电源 U_{bb} 对电容 C 的充电时间常数，改变了电容电压达到峰点电压的时间。

欲使电路振荡，固定电阻 r 的阻值和可变电阻 R 的阻值应满足下式：

$$r=\frac{U_{bb}-U_V}{I_V}$$

$$R=\frac{U_{bb}-U_P}{I_P}-r$$

电阻 R_1 是电路的输出电阻。它不能太小，否则放电电流 $i_{放}$ 在 R_1 上形成的压降就很小，产生脉冲的幅值就很小；它也不能太大，否则在 R_1 上形成的残压就大，会对晶闸管门极产生干扰。电阻 R_2 是温度补偿电阻，在单结晶体管产生温升时，通过 R_2 使峰点电压 U_P 保持恒定。

如忽略电容的放电时间，该振荡电路的频率近似为

$$f=\frac{1}{T}=\frac{1}{(R+r)C\ln\dfrac{1}{1-\eta}}$$

2. 单结晶体管同步触发电路

触发电路送出的触发脉冲必须与晶闸管阳极电压同步，保证管子在阳极电压每个正半周内以相同的触发延迟角 α 被触发，从而得到稳定的直流电压。图 2-33a 为单相桥式半控整流电路单结晶体管触发电路。其中同步变压器 TS、整流桥及稳压管 VS 组成同步触发电路。同

步变压器一次侧与晶闸管整流桥路接在同一交流电源上，同步变压器二次侧正弦交流电压经桥式整流与稳压管削波，得到的梯形波电压 u_{VS} 与晶闸管阳极电压过零点一致，作为触发电路的电源，波形如图 2-33b 所示。每当电源波形半周过零时，$u_{VS}=u_{bb}=0$，单结晶体管内部的 A 点电压 $U_A=0$，可使电容上的电荷很快放掉，在下一半周开始时，电容电压基本上从零开始充电，这样才能保证每周期触发电路送出第一个脉冲距离过零点的时刻一致，即 α 相同，从而起到同步作用。

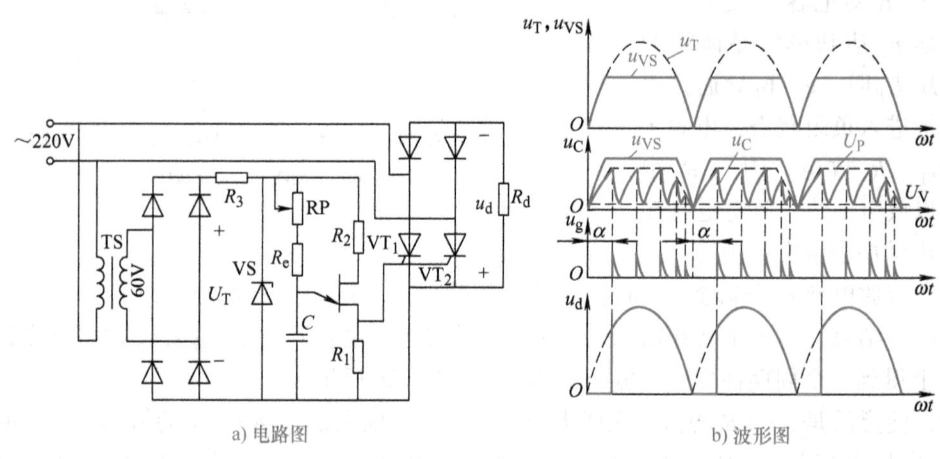

图 2-33 同步电压为梯形波的单结晶体管触发电路及波形图

从图 2-33b 中可以看出，每周期中电容 C 的充放电不止一次，产生的触发脉冲也有数个，晶闸管由第一个脉冲触发导通，后面的脉冲不起作用。改变 R_e 的大小，可改变电容 C 充到峰点电压的时间，即改变了第一个脉冲出现的时刻，从而改变了触发延迟角 α 的大小，达到了调节输出直流电压 U_d 的目的。

为了简化电路，单结晶体管输出脉冲同时触发晶闸管 VT_1、VT_2，因只有阳极电压为正的管子才能触发导通，所以能保证桥式半控整流两个晶闸管轮流导通。为了扩大移相范围，要求同步电压梯形波 u_{VS} 的两腰边尽量接近垂直，这时可提高同步变压器二次电压，如稳压管 VS 的稳压值选用 20V，同步变压器二次电压通常取 60～70V。

实际应用中，常用晶体管 VT_2 代替可变电阻 RP，以便实现自动移相，同时脉冲的输出一般通过脉冲变压器 T（把输入的正弦波电压变成窄脉冲形输出电压的变压器），以实现输出的两个脉冲之间及触发电路与主电路之间的电气隔离，如图 2-34 所示。

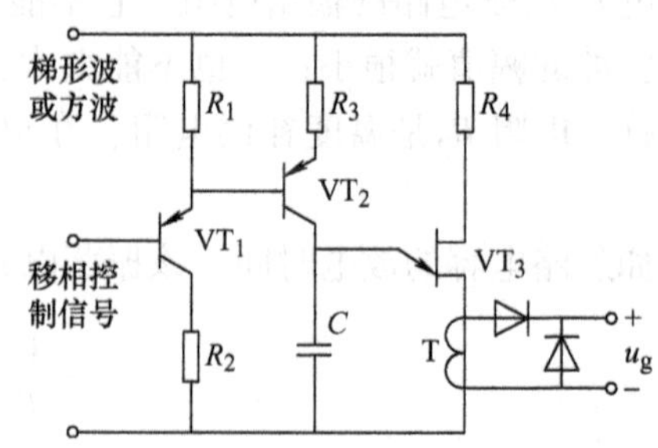

图 2-34 单结晶体管触发电路的其他形式

单结晶体管触发电路虽然简单，但由于它的参数差异较大，多相电路触发时不易一致。此外其输出功率较小，脉冲较窄，虽加有温度补偿，但对于大范围的温度变化仍会出现误差，控制线性度不好，因此单结晶体管触发电路只用于控制精度要求不高的单相晶闸管系统。

【项目扩展】

其他触发电路

1. 正弦波同步移相触发电路

正弦波同步移相触发电路由同步移相、脉冲放大等环节组成，其原理如图2-35所示。

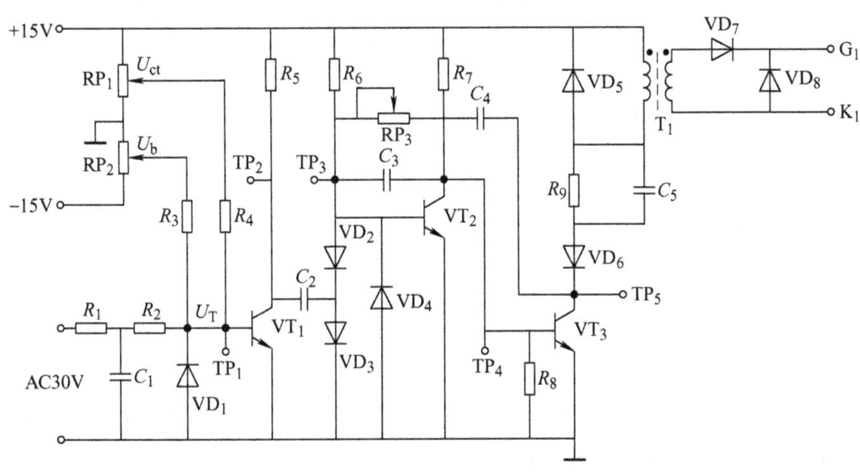

图2-35　正弦波同步移相触发电路原理图

同步信号由同步变压器二次侧提供，晶体管 VT_1 左边部分为同步移相环节，在 VT_1 的基极综合了同步信号电压 U_T、偏移电压 U_b及控制电压 U_{ct}（RP_1 电位器调节 U_{ct}，RP_2 调节 U_b）。调节 RP_1 及 RP_2 均可改变 VT_1 晶体管的翻转时刻，从而控制触发延迟角的位置。脉冲形成整形环节是一分立元器件的集基耦合单稳态脉冲电路，VT_2 的集电极耦合到 VT_3 的基极，VT_3 的集电极通过 C_4、RP_3 耦合到 VT_2 的基极。

当 VT_1 未导通时，R_6 供给 VT_2 足够的基极电流使之饱和导通，VT_3 截止。电源电压通过 R_9、T_1、VD_6、VT_2 对 C_4 充电至15V左右，极性为左负右正。

当 VT_1 导通时，VT_1 的集电极从高电位翻转为低电位，VT_2 截止，VT_3 导通，脉冲变压器输出脉冲。由于设置了 C_4、RP_3 阻容正反馈电路，使 VT_3 加速导通，提高输出脉冲的前沿陡度。同时 VT_3 导通经正反馈耦合，VT_2 的基极保持低电压，VT_2 维持截止状态，电容通过 RP_3、VT_3 放电到零，再反向充电，当 VT_2 的基极升到0.7V后，VT_2 从截止变为导通，VT_3 从导通变为截止。VT_2 的基极电位上升0.7V的时间由其充放电时间常数所决定，改变 RP_3 的阻值就改变了其时间常数，也就改变了输出脉冲的宽度。

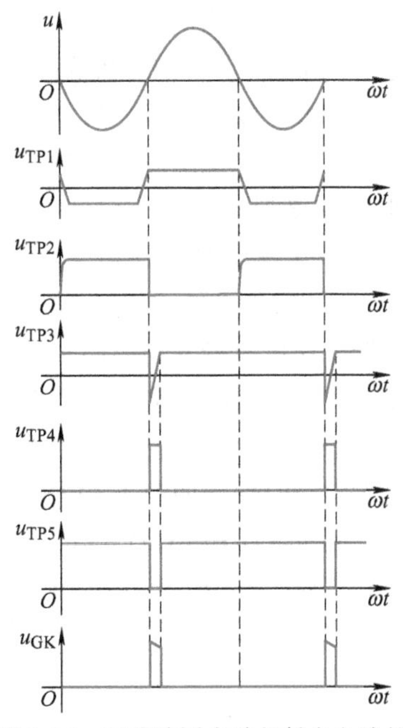

图2-36　正弦波同步移相触发电路的各点电压波形（$\alpha=0°$）

正弦波同步移相触发电路的各点电压波形如图2-36所示。

2. 锯齿波同步移相触发电路

锯齿波同步移相触发电路由同步检测、锯齿波形成、移相控制、脉冲形成、脉冲放大等环节组成，其原理图如图 2-37 所示。

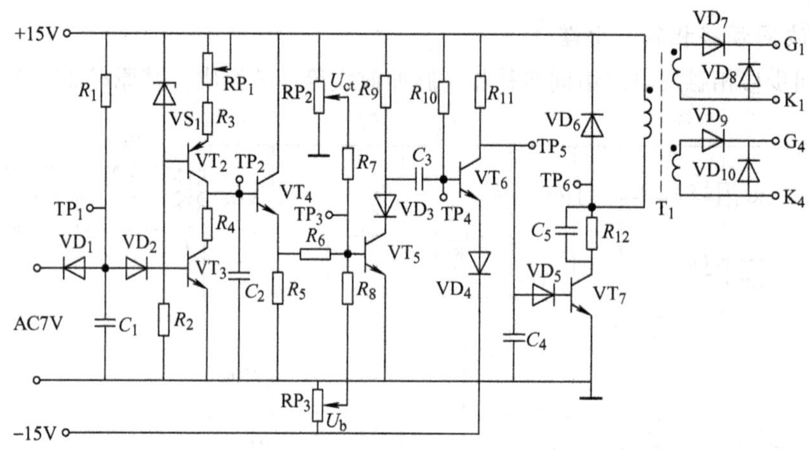

图 2-37　锯齿波同步移相触发电路原理图

由 VT_3、VD_1、VD_2、C_1 等元器件组成同步检测环节，其作用是利用同步电压 U_T来控制锯齿波产生的时刻及锯齿波的宽度。由 VS_1、VT_2 等元器件组成恒流源电路，当 VT_3 截止时，恒流源对 C_2 充电形成锯齿波；当 VT_3 导通时，电容 C_2 通过 R_4、VT_3 放电。调节电位器 RP_1 可以调节恒流源的电流大小，从而改变了锯齿波的斜率。控制电压 U_{ct}、偏移电压 U_b和锯齿波电压在 VT_5 基极综合叠加，从而构成移相控制环节，RP_2、RP_3 分别调节控制电压 U_{ct}和偏移电压 U_b的大小。VT_6、VT_7 构成脉冲形成放大环节，C_5 为强触发电容，用于改善脉冲的前沿，由脉冲变压器输出触发脉冲，电路的各点电压波形如图 2-38 所示。

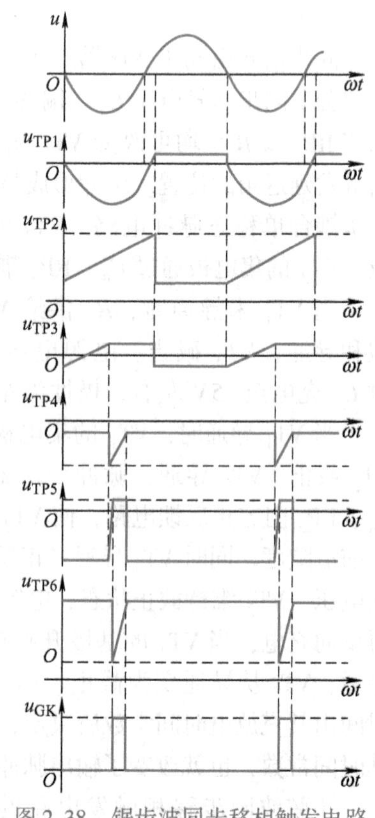

图 2-38　锯齿波同步移相触发电路各点电压波形（α=90°）

3. 单相交流调压触发电路

单相交流调压触发电路采用 KC05 集成晶闸管移相触发器。该集成触发器适用于触发双向晶闸管或两个反向并联晶闸管组成的交流调压电路，具有失电压保护、输出电流大等优点，是交流调压的理想触发电路。单相交流调压触发电路原理图如图 2-39 所示。

同步电压由 KC05 的 15、16 脚输入，在 TP_2 点可以观测到锯齿波，RP_1 电位器用于调节锯齿波的斜率，RP_2 电位器用于调节移相角度，触发脉冲从第 9 脚经脉冲变压器输出。

4. 西门子 TCA785 触发电路

有些教材中讲述的晶闸管集成触发电路，如 KC04、

KC05 等，目前在工业现场已经很少使用了。当前工业现场正在使用的新型晶闸管集成触发电路，主要有西门子 TCA785，与 KC04 等相比它对零点的识别更加可靠，输出脉冲的齐整度更好，移相范围更宽，同时它输出脉冲的宽度可人为自由调节。

TCA785 锯齿波移相触发电路原理图如图 2-40 所示。

锯齿波斜率由电位器 RP_1 调节，RP_2 电位器调节晶闸管的触发角。

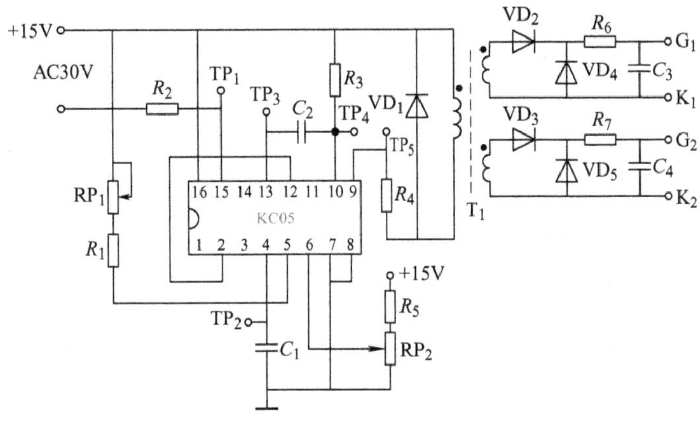

图 2-39　单相交流调压触发电路原理图

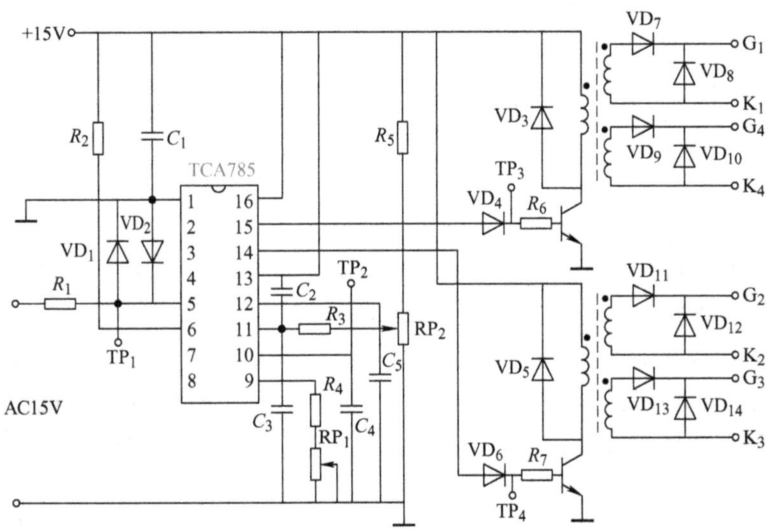

图 2-40　TCA785 锯齿波移相触发电路原理图

【项目实施】

直流 LED 调光电路的安装与调试

一、电路描述

直流调光灯电路原理如图 2-3 所示。主电路由灯泡和晶闸管 VT 组成，单结晶体管及一些阻容元件构成触发电路。调节 RP 可改变 C 的充电时间常数，即改变晶闸管 VT 的导通角，便可调节主电路的可控输出整流电压的数值，也就改变了流过灯泡的电流，结果使得灯泡的亮度随着 RP 的调节而变化。

二、元器件检测

在电路装配前首先要根据电路原理图清点元器件，并列出电路元器件明细表，元器件明细表见表 2-2；同时，用相关仪器仪表测量晶闸管等元器件是否损坏。

表 2-2 直流调光灯电路元器件明细表

序号	名称	型号规格	个数	序号	名称	型号规格	个数
1	二极管	1N4001	4	6	可变电阻	150kΩ	1
2	灯泡	直流 LED 灯泡	1	7	晶闸管	KP1－7	1
3	变压器	220V/36V	1	8	单结晶体管	BT33	1
4	稳压管	2CW21A	1	9	电容	0. 22μF	1
5	电阻	10Ω、80Ω、470Ω、3. 3kΩ、4. 7kΩ	各 1				

三、电路组装

首先检查电路面包板有无破损，按照图 2-3 所示的电路原理图将元器件按照布局依次插入电路面包板，元器件安装时应注意电气连接的可靠性、足够的机械强度及外观光洁整齐。安装时应注意：晶闸管、单结晶体管及稳压管在安装时注意极性，切勿安错；安装完毕，将 RP 的滑动端置于中间位置；电路面包板四周用 4 个螺母固定支撑。元器件安装完成后，将各个元器件用导线连接起来，组成完整的电路。

四、电路调试

通电前应对电路进行安装检查。首先，根据电路原理图检查是否有漏装的元器件或连接导线；其次，根据原理图检查晶闸管、单结晶体管极性安装是否正确。完成以上检查后，即可通电测试。由于电路直接和市电相连，调试时要注意安全，防止触电。

通电后，一般调试步骤是先调好控制电路，然后再调试主电路。先用示波器观察触发电路中同步电压形成、移相、脉冲形成和输出三个基本环节的波形，并调节电位器改变给定信号，查看触发脉冲的移相情况，如果各部分波形正常，脉冲能平滑移相，移相范围合乎要求，且脉冲幅值足够，则控制电路调试完毕。

主电路的调试步骤为：先用调压器给主电路加一个低电压（10～20V）接上触发电路，用示波器观察晶闸管阴阳极之间电压的变化，如果波形上有一部分是一条平线，就表示晶闸管已经导通。平线的长短可以变化，表示晶闸管的导通角可调。调试中要注意输入、输出回路的电流变化是否对应，有无局部断路及发热现象。

电路检查正常后向右旋转电位器把柄，灯泡应逐渐变亮，右旋到灯泡最亮；反之，向左旋转电位器把柄，灯泡应逐渐变暗，左旋到灯泡熄灭。

五、故障分析

灯的亮度不可调：主要是因为电位器损坏或虚焊、单结晶体管电路提供的触发脉冲不正常、单结晶体管的性能差等。灯不亮：主要是因为电路有断路的现象，例如没有电源电压、整流电压或触发电压等。

【项目评价】

直流 LED 调光电路的安装与调试评价单见表 2-3。

表 2-3　直流 LED 调光电路的安装与调试评价单

序号	考评点	分值	建议考核方式	评价标准		
				优	良	及格
一	相关知识点的学习	20	教师评价（50%）+互评（50%）	对相关知识点的掌握牢固、明确，正确理解电路的工作过程	对相关知识点的掌握一般，基本能正确理解电路的工作过程	对相关知识点的掌握牢固，但对电路的理解不够清晰
二	制作电路元器件明细表	10	教师评价（50%）+互评（50%）	能准确详细地列出元器件明细表	能准确地列出元器件明细表	能比较准确地列出元器件明细表
三	识别与检测元器件、分析电路、了解主要元器件的功能及参数	10	教师评价（50%）+互评（50%）	能快速正确识别、检测单结晶体管等元器件，能正确分析电路原理，能准确说出元器件的功能及参数	能正确识别、检测单结晶体管等元器件，能正确分析电路原理，能比较准确地说出元器件的功能及参数	能比较正确地识别、检测单结晶体管等元器件，能准确说出元器件的功能
四	安装与调试	25	教师评价（50%）+互评（50%）	正确组装电路，安装可靠、美观；能正确使用仪器仪表，掌握电路的测量方法	正确组装电路，安装可靠；能正确使用仪器仪表，掌握电路的测量方法	能使用仪器仪表完成电路的测量与调试
五	排除故障	15	教师评价（50%）+互评（50%）	能正确进行故障分析，检查步骤简洁、准确；排除故障迅速，检查过程无损坏其他元器件现象	能正确进行故障分析，检查步骤简洁、准确；排除故障迅速	能在他人帮助下进行故障分析，排除故障
六	任务总结报告	10	教师评价（100%）	格式标准，内容完整、清晰，详细记录任务分析、实施过程，并进行归纳总结	格式标准，内容清晰，记录任务分析、实施过程，并进行归纳总结	内容清晰，记录的任务分析、实施过程比较详细，并进行归纳总结
七	职业素养	10	教师评价（30%）+自评（20%）+互评（50%）	工作积极主动、遵守工作纪律、服从工作安排、遵守安全操作规程、爱惜器材与测量工具	工作比较积极主动、遵守工作纪律、服从工作安排、遵守安全操作规程、比较爱惜器材与测量工具	工作积极主动性一般、遵守工作纪律、服从工作安排、遵守安全操作规程、比较爱惜器材与测量工具

【项目测试】

1. 单相半波可控整流电路对电感性负载供电，$L_d=20mH$，$U_2=100V$，求当 $\alpha=30°$ 和 60°时的负载电流 I_d，并画出 U_d 与 I_d 的波形。

2. 单相桥式半控整流电路，电阻性负载，画出整流二极管在一周内承受的电压波形。

3. 在三相半波可控整流电路中，如果 U 相的触发脉冲消失，试绘出在电阻性负载和电感性负载下整流电压 U_d 的波形。

4. 三相桥式全控整流电路，$U_2=100V$，带电阻电感性负载，$R_d=50\Omega$，L_d 值极大，当 $\alpha=60°$ 时，要求：

（1）画出 U_d、I_d 和 I_{T1} 的波形。

（2）计算 U_d、I_d。

5. 单结晶体管振荡电路是根据单结晶体管的什么特性工作的？振荡频率的高低与什么因素有关？

6. 单结晶体管触发电路中，如果在削波稳压管两端并接一个大电容，可控整流电路能工作吗？为什么？

项目三　交流白炽灯调光电路的安装与调试

【项目分析】

本项目为交流可调光白炽台灯（见图3-1）电路的安装与调试。本电路的主要设计思想是：采用双向晶闸管加白炽灯泡为主电路，外加触发电路。触发电路控制双向晶闸管的导通，从而控制输出。其电路结构框图如图3-2所示。

图3-1　可调光白炽台灯

如图3-3所示，调光电路由主电路和触发电路两部分构成，通过对主电路及触发电路的分析使学生能够理解电路的工作过程，进而掌握分析电路的方法。下面具体分析与该电路有关的知识：双向晶闸管、双向二极管触发电路等内容。

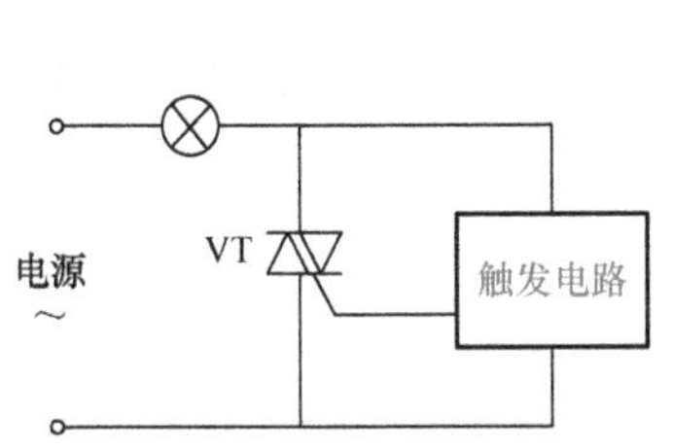

图3-2　交流调光电路结构框图

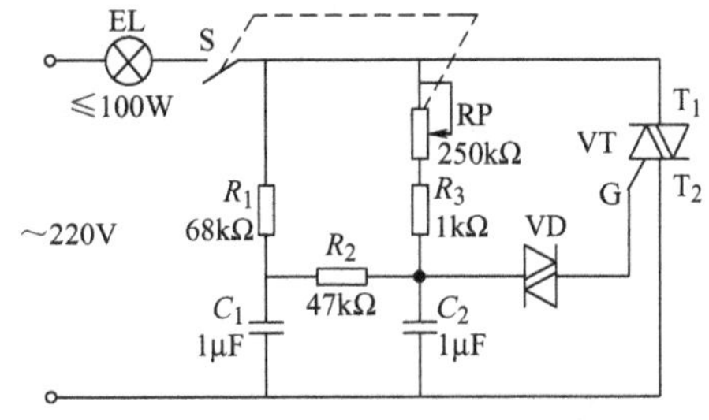

图3-3　交流调光电路原理图

【项目目标】

知识目标

1. 了解交流变换电路的类型。
2. 掌握双向晶闸管的结构、特性、触发方式及主要参数。
3. 会分析单相、三相交流调压电路的工作过程。
4. 会分析双向二极管触发电路的工作过程。

技能目标

1. 掌握双向晶闸管的外形结构，能熟练对其进行测量及鉴别。
2. 掌握单相、三相交流调压电路的调试过程。
3. 能够按照工艺要求组装电路，并进行调试、故障分析与排除。
4. 了解交流调压典型设备的原理、操作及故障维修。

【知识链接】

知识链接一　认识双向晶闸管

双向晶闸管（Triode AC Switching Thyristor，TRIAC）是把两个反向并联的晶闸管集成在同一块硅片上，用一个门极控制触发的组合型器件。这种结构使它在两个方向都具有和单个晶闸管同样的开关特性，伏安特性相当于两个反向并联的分立晶闸管，不同的是它由一个门极进行双方向控制，是一种控制交流功率的理想器件。

1. 双向晶闸管的结构

双向晶闸管的外形与普通晶闸管类似，有塑料封装型、螺旋型和平板型等几种不同的类型。其内部是 NPNPN 五层半导体结构的三端器件，有两个主电极 T_1、T_2，一个门极 G。双向晶闸管的内部结构、等效电路及电气符号如图 3-4 所示。

由图 3-4 可见，双向晶闸管相当于两个普通晶闸管反并联（$P_1N_1P_2N_2$和 $P_2N_1P_1N_4$），不过它只有一个门极 G，由于 N_3区的存在，使得门极 G 相对于 T_2端无论是正的还是负的，都能触发，而且 T_1相对于 T_2既可以是正，也可以是负。

2. 双向晶闸管的伏安特性

双向晶闸管在第Ⅰ和第Ⅲ象限有对称的伏安特性，如图 3-5 所示。其中，规定双向晶闸管的 T_1极为正、T_2极为负时的特性为第Ⅰ象限特性；而 T_1极为负、T_2极为正时的特性为第Ⅲ象限特性。

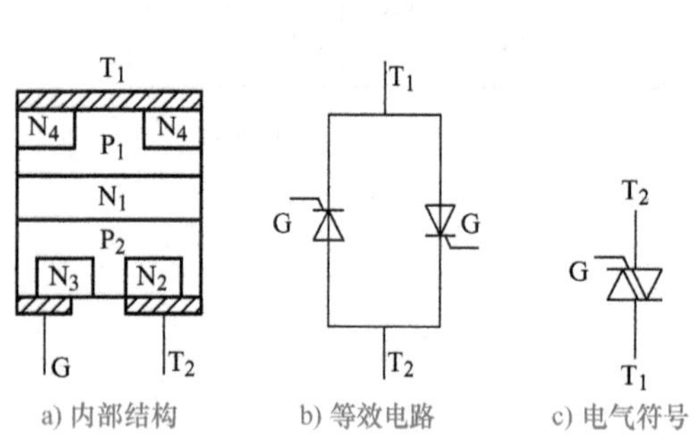

图 3-4　双向晶闸管的内部结构、等效电路及电气符号

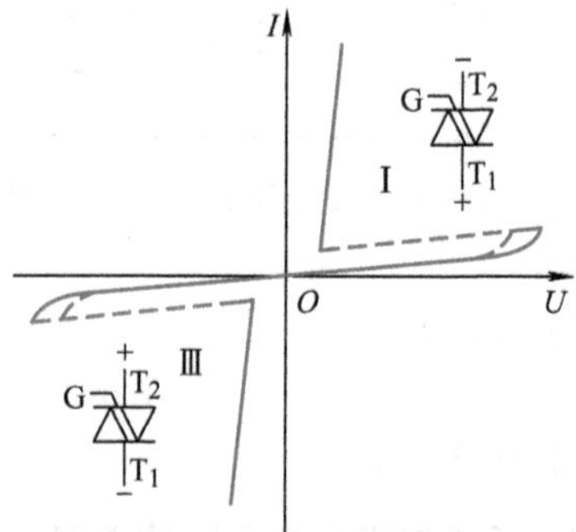

图 3-5　双向晶闸管的伏安特性

由于双向晶闸管的门极 G 相对于 T_2极加正、负触发信号均能使管子触发导通，所以双向晶闸管有以下 4 种触发方式。

1）$Ⅰ_+$触发方式：T_1极为正，T_2极为负；门极 G 相对 T_2极为正。

2）$Ⅰ_-$触发方式：T_1极为正，T_2极为负；门极 G 相对 T_2极为负。

3）$Ⅲ_+$触发方式：T_1极为负，T_2极为正；门极 G 相对 T_2极为正。

4）$Ⅲ_-$触发方式：T_1极为负，T_2极为正；门极 G 相对 T_2极为负。

由于双向晶闸管内部结构的原因，这 4 种触发方式的灵敏度各不相同，即所需触发电压、电流的大小不同。一般触发灵敏度排序为Ⅰ$_+$>Ⅲ$_-$>Ⅰ$_-$>Ⅲ$_+$，通常采用Ⅰ$_+$和Ⅲ$_-$两种触发方式。

3. 双向晶闸管的主要参数

双向晶闸管的主要参数与普通晶闸管的参数相似，但因其结构及使用条件的差异又有所不同。

(1) 额定通态电流 $I_{T(RMS)}$（额定电流）　双向晶闸管的主要参数中额定电流的定义与普通晶闸管有所不同，由于双向晶闸管工作在交流电路中，正、反向电流都可以流过，所以它的额定电流不用平均值来表示。其定义为：在标准散热条件下，当器件的单向导通角大于170°时，允许流过器件的最大交流正弦电流的有效值，用 $I_{T(RMS)}$ 表示。

双向晶闸管的额定电流与普通晶闸管的额定电流之间的换算关系式为

$$I_{T(AV)}=\frac{\sqrt{2}}{\pi}I_{T(RMS)}=0.45I_{T(RMS)}$$

以100A的双向晶闸管为例，其峰值为 $100A\times\sqrt{2}=141A$，而普通晶闸管的额定电流是以正弦半波平均值表示的，峰值为141A的正弦半波的平均值为 $\frac{141}{\pi}=45A$，所以一个100A的双向晶闸管与两个反并联45A的普通晶闸管电流容量相等。

(2) 断态重复峰值电压 U_{DRM}（额定电压）　断态重复峰值电压是指在门极断路而结温为额定值时，允许重复加在器件上的正向峰值电压。表3-1列出了断态重复峰值电压的分级规定。实际应用时电压通常取两倍的裕量。

表3-1　断态重复峰值电压分级规定

等级	1	2	3	4	5	6	7	8	9	10	12	14	16	18	20
U_{DRM}/V	100	200	300	400	500	600	700	800	900	1000	1200	1400	1600	1800	2000

(3) 断态电压临界上升率 du/dt　du/dt 是双向晶闸管的一个重要参数，是指在额定结温和门极短路条件下，使晶闸管从断态到导通的最低电压上升率。因为双向晶闸管作为开关器件使用时，有可能出现相当高的 du/dt 值，所以 du/dt 是一项必测参数。断态电压临界上升率的分级规定见表3-2。

表3-2　断态电压临界上升率分级规定

等　级	0.2	0.5	2	5
du/dt/(V/μs)	≥20	≥50	≥200	≥500

(4) 换向电流临界下降率 $(di/dt)_C$　换向电流临界下降率是指晶闸管由一个通态转换到相反方向时，所允许的最大通态电流下降率。表3-3列出了换向电流临界下降率的分级规定。

表3-3　换向电流临界下降率分级规定

等　级	0.2	0.5	1
$(di/dt)_C$/(A/μs)	≥0.2% $I_{T(RMS)}$	≥0.5% $I_{T(RMS)}$	≥1% $I_{T(RMS)}$

国产双向晶闸管用KS表示，如型号KS50－10－21表示额定电流50A，额定电压10级(1000V)，断态电压临界上升率du/dt为2级（不小于$200V/\mu s$），换向电流临界下降率$(di/dt)_C$为1级（不小于1% $I_{T(RMS)}$）的双向晶闸管。

知识链接二　调压电路

交流调压电路是用来变换交流电压幅值（或有效值）和功率的电路，这种装置又称为交流调压器。由晶闸管组成的交流调压电路，采用相位控制方式，即在每半个周期内通过对晶闸管开通相位的控制，来调节晶闸管的导通角度，就可以调节输出电压的有效值。交流调压电路广泛用于工业加热、灯光控制、感应电动机调压调速以及电解电镀的交流调压等场合。

1. 单相交流调压电路

(1) 电阻性负载

1) 电路连接及工作过程。带电阻性负载单相交流调压电路如图3-6a所示，用两个普通晶闸管反向并联或用一个双向晶闸管组成主电路。在普通晶闸管反向并联电路中，在电源电压的正半周，当$\omega t=\alpha$时触发VT_1导通，负载上有电流通过，输出电压$u_d=u_2>0$。当$\omega t=\pi$时，电源电压过零，$i_d=0$，VT_1自行关断，$u_d=0$。在电源电压的负半周，当$\omega t=\pi+\alpha$时触发VT_2导通，负载上有电流通过，输出电压$u_d=u_2<0$。当$\omega t=2\pi$时，电源电压过零，$i_d=0$，VT_2自行关断，$u_d=0$。下个周期重复上述过程，得到u_d和u_{T1}的波形图如图3-6b所示。通过改变α可得到不同的输出电压的有效值，从而达到交流调压的目的。在双向晶闸管组成的电路中，只要在正、负半周对称的相应时刻（$\omega t=\alpha$、$\omega t=\pi+\alpha$）给出触发脉冲，就可得到和反向并联电路一样的可调交流电压。

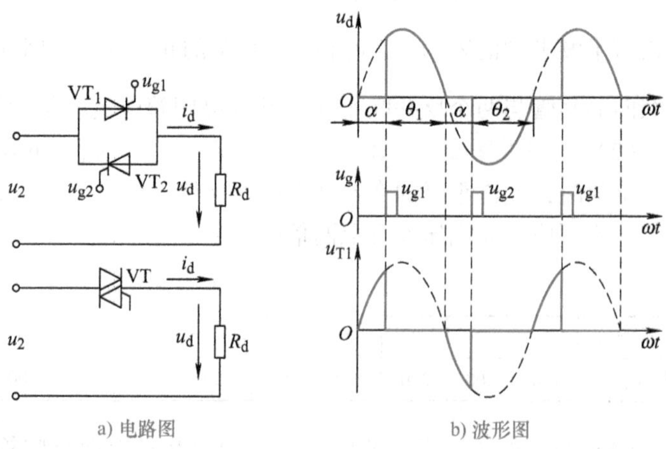

图3-6　带电阻性负载单相交流调压电路及波形图

2) 各电量的计算。输出电压有效值U与输出电流有效值I分别为

$$U=\sqrt{\frac{1}{\pi}\int_{\alpha}^{\pi}(\sqrt{2}U_2\sin\omega t)^2\mathrm{d}(\omega t)}=U_2\sqrt{\frac{1}{2\pi}\sin2\alpha+\frac{\pi-\alpha}{\pi}} \tag{3-1}$$

$$I=\frac{U}{R}=\frac{U_2}{R}\sqrt{\frac{1}{2\pi}\sin2\alpha+\frac{\pi-\alpha}{\pi}} \tag{3-2}$$

反向并联电路流过每个晶闸管的电流的平均值I_d为

$$I_d=\frac{U_2}{R}\times\frac{\sqrt{2}}{2\pi}(1+\cos\alpha) \tag{3-3}$$

功率因数 $\cos\varphi$ 为

$$\cos\varphi=\frac{P}{S}=\frac{UI}{U_2I}=\sqrt{\frac{1}{2\pi}\sin2\alpha+\frac{\pi-\alpha}{\pi}} \tag{3-4}$$

（2）电感性负载　单向晶闸管反向并联接电感性负载的单相交流调压电路如图 3-7 所示。当电源电压由正半周过零反向时，由于负载电感中产生感应电动势要阻止电流变化，电压过零时电流还未到零，晶闸管不能关断，因此还要继续导通到负半周。晶闸管导通角 θ 的大小，不但与触发延迟角 α 有关，而且与负载功率因数角 φ（$\varphi=\arctan\omega L/R$）有关。图 3-8 为导通角 θ、触发延迟角 α 及功率因数角 φ 的关系。由曲线图可以看出，触发延迟角越小则导通角越大；负载功率因数角 φ 越大，表明负载感抗越大，因而自感电动势使电流过零的时间越长，即导通角 θ 越大。

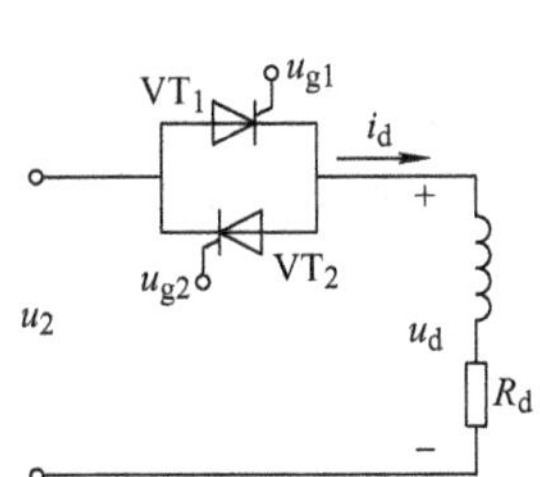

图 3-7　带电感性负载的单相交流调压电路

图 3-8　导通角 θ、触发延迟角 α 及功率因数角 φ 的关系

下面分三种情况来讨论单相交流调压电路的工作情况：

1）当 $\alpha>\varphi$ 时，$\theta<180°$，正负半周电流断续，其负载电流与电压波形如图 3-9a 所示。α 越大，θ 越小，波形断续越严重。

2）当 $\alpha=\varphi$ 时，$\theta=180°$，正负半周电流临界连续，其负载电流与电压波形如图 3-9b 所示。此时，每个晶闸管轮流导通 180°，相当于两个晶闸管轮流被短接而失去控制，负载电流处于连续状态，输出完整的正弦波。电流波形滞后电压波形 α。

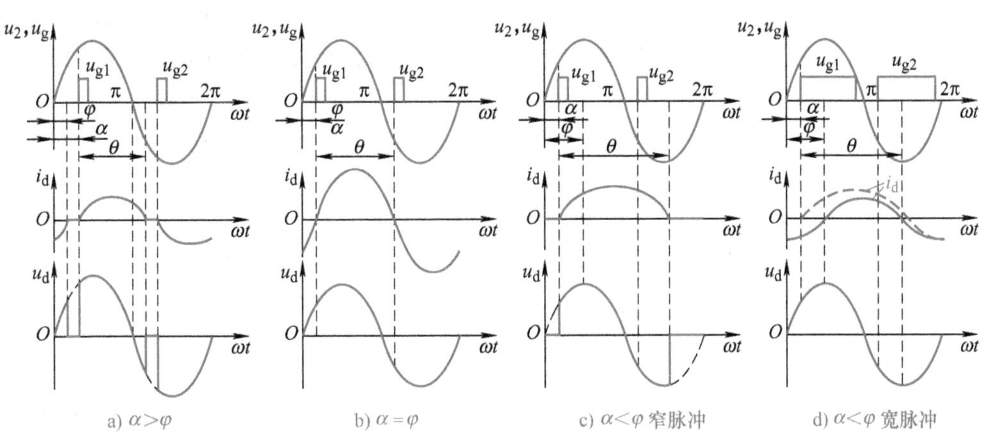

图 3-9　带电感性负载的单相交流调压电路工作过程

3）当 $\alpha<\varphi$ 时，电源接通后，在电源的正半周，若 VT_1 先被触发导通，且 $\theta>180°$，其负载电流与电压波形如图 3-9c 所示。如果采用窄脉冲触发，当 u_{g2} 脉冲出现时，VT_1 管的电流还未到零，VT_1 管不能关断，VT_2 管不能导通。等到 VT_1 管中电流下降为零而关断时，u_{g2} 脉冲已经消失，此时 VT_2 管虽受正压，但也无法导通。到下一周期时，VT_1 又被触发导通重复上一周期的工作，结果负载电流只有正半周部分，回路中出现很大的直流电流分量，无法维持电路的正常工作。为了解决上述失控现象，可采用宽脉冲或脉冲列触发。当 VT_1 关断时，VT_2 的触发脉冲 u_{g2} 仍然存在，VT_2 将导通，电流反向流过负载。这种情况下，VT_2 的导通总是在 VT_1 的关断时刻，而与 α 的大小无关。同样原因，VT_1 的导通时刻，正是 VT_2 的关断时刻，也与 α 无关。因此，在这种控制条件下，VT_1 和 VT_2 将不受 α 变化的影响，连续轮流导通。虽然 VT_2 的初始触发延迟角 $\alpha+\theta-\pi>\varphi$，即 $\theta<180°$，两个晶闸管的电流波形是不对称的，但经过几个周期后，由于 VT_2 的关断时刻向后移，因此 VT_1 的导通角逐渐减小，VT_2 的导通角逐渐增大，直到两个晶闸管的导通角 $\theta=180°$ 时达到平衡，负载电流就能得到完全对称连续的波形，其负载电流与电压波形如图 3-9d 所示。

根据以上分析，当 $\alpha\leqslant\varphi$ 并采用宽脉冲触发时，负载电压、电流总是完整的正弦波，改变触发延迟角 α，负载电压、电流的有效值不变，即电路失去交流调压作用。因此在电感性负载时，要实现交流调压的目的，则要求最小触发延迟角 $\alpha=\varphi$（负载的功率因数角），所以 α 的移相范围为 $\varphi\sim180°$。

综上所述，单相交流调压的特点如下：

1）带电阻性负载时，负载电流波形与单相桥式可控整流交流侧电流波形一致，改变触发延迟角 α 可以改变负载电压有效值，达到交流调压的目的。

2）带电感性负载时，不能用窄脉冲触发，否则当 $\alpha<\varphi$ 时会发生有一个晶闸管无法导通的现象，导致电流出现很大的直流分量，烧毁熔断器或晶闸管。

3）带电感性负载时，最小触发延迟角 $\alpha_{min}=\varphi$（负载的功率因数角），所以 α 的移相范围为 $\varphi\sim180°$；带电阻性负载时，α 的移相范围为 $0°\sim180°$。

例 3-1 由晶闸管反向并联组成的单相交流调压器，电源电压有效值 $U=2300V$。

（1）电阻性负载时，阻值在 1.15～2.3Ω 之间变化，预计最大的输出功率为 2300kW，计算晶闸管所承受的电压的最大值，以及输出最大功率时晶闸管电流的平均值和有效值。

（2）如果负载为感性负载，$R=2.3\Omega$，$\omega L=2.3\Omega$，求触发延迟角范围和最大输出电流的有效值。

解：（1）当 $R=2.3\Omega$ 时，如果触发延迟角 $\alpha=0°$，负载电流的有效值为

$$I=\frac{U}{R}=\frac{2300}{2.3}\text{A}=1000\text{A}$$

此时，最大输出功率 $P=I^2R=1000^2\times2.3\text{W}=2300\text{kW}$，满足要求。

晶闸管电流的有效值为

$$I_T=\frac{I}{2}=\frac{1000}{2}\text{A}=500\text{A}$$

输出最大功率时，由于 $\alpha=0°$，$\theta=180°$，负载电流连续，所以负载电流的瞬时值为

$$i=\frac{\sqrt{2}U}{R}\sin\omega t$$

此时晶闸管电流的平均值为

$$I_{\mathrm{d}} = \frac{1}{2\pi}\int_0^{\pi}\frac{\sqrt{2}U}{R}\sin\omega t\mathrm{d}(\omega t) = \frac{\sqrt{2}U}{\pi R} = \frac{1.414\times2300}{3.1415\times2.3}\mathrm{A}\approx450\mathrm{A}$$

当 $R=1.15\Omega$ 时，由于电阻减小，调压电路向负载送出原先规定的最大功率保持不变，则此时负载电流的有效值计算如下：

由 $P=I^2R=I^2\times2.3\Omega=2300\mathrm{kW}$，得

$$I=\sqrt{\frac{P}{R}}=\sqrt{\frac{2300\times10^3}{1.15}}\mathrm{A}=1414\mathrm{A}$$

因为 I 大于 $R=2.3\Omega$ 时的电流，所以 $\alpha>0$。

晶闸管电流的有效值为

$$I_{\mathrm{T}}=\frac{I}{2}=\frac{1414}{2}\mathrm{A}=707\mathrm{A}$$

加在晶闸管上的正、反向最大电压为电源电压的最大值，即

$$\sqrt{2}\times2300\mathrm{V}=3253\mathrm{V}$$

（2）电感性负载的功率因数角为

$$\varphi=\arctan\frac{\omega L}{R}=\arctan\frac{2.3}{2.3}=\frac{\pi}{4}$$

最小触发延迟角为

$$\alpha_{\min}=\varphi=\frac{\pi}{4}$$

故触发延迟角的范围为$\frac{\pi}{4}\leqslant\alpha\leqslant\pi$。

最大输出电流发生在 $\alpha=\varphi=\frac{\pi}{4}$处，负载电流为正弦波，其有效值为

$$I=\frac{U}{\sqrt{R^2+(\omega L)^2}}=\frac{2300}{\sqrt{2.3^2+2.3^2}}\mathrm{A}=707\mathrm{A}$$

2. 三相交流调压电路的连接

单相交流调压适用于单相负载，如果单相负载容量过大，就会造成三相不平衡，影响电网供电质量，因而容量较大的负载大多为三相负载，如三相电热炉、大容量异步电动机的软起动装置、高频感应加热设备、电解与电镀设备等。当三相设备需要调压或通过调压调节输出功率时，就需要用三相交流调压电路来实现。三相交流调压的电路有多种形式，下面分别介绍较为常用的三种接线方式。

（1）星形带中性线的三相交流调压电路　星形带中性线的三相交流调压电路，实际上就是三个单相交流调压电路的组合，如图 3-10 所示，其工作过程与单相交流调压完全相同。晶闸管的导通顺序为 $\mathrm{VT_1}$、$\mathrm{VT_2}$、$\mathrm{VT_3}$、$\mathrm{VT_4}$、$\mathrm{VT_5}$、$\mathrm{VT_6}$，触发脉冲间隔为 60°，其触发电路可以套用三相桥式全控整流电路的触发电路。由于有中性线，故不一定要有宽脉冲或双窄脉冲触发。

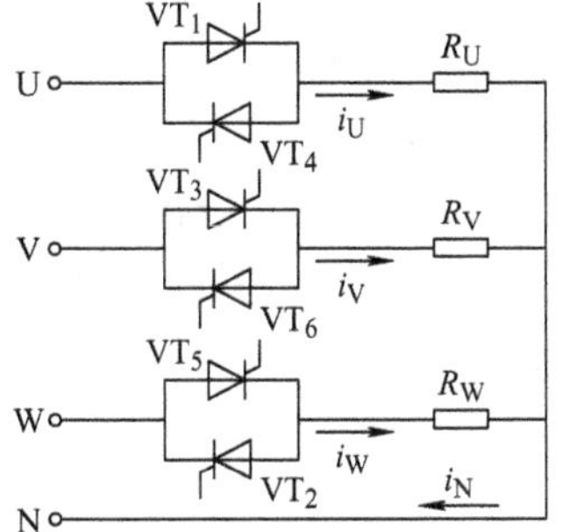

图 3-10　星形带中性线的三相交流调压电路

在三相正弦交流电路中，由于各相电流相位互差120°，故中性线上电流为零。但在交流调压电路中，各相负载电流的波形为正负对称的缺角正弦波，这种波形包含有较大的奇次谐波电流，主要是三次谐波电流，而且各相的三次谐波电流之间并没有相位差，因此，它们在中性线中叠加之后，在中性线中产生的电流是每相中三次谐波电流的3倍。特别是当$\alpha=90°$时，三次谐波电流最大，中性线电流近似为额定相电流。当三相不平衡时，中性线电流更大，因此要求中性线的截面积较大。如果电源变压器为三柱式，则三次谐波磁通不能在铁心中形成通路，会出现较大的漏磁通，引起变压器发热和产生噪声，对线路和电网均带来不利影响，因此工业上应用较少。

（2）晶闸管与负载连接成内三角形的三相交流调压电路　晶闸管与负载连接成内三角形的三相交流调压电路如图3-11所示，它实际上也是三个单相交流调压电路的组合，其优点是由于晶闸管串联在三角形内部，流过晶闸管的电流是相电流，故在同样线电流情况下，晶闸管电流容量可以降低。另外，其线电流三次谐波分量为零，触发移相范围为0°~180°。但其缺点是负载必须为三个单相负载才能接成这种电路形式，故应用较少。

（3）用三对反向并联晶闸管连接的三相三线交流调压电路　用三对反并联晶闸管连接的三相三线交流调压电路如图3-12所示，负载可以连接成星形，也可以连接成三角形。触发电路和三相桥式全控整流电路一样，需采用宽脉冲或双窄脉冲触发。

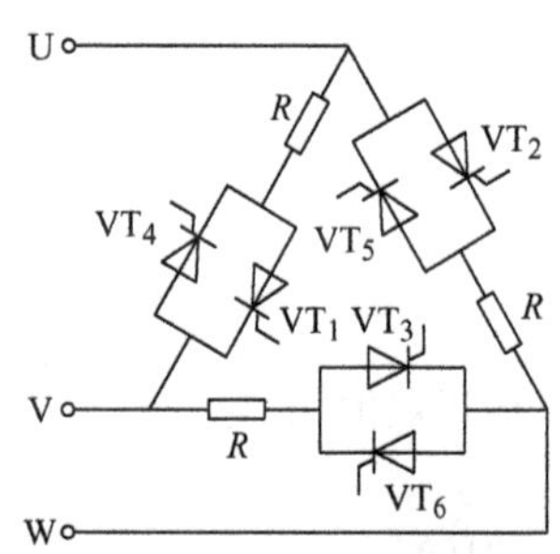

图3-11　晶闸管与负载连接成内三角形的三相交流调压电路

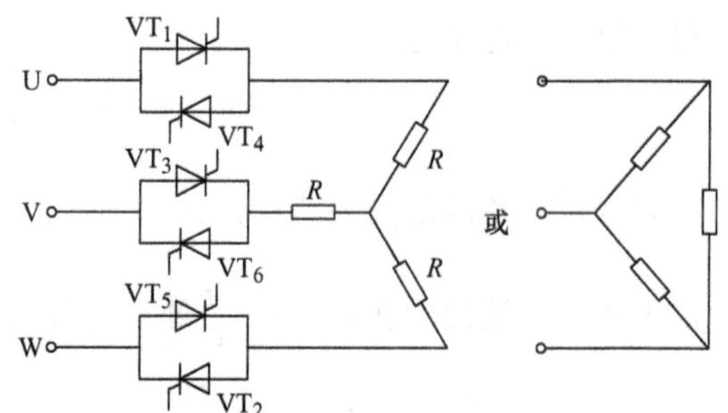

图3-12　用三对反向并联晶闸管连接的三相三线交流调压电路

现以电阻性负载连接成星形为例，分析其工作过程。

1）触发延迟角$\alpha=0°$。$\alpha=0°$，即在每相电压过零处给晶闸管加触发脉冲，这相当于将六个晶闸管换成六个整流二极管，因而三相正、反向电流都畅通，相当于一般的三相交流电路。当每相的负载电阻为R时，各相的电流为$i=u_2/R$，其中u_2为三相电的相电压。晶闸管的导通顺序为VT_1、VT_2、VT_3、VT_4、VT_5、VT_6。触发电路的脉冲间隔为60°，导通角$\theta=180°$。除换流点外，每时刻均有三个晶闸管导通。

2）触发延迟角$\alpha=60°$。$\alpha=60°$时U相晶闸管导通情况及电流波形如图3-13所示，ωt_1时刻触发晶闸管VT_1导通，与原导通的VT_6构成电流回路，此时在线电压u_{UV}的作用下，有U相电流为

$$i_U=\frac{u_{UV}}{2R} \tag{3-5}$$

ωt_2时刻触发晶闸管VT_2导通，VT_1与VT_2构成电流回路，此时在线电压u_{UW}的作用下，

U 相电流变为

$$i_U = \frac{u_{UW}}{2R} \tag{3-6}$$

ωt_3时刻触发晶闸管 VT_3导通，VT_1关断，而 VT_4还未导通，所以 $i_U=0$。ωt_4时刻触发晶闸管 VT_4导通，i_U在电压 u_{UV}作用下，经 VT_3、VT_4构成电流回路；同理在 $\omega t_5 \sim \omega t_6$期间，电压 u_{UW}经 VT_4、VT_5构成电流回路。同样分析可得到 i_V、i_W波形，其形状与 i_U相同，只是相位互差 120°。

3）触发延迟角 $\alpha=120°$。$\alpha=120°$时 U 相晶闸管导通情况及电流波形如图 3-14 所示，在 ωt_1时刻触发晶闸管 VT_1导通，与原导通的 VT_6构成电流回路，当导通到 ωt_2时，由于电压 u_{UV}过零后反向，迫使晶闸管 VT_1关断（VT_1已先导通了 30°）。ωt_3时刻触发晶闸管 VT_2导通，同时由于采用了脉宽大于 60°的宽脉冲或双窄脉冲的触发方式，故 VT_1仍有脉冲触发，此时在线电压 u_{UW}的作用下，经 VT_1、VT_2构成电流回路，使 VT_1又重新导通 30°。从图 3-14 可以看出，当 $\alpha>90°$时，电流开始断续；当 $\alpha=150°$时，$i_U=0$。故带电阻性负载时，电路的移相范围为 0° ~ 150°，导通角 $\theta=\pi-\alpha$。

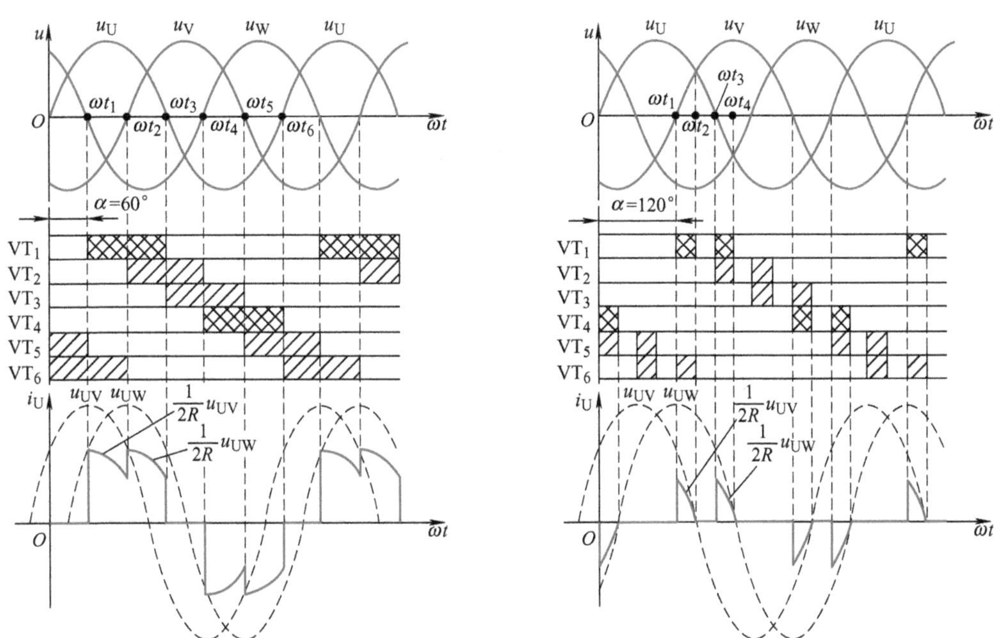

图 3-13　$\alpha=60°$时 U 相晶闸管导通情况及电流波形　　图 3-14　$\alpha=120°$时 U 相晶闸管导通情况及电流波形

【项目扩展】

认识交流调功器

1. 问题的提出

交流调功器的控制目标是输出可调平均功率，采用通断控制方式，即以交流电的周期为单位，通过调节晶闸管导通周期数与断开周期数的比值，达到调节输出平均功率的目的。交流调功器广泛用于时间常数很大的电热负载的控制，如电阻炉温度控制等。由于电源接通时输出到负载上的是完整的正弦波，因此不会对电网造成通常意义上的谐波污染。

2. 交流调功器的基本原理

前面介绍的各种控制都采用移相触发控制，这种触发方式使电路中的正弦波形出现缺角，包含较大的高次谐波，因此移相触发使晶闸管的应用受到一定限制。为了克服这种缺点，可采用另一类触发方式即过零触发或零触发。交流零触发开关使电路在电压为零或零附近的瞬间接通，利用管子电流小于维持电流使管子自行关断，这种开关对外界的电磁干扰最小。功率的调节方法如下：在设定的周期 T_C 内，用零电压开关接通几个周波然后断开几个周波，改变晶闸管在设定周期内的通断时间比例，以调节负载上的交流平均电压，即可达到调节负载功率的目的，因而这种装置称为调功器或周波控制器。

图 3-15 所示为设定周期 T_C 内零触发输出电压波形的两种工作方式，如在设定周期 T_C 内导通的周波数为 n，每个周波的周期为 T，则调功器的输出功率和输出电压有效值分别为

$$P = \frac{nT}{T_C} P_n$$

$$U = \sqrt{\frac{nT}{T_C}} U_n$$

式中，P_n、U_n 分别为设定周期 T_C 内全部周波导通时装置输出的功率与电压有效值。因此改变导通周波数 n 即可改变电压和功率。

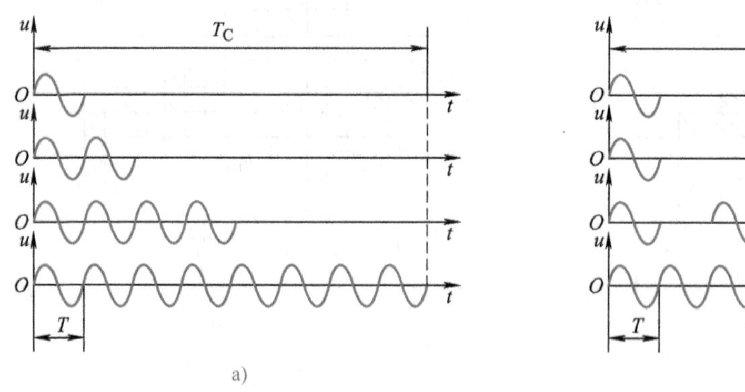

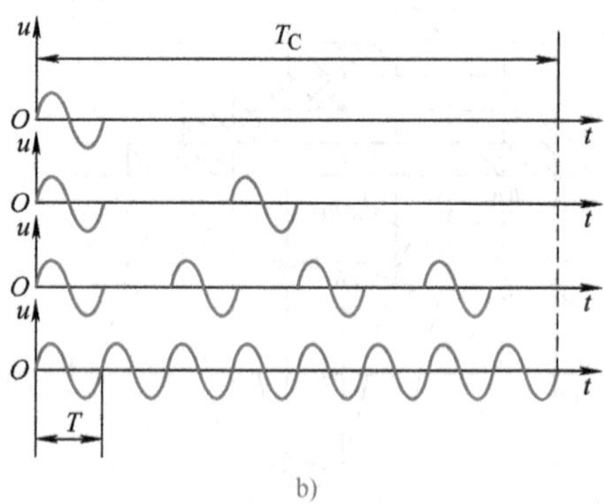

图 3-15　零触发输出电压波形

3. 交流调功器的应用举例

（1）电热器具调温电路　图 3-16 所示为一种电热器具的调温电路，工作于交流调功模式。主电路由熔断器 FU、双向晶闸管 VT 和电热丝 R_L 组成。控制电路以 NE555 定时器为核心构成，其中通过 R_1、C_1、VD_1 和 C_2 等元器件，把 220V 的交流电经降压、整流、稳压、滤波，变换成约 7.3V 的直流电作为 NE555 的工作电源。由 RP、R_2、C_3、C_4、VD_2 和 NE555 等元器件组成无稳态多谐振荡器。当 NE555 输出高电平时，VT 导通，电热丝 R_L 加热；当 NE555 输出低电平时，VT 关断，电热丝 R_L 停止加热。调节 RP 滑动端的位置，就可以调节

NE555 输出高、低电平的时间比，即可以调节电路的通断比，达到调节温度的目的。调节范围为 0.5% ~99.5%。电路的振荡周期约为 3.4s。

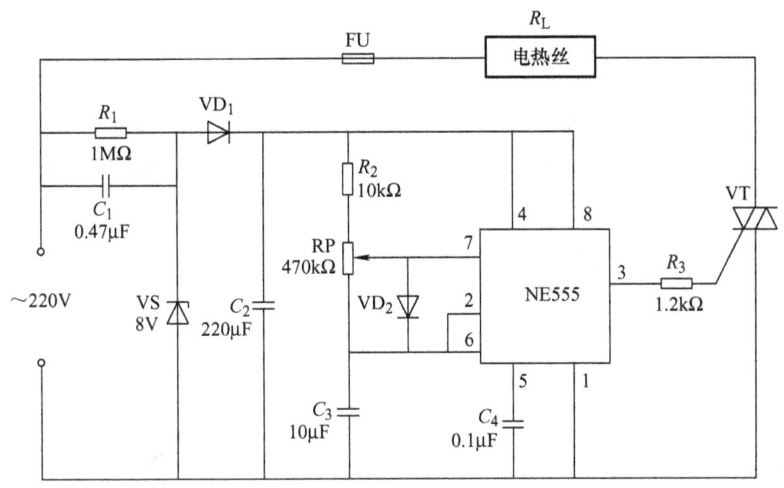

图 3-16　双向晶闸管电热器具调温电路

（2）使用 LC906 组成的调功电路　图 3-17 所示是用 LC906 和双向晶闸管组成的单相调功电路。LC906 是专用调功集成电路，其内部由可控分频、多路门输出及自动清零等电路组成。它采用 8 脚双列直插式 DIP 封装，引脚功能为：①（LED_3）输出指示端 3；②（V_{DD}）正电源；③（V_{SS}）负电源；④（OUT）控制信号输出端；⑤（IN）50Hz 市电输入端；⑥（LED_1）输出指示端 1；⑦（SW）键控输入端；⑧（LED_2）输出指示端 2。

图 3-17 所示电路中，220V 交流电经 C_1、R_1降压，VD_1、VD_2整流和电容滤波后，由 VS 稳定在 6V 左右，为 LC906 的②脚和③脚供电。VL 为电源指示用发光二极管。⑦脚外接档位选择按钮 SB，用来改变④脚输出控制信号。连续按动 SB 时，输出档位将按“1—2—3—4—5—OFF—1—…”的顺序切换，以改变输出脉冲的相位，从而实现对双向晶闸管导通时间的控制，实现对负载功率的调节。

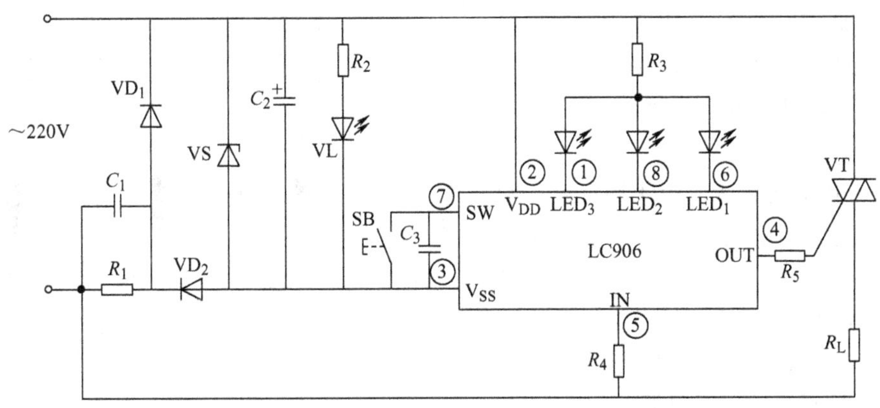

图 3-17　使用 LC906 组成的调功电路

【项目实施】

双向晶闸管的检测

一、双向晶闸管电极的判定

一般可先从元器件外形识别引脚排列，多数的小型塑封双向晶闸管，面对印字面，引脚朝下，则从左向右的排列顺序依次为主电极 1、主电极 2、门极。但是也有例外，所以有疑问时应通过检测进行判别。

用万用表的 $R\times100\Omega$ 档或 $R\times1k\Omega$ 档测量双向晶闸管的两个主电极之间的电阻。无论表笔的极性如何，读数均应近似无穷大。而门极 G 与主电极 T_1 之间的正、反向电阻只有几十欧至 100Ω，如图 3-18 所示。根据这一特性，很容易通过测量电极之间的电阻大小的方法识别出双向晶闸管的主电极 T_2。同时黑表笔接主电极 T_1、红表笔接门极 G 所测得的正向电阻总是要比反向电阻小一些，据此也很容易通过测量电阻大小来识别主电极 T_1 和门极 G。

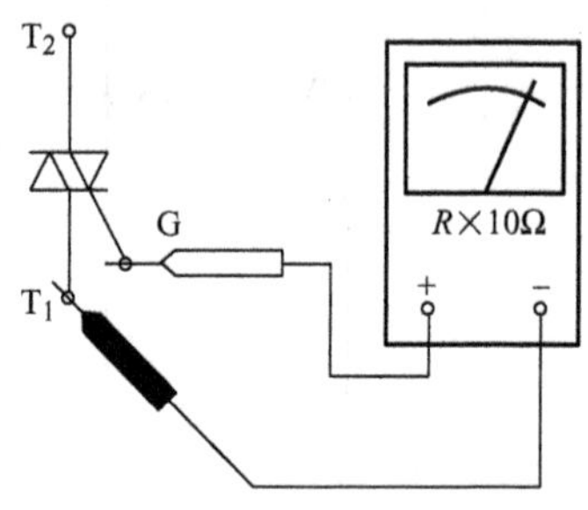

图 3-18　测量 G、T_1 极间的正向电阻

二、判断双向晶闸管的好坏

1）用万用表的 $R\times100\Omega$ 档或 $R\times1k\Omega$ 档测量双向晶闸管的主电极 T_1、主电极 T_2 间的正、反向电阻应近似无穷大（∞），测量主电极 T_1 与门极 G 之间的正、反向电阻也应近似无穷大（∞）。如果测得的电阻都很小，则说明被测的双向晶闸管的极间已击穿或漏电短路，性能不良，不宜使用。

2）用万用表的 $R\times1\Omega$ 档或 $R\times10\Omega$ 档测量双向晶闸管的主电极 T_1 与门极 G 之间的正、反向电阻，若读数在几十欧至 100Ω，则为正常，且测量 G、T_1 极间正向电阻（见图 3-18）时的读数要比反向电阻稍微小一些。如果测得 G、T_1 极间的正、反向电阻均为无穷大（∞），则说明被测晶闸管已开路损坏。

3）双向晶闸管触发特性测试。利用万用表进行双向晶闸管触发特性测试，这种测试方法无需外加电源，适宜对小功率双向晶闸管触发特性的测试，如图 3-19 所示。

具体操作如下：

① 将万用表置于 $R\times10\Omega$ 档，取一只容量约为 10μF 的电解电容，接上万用表内置电池（1.5V）充电数秒钟（注意黑表笔接电容的正极，红表笔接电容的负极），如图 3-19a 所示，这只充电的电容将作为双向晶闸管的触发电源。

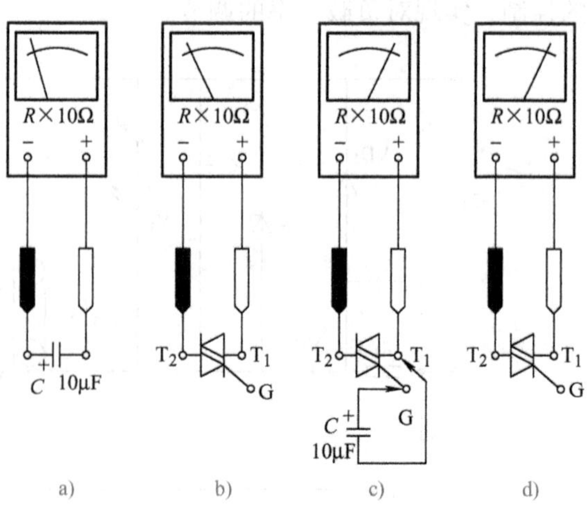

图 3-19　双向晶闸管触发特性简易测试

② 把待测的双向晶闸管主电极 T_1 与万用表的红表笔相接，主电极 T_2 与黑表笔相接，如图 3-19b 所示。

③ 将充电的电容负极接双向晶闸管的主电极 T_1，电容正极接触一下门极 G 之后就立即断开，如万用表指针有较大幅度偏转并能停留在固定位置上，如图 3-19c、d 所示，说明被测双向晶闸管中的其中一个单向晶闸管工作正常。

用同样的方法，但要改变测试极性（T_1 脚接黑表笔，T_2 脚接红表笔，充电电容正极接 T_1 脚而用其负极触碰 G 脚），则同样可判断双向晶闸管中另一个单向晶闸管工作正常与否。

交流白炽灯调光电路的安装与调试

一、电路描述

图 3-3 所示为交流调光电路原理图。主电路由白炽灯泡和双向晶闸管 VT 组成，双向二极管 VD 及一些阻容元件构成触发电路。调节 RP 可改变 C 的充电时间常数，即改变晶闸管 VT 的导通角，便可调节主电路的可控输出整流电压的数值，也就改变了流过白炽灯泡的电流，结果使得白炽灯的亮度随着 RP 的调节而变化。RP 上的联动开关 S 在亮度调到最暗时可以关断输入电源，实现调光器的开关控制。

二、元器件检测

在电路装配前首先要根据电路原理图清点元器件，并列出电路元器件明细表，元器件明细表见表 3-4。同时，用万用表测量双向晶闸管等元器件是否损坏。

表 3-4　元器件明细表

序号	名称	型号规格	个数	序号	名称	型号规格	个数
1	灯泡	220V/60W 白炽灯	1	4	可变电阻	250kΩ	1
2	电阻	1kΩ、47kΩ、68kΩ	各 1	5	双向晶闸管	KP1 －7	1
3	电容	1μF	2	6	双向二极管	BT33	1

三、电路安装

首先检查电路面包板有无破损，按照图 3-3 所示的电路原理图将元器件按照布局依次插入电路面包板，元器件安装时应注意电气连接的可靠性、足够的机械强度及外观光洁整齐。安装时应注意双向晶闸管的极性，切勿安错；安装完毕，将 RP 的滑动端置于中间位置；电路面包板四周用 4 个螺母固定支撑。元器件安装完成后，将各个元器件用导线连接起来，组成完整的电路。

四、电路调试

通电前应对电路进行安装检查。首先，根据电气原理图检查是否有漏装元器件或连接导线；其次，根据原理图检查双向晶闸管安装是否正确。完成以上检查后，即可通电测试。由于电路直接和市电相连，调试时要注意安全，防止触电。通电后，一般调试步骤是先调好控制电路，然后再调试主电路。先用示波器观察触发电路中电压形成、移相、脉冲形成和输出三个基本环节的波形，并调节电位器改变给定信号，查看触发脉冲的移相情况，如果各部分波形正常，脉冲能平滑移相，移相范围合乎要求，且脉冲幅值足够，则控制电路调试完毕。

电路检查正常后向右旋转电位器把柄，灯泡应逐渐变亮，右旋到灯泡最亮；反之，向左旋转电位器把柄，灯泡应逐渐变暗，左旋到灯泡熄灭。

五、故障分析

灯的亮度不可调：主要是因为电位器损坏或虚焊、双向二极管电路提供的触发脉冲不正常、双向二极管的性能差等。灯不亮：主要是因为电路有断路的现象，例如没有电源电压、整流电压或触发电压等。

【项目评价】

交流白炽灯调光电路的安装与调试评价单见表3-5。

表3-5　交流白炽灯调光电路的安装与调试评价单

序号	考评点	分值	建议考核方式	评价标准		
				优	良	及格
一	相关知识点的学习	20	教师评价（50%）+互评（50%）	对相关知识点的掌握牢固、明确，正确理解电路的工作过程	对相关知识点的掌握一般，基本能正确理解电路的工作过程	对相关知识点的掌握牢固，但对电路的理解不够清晰
二	制作电路元器件明细表	10	教师评价（50%）+互评（50%）	能准确详细地列出元器件明细表	能准确地列出元器件明细表	能比较准确地列出元器件明细表
三	识别与检测元器件、分析电路、了解主要元器件的功能及参数	10	教师评价（50%）+互评（50%）	能快速正确识别、检测双向晶闸管等元器件，能正确分析电路原理，能准确说出元器件的功能及参数	能正确识别、检测双向晶闸管等元器件，能正确分析电路原理，能比较准确地说出元器件的功能及参数	能比较正确地识别、检测双向晶闸管等元器件，能准确说出元器件的功能
四	安装与调试	25	教师评价（50%）+互评（50%）	正确组装电路，安装可靠、美观；能正确使用仪器仪表，掌握电路的测量方法	正确搭建电路，安装可靠；能正确使用仪器仪表，掌握电路的测量方法	能使用仪器仪表完成电路的测量与调试
五	排除故障	15	教师评价（50%）+互评（50%）	能正确进行故障分析，检查步骤简洁、准确；排除故障迅速，检查过程无损坏其他元器件现象	能正确进行故障分析，检查步骤简洁、准确；排除故障迅速	能在他人帮助下进行故障分析，排除故障
六	任务总结报告	10	教师评价（100%）	格式标准，内容完整、清晰，详细记录任务分析、实施过程，并进行归纳总结	格式标准，内容清晰，记录任务分析、实施过程，并进行归纳总结	内容清晰，记录的任务分析、实施过程比较详细，并进行归纳总结
七	职业素养	10	教师评价（30%）+自评（20%）+互评（50%）	工作积极主动、遵守工作纪律、服从工作安排、遵守安全操作规程、爱惜器材与测量工具	工作比较积极主动、遵守工作纪律、服从工作安排、遵守安全操作规程、比较爱惜器材与测量工具	工作积极主动性一般、遵守工作纪律、服从工作安排、遵守安全操作规程、比较爱惜器材与测量工具

【项目测试】

1. 双向晶闸管额定电流的定义和普通晶闸管额定电流的定义有何不同？额定电流为100A 的两个普通晶闸管反向并联可以用额定电流为多少的双向晶闸管代替？

2. 在交流调压电路中，采用相位控制和通断控制各有何优缺点？为什么通断控制适用于大惯性负载？

3. 图 3-20 所示单相交流调压电路中，$U_2=220\text{V}$，$L=5.516\text{mH}$，$R=1\Omega$，试求：

（1）触发延迟角 α 的移相范围。

（2）负载电流最大有效值。

（3）最大输出功率和功率因数。

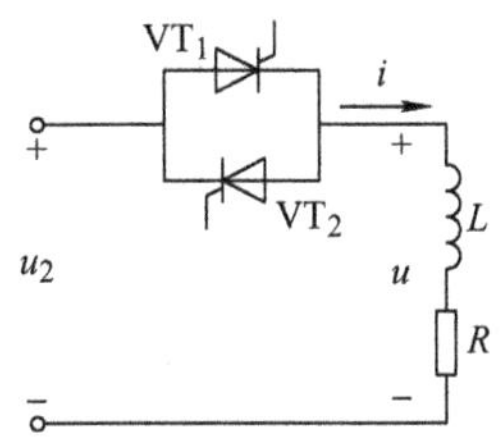

图 3-20　单相交流调压电路

4. 一台 220V/10kW 的电炉，采用单相交流调压电路，现使其工作在功率为 5kW 的电路中，试求电路的触发延迟角、工作电流以及电源侧功率因数。

项目四　UPS电路的安装与调试

【项目分析】

UPS 是不间断电源系统（Uninterruptible Power System）的英文名称的缩写，它伴随着计算机的诞生而出现，是计算机常用的外围设备之一。由于在交流供电中，停电及电网干扰等现象时常发生，市电质量已无法满足高质量输入电源系统的要求，UPS 能向负载继续提供符合要求的交流电，保证负载能连续地正常工作。UPS 的框图如图 4-1 所示。

UPS 的参考电路如图 4-2 所示。在正常情况下，即电源由市电提供，市电经过整流器整流为直流，存储到蓄电池中作为备用电源，而后再经逆变器转变成交流电提供给负载。但是由于逆变器容易发生故障，所以在电路旁侧加一旁路，以便解决当逆变器发生故障时不能将市电输送给负载的难题。

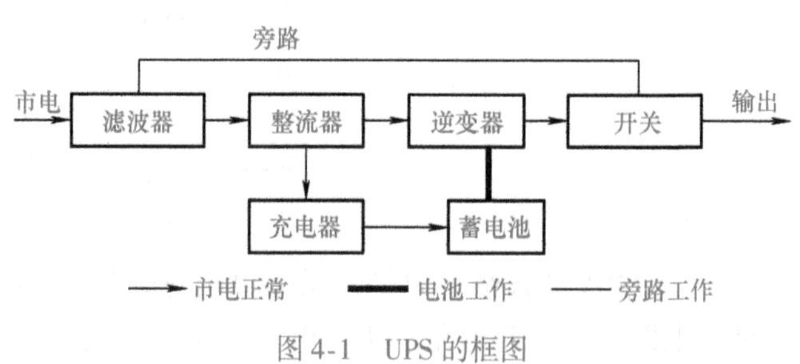

图 4-1　UPS 的框图

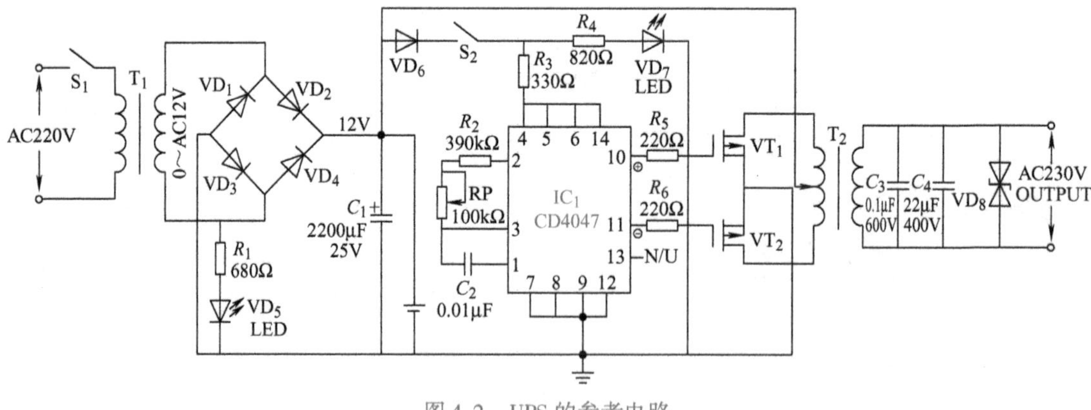

图 4-2　UPS 的参考电路

【项目目标】

知识目标

1. 了解逆变的概念、分类及应用。
2. 掌握有源逆变的工作过程。
3. 熟练分析各种逆变电路的工作过程。
4. 会计算逆变电路的参数。

技能目标

1. 能阐述逆变电路的典型应用电路的工作过程。
2. 掌握电压型逆变电路的工作过程。
3. 能按电路及工艺要求正确搭接电路。
4. 能够对 UPS 电路进行调试、故障分析与排除。

【知识链接】

知识链接一 认识 UPS

UPS 在保证不间断供电的同时，还能提供稳压、稳频和波形失真度小的高质量正弦波电源。目前，在计算机网络系统、邮电通信、银行证券、电力系统、工业控制、医疗、交通、航空等领域得到广泛应用。UPS 外形如图 4-3 所示。

1. UPS 的分类

按照 UPS 的工作原理可以分为三类：后备式 UPS、在线式 UPS 和在线互动式 UPS。

图 4-3 UPS 电源实物图

(1) 后备式 UPS 后备式 UPS 的基本结构如图 4-4 所示，它由充电器、蓄电池、逆变器、交流稳压器、转换开关等部分构成。市电存在时，逆变器不工作，市电经交流稳压器稳压后，通过转换开关向负载供电，同时充电器工作，对蓄电池进行浮充电。市电掉电时，逆变器工作，将蓄电池供给的直流电压变换成稳压、稳频的交流电压，转换开关同时断开市电通路，接通逆变器，继续向负载供电。后备式 UPS 的逆变器输出电压波形有方波、准方波和正弦波三种方式。后备式 UPS 结构简单、成本低、运行效率高、价格便宜，但其输出电压稳压精度差，主要适用于市电波动不大、对供电质量要求不高的场合，市电掉电时，输出的转换时间一般介于 2～10ms。后备式 UPS 一般只能持续供电几分钟到几十分钟，且它的功率小，一般在 2kV · A 以下。

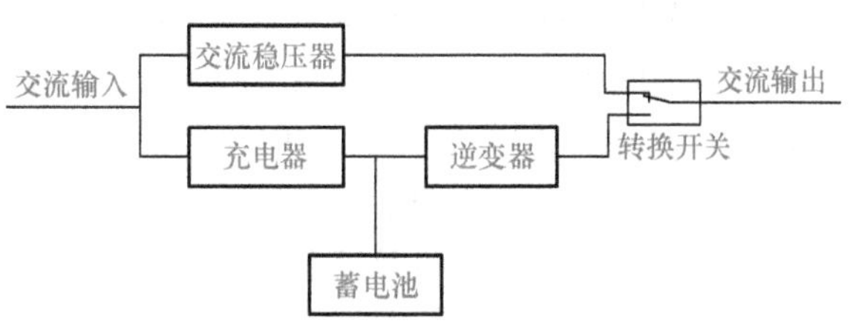

图 4-4 后备式 UPS 的基本结构

(2) 在线式 UPS 在线式 UPS 的基本结构如图 4-5 所示，它由整流器、逆变器、蓄电池、静态转换开关等部分组成。正常工作时，市电经整流器变成直流后，再经逆变器变换成稳压、稳频的正弦波交流电压供给负载。当市电掉电时，由蓄电池向逆变器供电，以保证负载不间断供电。如果逆变器发生故障，则 UPS 通过静止开关切换到旁路，直接由市电供电。当故障消失后，UPS 又重新切换到由逆变器向负载供电。由于在线式 UPS 总是处于稳压、稳频供电状态，输出电压动态响应特性好，波形畸变小，因此，其供电质量明显优于后备式 UPS。目前大多数 UPS，特别是大功率 UPS，均为在线式。但在线式 UPS 结构复杂，成本较高。

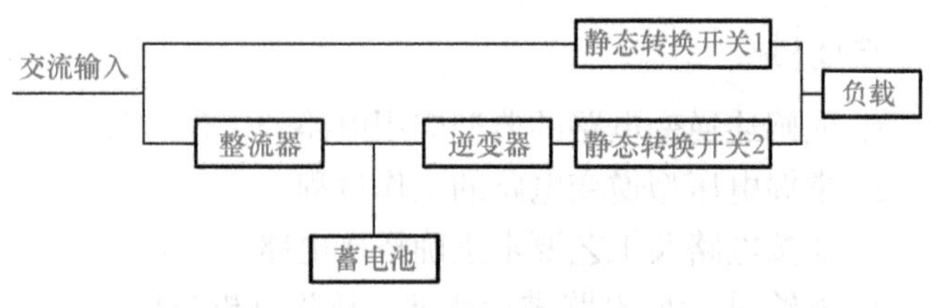

图 4-5　在线式 UPS 的基本结构

由于在线式 UPS 的逆变器一直在工作，因此不存在切换时间问题，适用于对电源有严格要求的场合。在线式 UPS 不同于后备式的一大优点是供电持续时间长，一般为几个小时，也有大到十几个小时的，它的主要功能是可以使人在停电的情况像平常一样工作。显然，由于其功能的特殊，价格也明显要贵些。这种在线式 UPS 比较适用于计算机、交通、银行、证券、通信、医疗、工业控制等行业，因为这些领域的计算机一般不允许出现停电现象。

（3）在线互动式 UPS　在线互动式 UPS 是一种智能化的 UPS。所谓在线互动式 UPS，是指在输入市电正常时，UPS 的逆变器处于反向工作（即整流工作状态），给电池组充电；在市电异常时逆变器立刻转为逆变工作状态，将电池组的电能转换为交流电输出，因此在线互动式 UPS 也有转换时间。同后备式 UPS 相比，在线互动式 UPS 的保护功能较强，逆变器输出电压波形较好，一般为正弦波，而其最大的优点是具有较强的软件功能，可以方便地上网，进行 UPS 的远程控制和智能化管理，可自动侦测外部输入电压是否处于正常范围之内，如有偏差可由稳压电路升压或降压，提供比较稳定的正弦波输出电压。而且它与计算机之间可以通过数据接口（如 RS－232 串口）进行数据通信，通过监控软件，用户可直接从计算机屏幕上监控电源及 UPS 状况，从而简化、方便管理工作，并可提高计算机系统的可靠性。这种 UPS 集中了后备式 UPS 效率高和在线式 UPS 供电质量高的优点，但其稳频特性不是十分理想，不适合做常延时的 UPS 电源。

2. UPS 的性能指标

（1）UPS 的输入指标

1）输入电压。UPS 的输入电压不管是单相 220V 还是三相 380V，一般都可允许 ±10% 的变化范围，选用时，一定要根据使用场地的电源条件来挑选 UPS。当 UPS 的输入电压超出适应范围时，UPS 就断开市电而由蓄电池供电。

2）输入频率。输入频率表示 UPS 适应的输入交流电频率及其允许变化的范围。当市电频率在变化范围之内时，UPS 逆变器的输出与市电同步；当频率超出该范围时，逆变器的输出不再与市电同步，其输出频率由 UPS 内部 50Hz 正弦波发生器决定。

3）输入电流。输入电流表示 UPS 包括充电器工作时的输入电流，其最大值表示输入电压为下限值且负载为 100% 时，充电器工作时的最大输入电流。用户在安装 UPS 时，可以根据这个数值选用合适的导线及熔断器。

4）输入功率因数。输入功率因数是指 UPS 中整流充电器的输入功率与输入的视在功率之比，表示电源从电网吸收有功功率的能力及对电网的干扰。输入功率因数越高，输入电流谐波成分含量越小，表明该电源对电网的污染越小。

5）容量。容量一般用伏安（V · A）表示，就是电流与电压的乘积。因为 UPS 的负载性质因场合设备的不同而不同，有时不但需要有功功率（W），而且还需要无功功率（var），故不宜用瓦特表示，只好用“视在功率”来表示。容量可以看出机器规模，使用多大容量的机器为好，由用户选择。为了运行可靠起见，不应将容量用满，最好留有 15% 的余量。当然，余量多少的考虑可根据负载的总容量（各部分容量的代数和为总容量）、负载的周期系数（负载错开运行与同时运行时所耗功率之比）、起动时的过冲容量、未来可能扩充的容量以及对输出波形畸变率的要求等综合考虑。一般来说，逆变器的过电流耐量不大于逆变器的额定电流的 1.5 倍，要求输出电压波形畸变率比较小时，可增加电流谐波裕量系数，一般增加约 15%。

（2）UPS 蓄电池指标

1）蓄电池的额定电压。UPS 所配蓄电池的额定电压一般随输出容量的不同而有所不同，大容量 UPS 所配蓄电池的额定电压比小容量的 UPS 高些。小型后备式 UPS 蓄电池电压多为 24V，通信用 UPS 蓄电池电压为 48V，某些大中型 UPS 的蓄电池电压为 72V、168V 或 220V 等。给出该值，一方面为外加电池延长备用时间提供依据，另一方面为今后电池的更替提供方便。

2）蓄电池的备用时间。当 UPS 所配置的蓄电池处于满荷电状态时，在市电断电时改由蓄电池供电的情况下，UPS 还能继续向负载供电的时间。

3）蓄电池的种类。蓄电池的种类一般可分为阀控式密封铅酸蓄电池、胶体电池等。UPS 要求所选用的蓄电池必须具有在短时间内输出大电流的特性。

4）蓄电池充电电流限流范围。为了避免充电电流过大而损坏蓄电池，蓄电池充电电流限流典型值为 2% ~25% 的标称输入电流。

（3）UPS 的输出指标

1）输出电压。

- 标称输出电压：单相输入单相输出或三相输入单相输出的 UPS 为 220V；三相输入三相输出的 UPS 为 380V，采用三相三线制或三相四线制输出方式。
- 输出电压可调范围：对大、中容量 UPS 而言，输出电压从它们的额定值起最小可调节 ±5%。对于小容量单相 UPS 而言，一般采用拨盘调节法，其输出电压的典型可调范围为 208V/220V/230V/240V。

2）输出频率精度。输出频率精度一般为 ±1%。输出频率应根据工作需要选择，特别是选择 50Hz 与 60Hz 输出的 UPS 时，尤其要注意因为有的 UPS 的输出既可以是 50Hz，也可以是 60Hz，有的 UPS 则没有这一功能，而个别用户却把需要 60Hz 输出的 UPS 订成了只能输出 50Hz 的 UPS，这样，就给工作和经济都带来了一定损失。

3）输出功率因数。UPS 输出功率因数反映 UPS 的输出电压与输出电流之间的相位与输入电流谐波分量大小之间的关系。它表征 UPS 对非线性负载的适应能力和视在功率过载的能力，不一定越大越好。UPS 输出功率因数是可适应不同性质负载的能力，而不是提供有功功率的百分比。输出功率因数为 1 时，只能给出 80% 额定输出的视在功率；输出功率因数为 0.8 时，才可输出 100% 的额定视在功率。而且，输出功率因数越小，输出的视在功率伏安值就越大。实际功率因数大小随负载性质而变，不是 UPS 要给负载输出什么功率，而是负载需要什么功率。

4）输出波形与波形失真度。目前 UPS 的输出波形有方波输出和正弦波输出两种，方波输出的 UPS，其价格比同类型的正弦波输出的 UPS 便宜。也就是说，在线式正弦波输出的 UPS 最贵，后备式正弦波输出的 UPS 次之，后备式方波输出的 UPS 最便宜。这里要特别注意的是：方波输出的 UPS 不能带任何电感性负载，当负载中有电感性负载时，一定要设法使其功率因数大于 0.9。而一般的计算机主机对方波、梯形波都能适应，也就是说，即使是不太好的正弦波计算机也可用。目前 UPS 输出波形的失真度一般不大于 5%。

5）输出电压的动态响应 η。当 UPS 正常工作时，突然加（减）负载，UPS 的输出电压会在短时间内发生下降（上升），经过一段时间后才恢复到稳压范围之内。加（减）负载后的第一个峰值电压 V_P' 对加（减）负载前的峰值电压 V_P 的变化率称为动态响应，即

$$\eta = (V_P' - V_P)/V_P \times 100\%$$

从加（减）负载的时刻开始，到电压恢复至稳压范围内的时间 Δt 称为恢复时间，一般 $\Delta t \leqslant 20\text{ms}$，最好是 $\Delta t \leqslant 10\text{ms}$。

6）过载能力。在无故障情况下，UPS 允许有瞬间过载现象发生，一般允许：125% 维持 10min，超过 UPS 设计的允许范围时，必须能进入保护状态，停止逆变器的工作。当输出瞬间短路时逆变器应立即停止工作。在选择 UPS 过载能力时，最好选负载在 212% 以上，而输出电压仍维持在稳压范围内，持续时间在 10ms 以上的。

7）整机效率。UPS 的输出功率（含蓄电池充电功率）与输入功率的比值称为整机效率，整机效率应在 80% 以上（负载在 50% 以上时）。

8）蓄电池维持时间。蓄电池满容量（浮充电 18h 以上）时放电，所能维持 UPS 工作的时间。一般在负载为 100% 时，不小于 10min；负载在 50% 时不小于 25min，有特殊要求的用户则需另外处理。

9）可闻噪声。一般指以 UPS 为中心，在 1m 为半径的圆周线上，高度为 1.3m 处测得的噪声分贝数，噪声在 55dB 左右时，可直接放在计算机机房内。

10）辐射干扰。这是人们极易忽视的问题，然而，却又是一个不容忽视的问题。因为逆变器工作时，由于换向和输出电路中存在大电流的尖脉冲或矩形波，因此包含高次谐波，通过输入和输出线，都会在空间产生电场或磁场，这些电磁场将干扰附近的电子设备，严重时会导致附近的某些电子设备不能正常工作。这种通过电磁辐射产生的干扰称为辐射干扰，辐射干扰随着距离增加而减小。因此，为了减小和抑制辐射干扰，除了要合理布局和注意屏蔽、接地外，还要合理选用 UPS。当然，性能好的 UPS 是不会有这个问题的。

知识链接二　逆变电路

1. 逆变电路的分类

逆变电路是把直流电逆变成某一频率或可变频率的交流电供给负载。逆变电路应用广泛，类型很多，大致可按以下方式分类：

1）按负载性质的不同，可分为有源逆变电路和无源逆变电路。有源逆变电路是指将直流电变成和电网同频率的交流电并将能量回馈给电网的电路。无源逆变电路是将直流电变成某一频率或频率可调的交流电并供给负载的电路。

2）按输入直流电源性质的不同，可分为由电压型直流电源（输入端并接有大电容，输入直流电源为恒压源）供电的电压型逆变电路和由电流型直流电源（输入端串接有大电感，输入直流电源为恒流源）供电的电流型逆变电路。

3）按主电路使用器件的不同，可分为由具有自关断能力的全控型器件组成的全控型逆

变电路、由无关断能力的半控型器件（如普通晶闸管）组成的半控型逆变电路。半控型逆变电路必须利用换相电压关断导通的器件，若换相电压取自逆变负载端，称为负载换相式逆变电路，这种电路仅适用于容性负载；对于非容性负载，换相电压必须由专门换相电路产生，称自换相式逆变电路。

4）按电流波形的不同，可分为正弦逆变电路和非正弦逆变电路。前者开关器件中的电流为正弦波，其开关损耗较小，宜工作于较高频率。后者开关器件电流为非正弦波，因其开关损耗较大，故工作频率较正弦逆变电路低。

5）按输出相数的不同，可分为单相逆变电路和多相逆变电路。

2. 基本逆变电路

逆变电路中最基本的是单相桥式逆变电路，其电路结构如图 4-6a 所示。

图中，U_d为输入直流电压，R 为逆变器的输出负载。当开关管 VT_1、VT_4闭合，VT_2、VT_3断开时，逆变器输出电压为 $u_o = U_d$；当开关 VT_1、VT_4断开，VT_2、VT_3闭合时，输出电压 $u_o = -U_d$。当以频率 f_S交替切换开关管 VT_1、VT_4和 VT_2、VT_3时，则在电阻 R 上获得如图 4-6b 所示的交变电压波形，其周期 $T_S = \frac{1}{f_S}$，这样，就将直流电压 U_d变成了交流电压 u_o。u_o含有多次谐波，如果想得到正弦波电压，则可通过滤波器滤波获得。

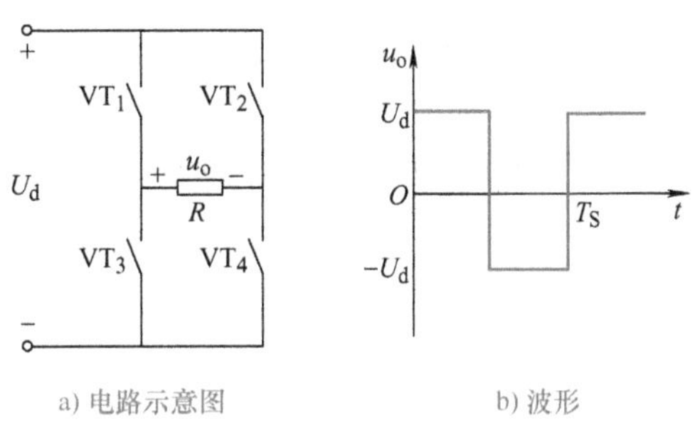

图 4-6　逆变电路示意图及其波形举例

图 4-6a 中主电路开关 $VT_1 \sim VT_4$实际是各种半导体开关器件的一种理想模型。逆变电路中常用的开关器件有快速晶闸管、门极关断晶闸管（GTO）、功率晶体管（GTR）、功率场效应晶体管（MOSFET）和绝缘栅晶体管（IGBT）等。

知识链接三　电压型逆变电路

电压型逆变器直流侧一定接有大电容滤波，直流电压基本无脉动，直流回路呈现低阻抗，相当于电压源。

1. 电压型单相逆变电路

（1）电压型单相半桥逆变电路　电压型单相半桥逆变电路如图 4-7a 所示。它由两个导电臂构成，每个导电臂由一个全控器件和一个反向并联二极管组成。在直流侧接有两个互联的足够大的电容 C_1和 C_2，且满足 $C_1 = C_2$。

设电感性负载连接在 A、O 两点间，下面分析其工作过程。

在一个周期内，电力晶体管 VT_1和 VT_2栅极信号各半周正偏、半周反偏，且互补。若负载为阻感负载，设 t_2时刻以前，VT_1有驱动信号导通，VT_2截止，则 $u_o = +\frac{U_d}{2}$。

t_2时刻关断 VT_1，同时给 VT_2发出导通信号。由于感性负载中的电流 i_o 不能立即改变方向，于是 VD_2导通续流，$u_o = -\frac{U_d}{2}$。

t_3时刻 i_o 降至零，VD_2截止，VT_2导通，i_o 开始反向增大，此时仍有 $u_o=-\frac{U_d}{2}$。

t_4时刻关断 VT_2，同时给 VT_1发出导通信号，由于感性负载中的电流 i_o 不能立即改变方向，于是 VD_1导通续流，$u_o=+\frac{U_d}{2}$。

t_5时刻 i_o 降至零，VT_1导通，$u_o=+\frac{U_d}{2}$。

由上面的分析可知，输出电压 u_o 是周期为 T_S的矩形波，其幅值为 $U_d/2$。输出电流 i_o 波形随负载阻抗角而异，当 VT_1或 VT_2导通时，负载电流与电压同方向，直流侧向负载提供能量。而当 VD_1和 VD_2导通时，负载电流和电压反方向，负载中电感的能量向直流侧反馈，即负载将其吸收的无功能量反馈回直流侧，返回的能量暂时储存在直流侧的电容中，直流侧电容起着缓冲这种无功能量的作用。

VD_1、VD_2称为反馈二极管，还使 i_o连续，又称续流二极管。逆变器在带电阻负载、电感负载和阻感负载时输出电压波形和电流波形如图 4-7b ~ e 所示。

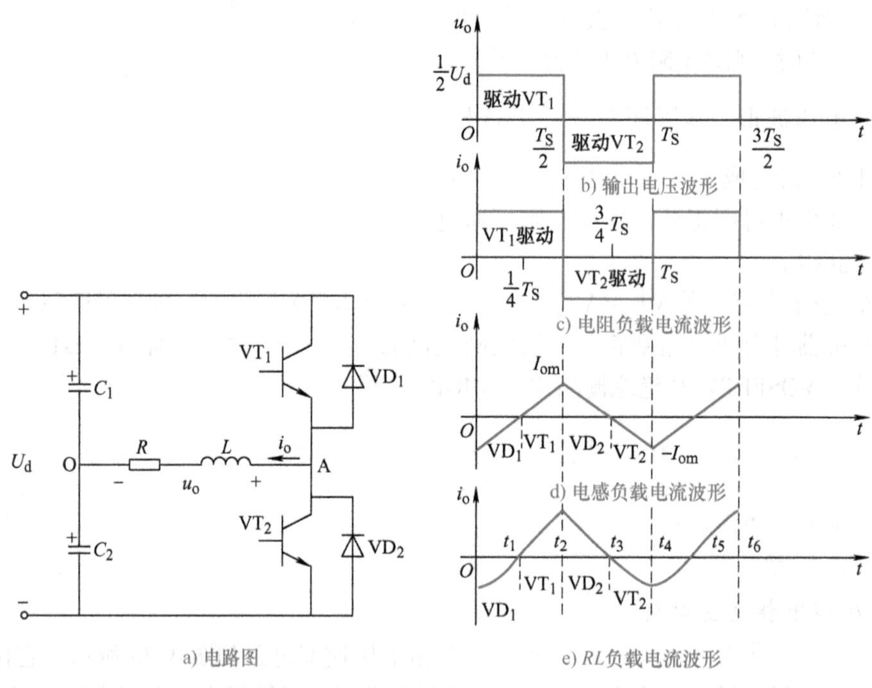

图 4-7　电压型单相半桥逆变电路及其工作波形

从波形图可知，输出电压有效值为

$$U_o=\sqrt{\frac{1}{T_S}\int_0^{T_S/2}\left(\frac{U_d}{2}\right)^2 dt}=\frac{U_d}{2} \tag{4-1}$$

由傅里叶分析可得，输出电压瞬时值为

$$u_o=\sum\frac{2U_d}{n\pi}\sin n\omega t \qquad (n=1,3,\cdots) \tag{4-2}$$

式中，$\omega=2\pi f_S$，为输出电压角频率。当 $n=1$ 时其基波分量的有效值为

$$U_{o1}=\frac{2U_d}{\sqrt{2}\pi}=0.45U_d \tag{4-3}$$

改变开关管的驱动信号的频率，输出电压的频率随之改变。为保证电路正常工作，VT_1和VT_2两个开关管不能同时导通，否则将出现直流短路。实际应用中为避免上、下开关管直通，每个开关管的开通信号应略微滞后于另一个开关管的关断信号，即“先断后通”。该关断信号与开通信号之间的间隔时间称为死区时间，在死区时间中VT_1和VT_2均无驱动信号。

当负载为电阻R时，电流$i_o=\frac{u_o}{R}$，与u_o一样，也是180°宽的方波。输出电流波形如图4-7c所示。

当负载为纯电感L时，输出电流波形如图4-7d所示。

电压型单相半桥逆变电路使用的器件少，其缺点是输出交流电压的幅值仅为$U_d/2$，且需要分压电容，要控制两者电压均衡，主要用于几千瓦以下的小功率逆变电源。单相全桥、三相桥式都可看成是由若干个半桥逆变电路的组合。另外，为了使负载电压接近正弦波，通常要在输出端接LC滤波器，输出滤波器LC可以滤除逆变器输出电压中的高次谐波。

（2）电压型单相全桥逆变电路 图4-8a所示是电压型单相全桥逆变电路，其中全控型开关器件VT_1和VT_4构成一对桥臂，VT_2和VT_3构成一对桥臂，VT_1和VT_4同时通、断，VT_2和VT_3同时通、断。VT_1（VT_4）与VT_2（VT_3）的驱动信号互补，即VT_1和VT_4有驱动信号时，VT_2和VT_3无驱动信号，反之亦然，两对桥臂各交替导通180°。

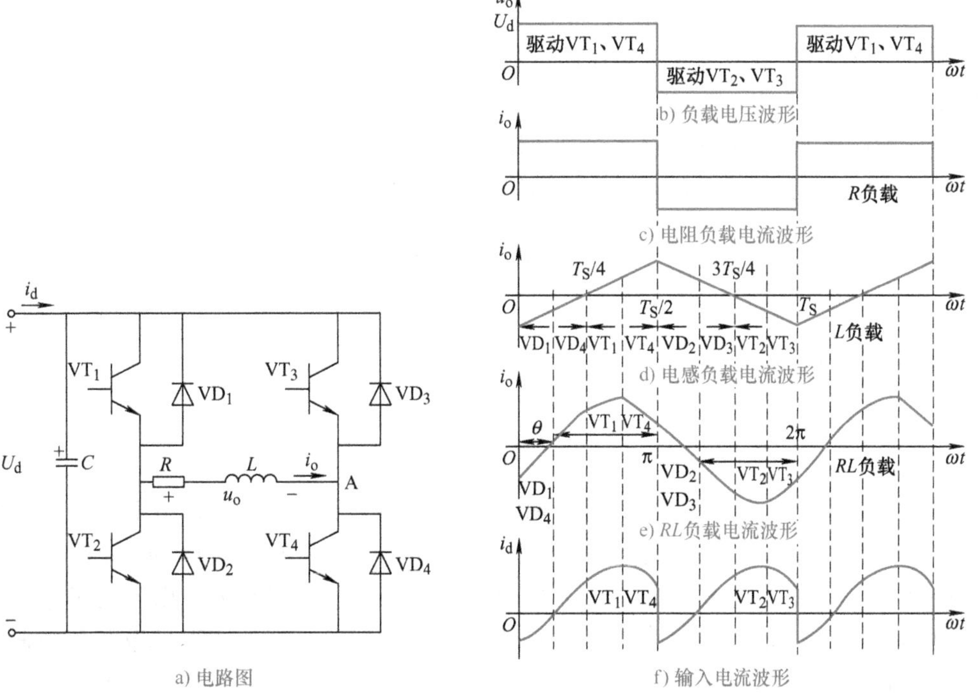

图4-8 电压型单相全桥逆变电路和电压电流波形图

如果负载为纯电阻，在$0\leqslant t<T_S/2$期间，VT_1和VT_4有驱动信号导通时，VT_2和VT_3无驱动信号截止，$u_o=+U_d$。在$T_S/2\leqslant t<T_S$期间，VT_2和VT_3有驱动信号导通，VT_1和VT_4无驱动信号截止，$u_o=-u_d$。因此输出电压是180°宽的方波电压，幅值为U_d。其输出电压、电流波形如图4-8b、c所示。

输出方波电压瞬时值为

$$u_o=\sum\frac{4u_d}{n\pi}\sin n\omega t\qquad(n=1,3,\cdots)\tag{4-4}$$

输出方波电压有效值为

$$U_o=\sqrt{\frac{1}{T_S}\int_0^{T_S/2}u_d^2\mathrm{d}t}=u_d\tag{4-5}$$

基波分量的有效值为

$$U_{o1}=\frac{4U_d}{\sqrt{2}\pi}=0.9U_d\tag{4-6}$$

同单相半桥逆变电路相比，输出电压和电流的幅值不相同，在相同负载的情况下，其输出电压和输出电流的幅值为单相半桥逆变电路的两倍。

如果负载是纯电感，在$0\leqslant t<T_S/2$期间，VT_1和VT_4有驱动信号导通，VT_2和VT_3无驱动信号截止，$u_o=L\dfrac{\mathrm{d}i_o}{\mathrm{d}t}=+u_d$，负载电流$i_o$线性上升。在$T_S/2\leqslant t<T_S$期间，$VT_2$和$VT_3$有驱动信号导通，$VT_1$和$VT_4$无驱动信号截止，$u_o=-U_d$，负载电流$i_o$线性下降。

必须注意，在$0\leqslant t<T_S/4$期间，尽管VT_1和VT_4有驱动信号，VT_2和VT_3无驱动信号截止，但电流i_o为负值，VD_1、VD_4导通起负载电流续流作用，$u_o=+u_d$。只有$T_S/4\leqslant t\leqslant T_S/2$期间，$i_o$为正值，$VT_1$和$VT_4$才导通。同理，在$T_S/2\leqslant t\leqslant 3T_S/4$期间，$VD_2$、$VD_3$导通时，$u_o=-u_d$，$VT_2$和$VT_3$仅在$3T_S/4\leqslant t\leqslant T_S$期间导通。

由上面的分析可知，流过负载的电流是三角波，如图4-8d所示。

因为

$$u_d=L\frac{\mathrm{d}i_o}{\mathrm{d}t}=L\frac{2I_{om}}{\frac{T_S}{2}}$$

所以，负载电流峰值为

$$I_{om}=\frac{T_S}{4L}u_d\tag{4-7}$$

如果负载是阻感负载R_L，$0\leqslant\omega t\leqslant\theta$期间，$VT_1$和$VT_4$有驱动信号，由于电流$i_o$为负值，$VT_1$和$VT_4$不导通，$VD_1$、$VD_4$导通起负载电流续流作用，$u_o=+u_d$。在$\theta\leqslant\omega t\leqslant\pi$期间，$i_o$为正值，$VT_1$和$VT_4$才导通。在$\pi\leqslant\omega t\leqslant\pi+\theta$期间，$VT_2$和$VT_3$有驱动信号，由于电流$i_o$为负值，$VT_2$、$VT_3$不导通，$VD_2$、$VD_3$导通起负载电流续流作用，$u_o=-U_d$。直到$\pi+\theta\leqslant\omega t\leqslant 2\pi$期间，$VT_2$和$VT_3$才导通。图4-8e所示是$RL$负载时直流电源输入电流$i_o$的波形。图4-8f所示是$RL$负载时直流电源输入电流$i_d$的波形图。

无论是半桥逆变电路还是全桥逆变电路，若逆变电路输出频率比较低，电路中开关器件可以采用 GTO；若逆变输出频率比较高，则应采用双极结型晶体管 GTR、MOSFET 或 IGBT 等高频自关断器件。

例 4-1　单相全桥逆变电路如图 4-8a 所示，逆变电路输出电压为方波，如图 4-8b 所示，已知 $U_d = 110V$，逆变频率为 $f = 100$ Hz，负载 $R = 10\Omega$，$L = 0.02H$。求：(1) 输出电压基波分量 U_{o1}。(2) 输出电流基波分量 I_{o1}。(3) 输出电流有效值。(4) 输出功率 P_o。

解：(1) 根据逆变电路输出电压为方波，如图 4-8b 所示，可得

$$u_o = \sum \frac{4u_d}{n\pi}\sin n\omega t \qquad (n = 1,3,\cdots)$$

其中输出电压基波分量为

$$u_{o1} = \frac{4u_d}{\pi}\sin\omega t$$

输出电压基波分量的有效值为

$$U_{o1} = \frac{4u_d}{\sqrt{2}\pi} = 0.9U_d = 0.9 \times 110V = 99V$$

(2) 基波阻抗为

$$Z_1 = \sqrt{R^2 + (\omega L)^2} = \sqrt{10^2 + (2\pi \times 100 \times 0.02)^2}\Omega \approx 16.05\Omega$$

输出电流基波分量的有效值为

$$I_{o1} = \frac{U_{o1}}{Z_1} = \frac{99}{16.05}A \approx 6.17A$$

(3) 因为

$$Z_3 = \sqrt{R^2 + (3\omega L)^2} = \sqrt{10^2 + (3 \times 2\pi \times 100 \times 0.02)^2}\Omega \approx 39\Omega$$

$$Z_5 = \sqrt{R^2 + (5\omega L)^2} = \sqrt{10^2 + (5 \times 2\pi \times 100 \times 0.02)^2}\Omega \approx 63.6\Omega$$

$$Z_7 = \sqrt{R^2 + (7\omega L)^2} = \sqrt{10^2 + (7 \times 2\pi \times 100 \times 0.02)^2}\Omega \approx 88.5\Omega$$

$$Z_9 = \sqrt{R^2 + (9\omega L)^2} = \sqrt{10^2 + (9 \times 2\pi \times 100 \times 0.02)^2}\Omega \approx 113.5\Omega$$

则

$$U_{o3} = \frac{U_{o1}}{3},\ U_{o5} = \frac{U_{o1}}{5},\ U_{o7} = \frac{U_{o1}}{7},\ U_{o9} = \frac{U_{o1}}{9}$$

9 次以上的谐波电压很小，可以忽略，所以

$$I_{o3} = \frac{U_{o3}}{Z_3} = \frac{99}{3 \times 39}A \approx 0.85A$$

$$I_{o5} = \frac{U_{o5}}{Z_5} = \frac{99}{5 \times 63.6}A \approx 0.31A$$

$$I_{o7} = \frac{U_{o7}}{Z_7} = \frac{99}{7 \times 88.5}A \approx 0.16A$$

$$I_{o9} = \frac{U_{o9}}{Z_9} = \frac{99}{9 \times 113.5}A \approx 0.097A$$

输出电流有效值为

$$I=\sqrt{I_{o1}^2+I_{o3}^2+I_{o5}^2+I_{o7}^2+I_{o9}^2}\approx 6.24\text{A}$$

（4）输出功率为

$$P_o=I^2R=6.24^2\times 10\text{W}\approx 389.4\text{W}$$

2. 电压型三相桥式逆变电路

电压型三相桥式逆变电路如图 4-9 所示。电路由三个半桥电路组成，开关管可以采用全控型电力电子器件（图中以 GTR 为例），$VD_1\sim VD_6$ 为续流二极管。

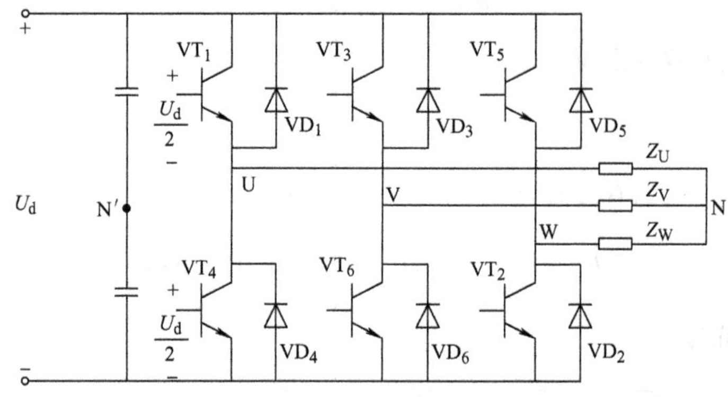

图 4-9　电压型三相桥式逆变电路

电压型三相桥式逆变电路的基本工作方式为 180°导电型，即每个桥臂的导电角为 180°，同一相上下桥臂交替导电，各相开始导电的时间依次相差 120°。因为每次换相都在同一相上下桥臂之间进行，因此称为纵向换相。在一个周期内，6 个开关管触发导通的次序为 $VT_1\rightarrow VT_2\rightarrow VT_3\rightarrow VT_4\rightarrow VT_5\rightarrow VT_6$，依次相隔 60°，任一时刻均有 3 个管子同时导通，导通的组合顺序为 $VT_1VT_2VT_3$、$VT_2VT_3VT_4$、$VT_3VT_4VT_5$、$VT_4VT_5VT_6$、$VT_5VT_6VT_1$、$VT_6VT_1VT_2$，每种组合工作 60°。VT_1、VT_2、VT_3 导通时的等效电路如图 4-10 所示。

下面分析各相负载相电压和线电压波形。设负载为星形联结，三相负载对称，中性点为 N。图 4-11 给出了电压型三相桥式逆变电路的工作波形。为了分析方便，将一个工作周期分成 6 个区域。

在 $0<\omega t\leqslant\pi/3$ 区域，设 $u_{g1}>0$，$u_{g2}>0$，$u_{g3}>0$，则有 VT_1、VT_2、VT_3 导通，该时域等效电路如图 4-10 所示。线电压为

$$\begin{cases}u_{UV}=0\\u_{VW}=U_d\\u_{WU}=-U_d\end{cases}$$

式中，U_d 为逆变电路输入直流电压。输出相电压为

$$\begin{cases}u_{UN}=\dfrac{1}{3}U_d\\u_{VN}=\dfrac{1}{3}U_d\\u_{WN}=-\dfrac{2}{3}U_d\end{cases}$$

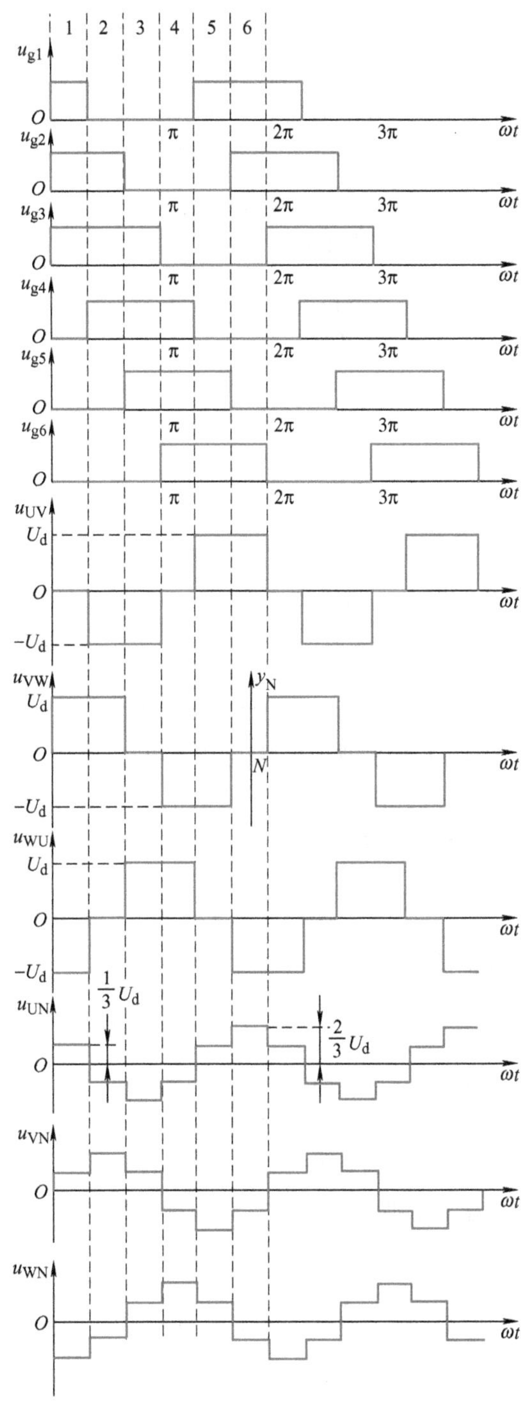

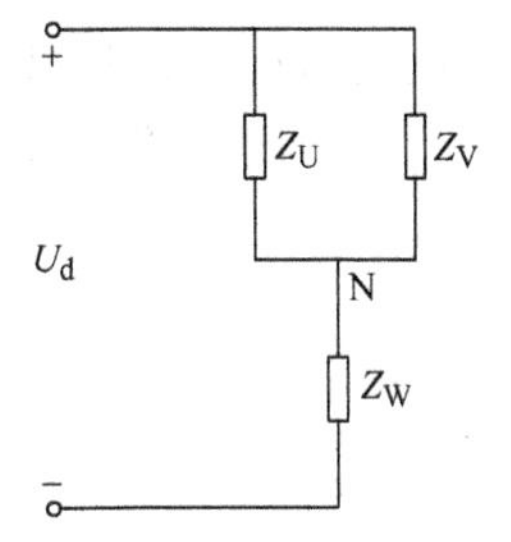

图 4-10　逆变桥 VT_1、VT_2、VT_3 导通时的等效电路

图 4-11　电压型三相桥式逆变电路的工作波形

根据同样思路可得其余 5 个时域的相电压和线电压的值，见表 4-1。

表 4-1　三相桥式逆变电路的工作过程表

ωt		$0\sim\frac{1}{3}\pi$	$\frac{1}{3}\pi\sim\frac{2}{3}\pi$	$\frac{2}{3}\pi\sim\pi$	$\pi\sim\frac{4}{3}\pi$	$\frac{4}{3}\pi\sim\frac{5}{3}\pi$	$\frac{5}{3}\pi\sim 2\pi$
导通开关管		VT_1、VT_2、VT_3	VT_2、VT_3、VT_4	VT_3、VT_4、VT_5	VT_4、VT_5、VT_6	VT_5、VT_6、VT_1	VT_6、VT_1、VT_2
负载等效电路		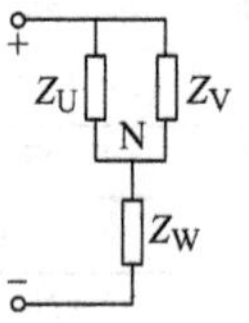	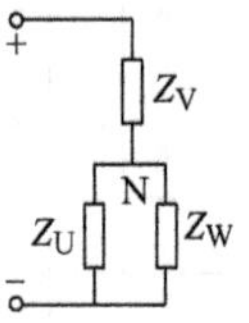	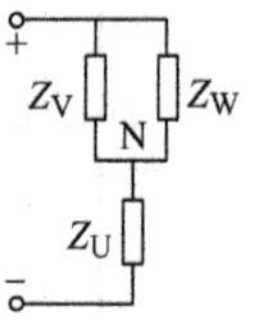	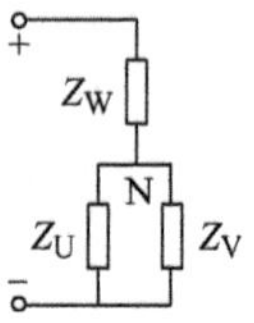	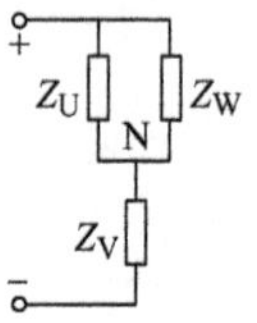	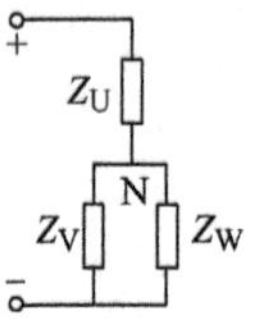
输出相电压	u_{UN}	$\frac{1}{3}U_d$	$-\frac{1}{3}U_d$	$-\frac{2}{3}U_d$	$-\frac{1}{3}U_d$	$\frac{1}{3}U_d$	$\frac{2}{3}U_d$
	u_{VN}	$\frac{1}{3}U_d$	$\frac{2}{3}U_d$	$\frac{1}{3}U_d$	$-\frac{1}{3}U_d$	$-\frac{2}{3}U_d$	$-\frac{1}{3}U_d$
	u_{WN}	$-\frac{2}{3}U_d$	$-\frac{1}{3}U_d$	$\frac{1}{3}U_d$	$\frac{2}{3}U_d$	$\frac{1}{3}U_d$	$-\frac{1}{3}U_d$
输出线电压	u_{UV}	0	$-U_d$	$-U_d$	0	U_d	U_d
	u_{VW}	U_d	U_d	0	$-U_d$	$-U_d$	0
	u_{WU}	$-U_d$	0	U_d	U_d	0	$-U_d$

从图 4-11 所示波形图中可以看出，星形负载电阻上的相电压 u_{UN}、u_{VN}、u_{WN} 波形是 180°正负对称的阶梯波。三相负载电压相位相差 120°，根据 V 相负载相电压的波形图，利用傅里叶分析，则其 V 相电压的瞬时值为

$$u_{VN}=\frac{2U_d}{\pi}\left(\sin\omega t+\frac{1}{5}\sin 5\omega t+\frac{1}{7}\sin 7\omega t+\frac{1}{11}\sin 11\omega t+\frac{1}{13}\sin 13\omega t+\cdots\right) \tag{4-8}$$

基波幅值为

$$U_{VN1m}=\frac{2U_d}{\pi} \tag{4-9}$$

由上式可知，负载相电压中无 3 次谐波，只含更高阶奇次谐波，n 次谐波幅值为基波幅值的 $1/n$。

同理，从图 4-11 所示波形图中可以看出，负载线电压为 120°正负对称的矩形波，对于图中线电压 u_{VW} 波形，如果时间坐标的零点取在 N 点，纵坐标为 y_N，利用傅里叶分析，则其线电压 u_{VW} 瞬时值为

$$u_{VW}=\frac{2\sqrt{3}U_d}{\pi}\left(\sin\omega t-\frac{1}{5}\sin 5\omega t-\frac{1}{7}\sin 7\omega t+\frac{1}{11}\sin 11\omega t+\frac{1}{13}\sin 13\omega t-\cdots\right) \tag{4-10}$$

线电压基波幅值为

$$U_{VW1m}=\frac{2\sqrt{3}U_d}{\pi} \tag{4-11}$$

由上式可知，负载线电压中无 3 次谐波，只含更高阶奇次谐波，n 次谐波幅值为基波幅值的 $1/n$。

对于 180°导电型逆变电路，为了防止同一相上下桥臂同时导通而引起直流电源的短路，

必须采取“先断后通”的方法，即上下桥臂的驱动信号之间必须存在死区。

除去180°导电型外，三相桥式逆变电路还有120°导电型的控制方式，即每个桥臂导通120°，同一相上下两臂的导通有60°间隔，各相导通依次相差120°。120°导通型不存在上下直通的问题，但当直流电压一定时，其输出交流线电压有效值比180°导电型低得多，直流电源电压利用率低，因此，一般电压型三相逆变电路都采用180°导电型控制方法。

改变逆变桥开关管的触发频率或者触发顺序（$VT_6 \sim VT_1$），就能改变输出电压的频率及相序，从而实现电动机的变频调速与正反转。

3. 电压型逆变电路的特点

电压型逆变电路有以下特点：

1）直流侧接有大电容，相当于电压源，直流电压基本无脉动，直流回路呈现低阻抗。

2）由于直流电压源的钳位作用，交流侧电压为矩形波，与负载阻抗角无关，而交流侧电流波形和相位因负载阻抗角的不同而不同，其波形接近三角波或接近正弦波。

3）当交流侧为电感性负载时需提供无功功率，直流侧电容起缓冲无功能量的作用。为了给交流侧向直流侧反馈能量提供通道，各臂都并联了反馈二极管。

4）逆变电路从直流侧向交流侧传送的功率是脉动的，因直流电压无脉动，故传输功率的脉动是由直流电流的脉动来体现的。

5）当用于交-直-交变频器中且负载为电动机时，如果电动机工作于再生制动状态，就必须向交流电源反馈能量。因直流侧电压方向不能改变，所以只能靠改变直流电流的方向来实现，这就需要给交-直整流桥再反向并联一套逆变桥。

知识链接四 电流型逆变电路

电流型逆变器一般在直流侧串接有大电感，使直流电流基本无脉动，直流回路呈现高阻抗，相当于电流源。

在前边讨论的电压型逆变电路中，直流电源是电压源，输出线电压的瞬时值在任何时刻都是直流电压，负载电流只与负载阻抗有关。在另一类逆变电路中，直流电源为电流源，输出电流的波形由逆变电路确定，输出电压取决于负载的性质，这种逆变电路称为电流源逆变电路。一般，电流源由可控整流电路在直流侧串联一个大电感构成。因为大电感中电流脉动小，可近似当作恒流源。可以直接确定输出电流波形是电流型逆变电路的突出特点。由于直流电源的差别，某些对电压型逆变电路合适的负载，例如那些对谐波电流表现出高阻抗或低功率因数的负载，对电流型逆变电路则不合适。

1. 电流型单相桥式逆变电路

电流型单相桥式逆变电路如图4-12a所示。其特点是在直流电源侧接有大电感L_d，以维持电路的恒定。

当VT_1、VT_4导通，VT_2、VT_3关断时，$I_o = I_d$；反之，$I_o = -I_d$。当以频率f交替变换开关管VT_1、VT_4和VT_2、VT_3导通时，则在负载上获得如图4-12b所示的电流波形。不论电路负载性质如何，其输出电流波形不变，为矩形波，而输出电压波形由负载性质决定。主电路开关管采用自关断器件时，如果其反向不能承受高电压，则需在各开关器件支路串入二极管。

下面对其电流波形做定量分析，将图4-12b所示的电流波形i_o展开成傅里叶级数，有

$$i_o = \frac{4I_d}{\pi}\left(\sin\omega t + \frac{1}{3}\sin3\omega t + \frac{1}{5}\sin5\omega t + \cdots\right) \tag{4-12}$$

式中，基波幅值I_{o1m}和基波有效值I_{om}分别为

$$I_{o1m} = \frac{4I_d}{\pi} = 1.27I_d \tag{4-13}$$

$$I_{o1} = \frac{4I_d}{\sqrt{2}\pi} = 0.9I_d \tag{4-14}$$

2. 电流型三相桥式逆变电路

图4-13给出了电流型三相桥式逆变电路原理图。在直流电源侧接有大电感L_d，以维持电流的恒定。逆变桥采用IGBT作为可控器件。

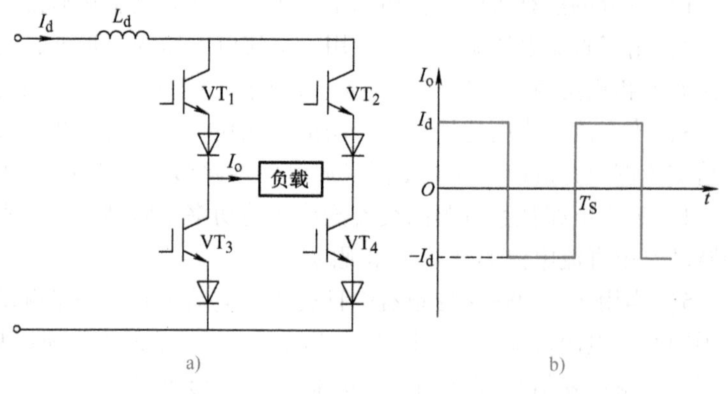

图4-12　电流型单相桥式逆变电路及电流波形

电流型三相桥式逆变电路的基本工作方式是120°的导通方式，任意瞬间只有两个桥臂导通。导通顺序为$VT_1 \to VT_2 \to VT_3 \to VT_4 \to VT_5 \to VT_6$，依次间隔60°，每个桥臂导通120°。这样，每个时刻上桥臂组中都各有一个臂导通，在共阴极组或共阳极组内依次换相，属横向换相。

图4-14所示为电流型三相桥式逆变电路的输出电流波形，它与负载性质无关。输出电压波形由负载的性质决定。

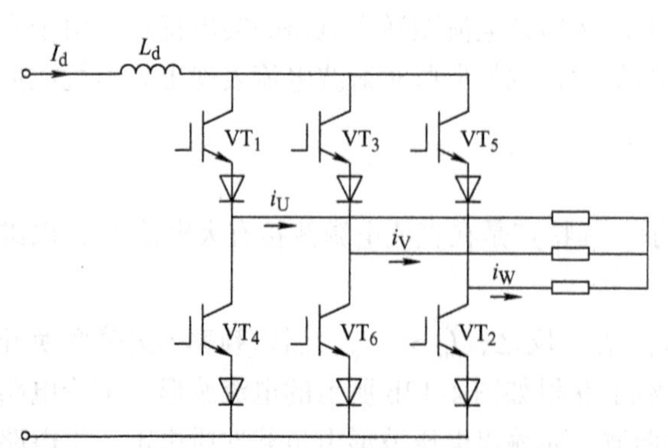

图4-13　电流型三相桥式逆变电路原理图

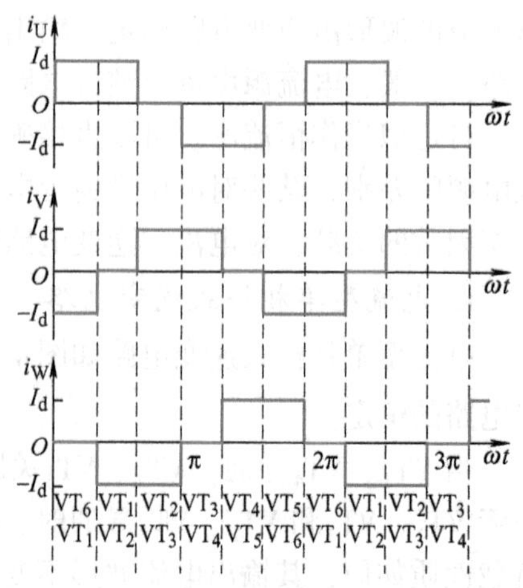

图4-14　电流型三相桥式逆变电路的输出电流波形

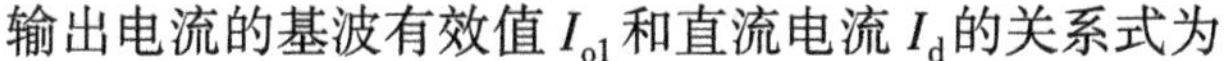

输出电流的基波有效值 I_{o1} 和直流电流 I_d 的关系式为

$$I_{o1}=\frac{\sqrt{6}}{\pi}I_d=0.78I_d \tag{4-15}$$

3. 电流型逆变电路的特点

电流型逆变电路主要有以下特点：

1）直流侧接有大电感，相当于电流源，直流电流基本无脉动，直流回路呈现高阻抗。

2）因为各开关器件主要起改变直流电流流通路径的作用，故交流侧电流为矩形波，与负载性质无关，而交流侧电压波形和相位因负载阻抗角的不同而不同。

3）直流侧电感起缓冲无功能量的作用，因电流不能反向，故可控器件不必反向并联二极管。

4）当用于交-直-交变频器且负载为电动机时，若交-直变换为相控整流，则可很方便地实现再生制动。

知识链接五　逆变电路的换相

图 4-6a 所示的逆变电路示意图中，四个桥臂由开关构成，输入直流电压 U_d，逆变负载是电阻 R。当将 VT_1、VT_4闭合，VT_2、VT_3断开时，电阻上得到左正右负的电压；间隔一段时间后将 VT_1、VT_4断开，VT_2、VT_3闭合，电阻上得到右正左负的电压。若以频率 f 交替切换 VT_1、VT_4和 VT_2、VT_3，在电阻上可以得到图 4-6b 所示的电压波形。显然这是一种交变的电压，随着电压的变化，电流也从一个臂转移到另外一个臂，通常将这一过程称为换相。在换相过程中，有的支路要从通态转移到断态，有的支路要从断态转移到通态。从断态向通态转移时，无论支路是由全控型还是半控型电力电子器件组成，只要给门极适当的驱动信号，就可以使其导通。但从通态向断态转移的情况就不同，全控型器件可以通过对门极的控制使其关断，而对于半控型器件的晶闸管来说，就不能通过对门极的控制使其关断，必须利用外部条件或采取其他措施才能使其关断。一般来说，要在晶闸管电流过零后再施加一定时间的反向电压，才能使其关断。可见换相过程中，使晶闸管关断要比使其开通复杂得多，因此研究换相方式主要是研究如何使器件关断。对逆变器来说，关键的问题就是换相。

换相方式主要有以下几种。

1. 器件换相

器件换相是利用全控型器件自身所具有的自关断能力进行换相。

逆变器常用的开关器件有：普通型和快速型晶闸管（SCR）、门极可关断晶闸管（GTO）、电力晶体管（GTR）、电力场效应晶体管（PMOSFET）、绝缘栅晶体管（IGBT）等。普通型和快速型晶闸管作为逆变器的开关器件时，因其阳极与阴极两端加有正向直流电压，只要在它的门极加正的触发电压晶闸管就可以导通。但晶闸管导通后门极失去控制作用，要让它关断就困难了，必须设置关断电路，负载换相和强迫换相是晶闸管器件常采用的关断方式。其他几种新型的电力电子器件，属于全控型器件，可以用门极信号使其关断，换相控制自然就简单多了。所以，在逆变器应用领域，普通型和快速型晶闸管将逐步被全控型器件所取代。

2. 电网换相

由电网提供换相电压称为电网换相。

在换相时，只要把负的电网电压施加在欲关断的晶闸管上即可使其关断。这种换相方式不需要器件具有门极关断能力，也不需要为换相附加任何元器件，适合于有源逆变电路，不适用于没有交流电网的无源逆变电路。

3. 负载换相

由负载提供换相电压称为负载换相。

凡是负载电流的相位超前于负载电压的场合，都可以实现负载换相。当负载为电容性负载时，即可实现负载换相；当负载为同步电动机时，由于可以控制励磁电流使负载呈电容性，因而也可以实现负载换相。将负载与其他换相元器件接成并联或串联谐振电路，使负载电流的相位超前负载电压，且超前时间大于管子关断时间，就能保证管子完全恢复阻断实现可靠换相。

图 4-15a 是基本的负载换相逆变电路，4 个桥臂均由晶闸管组成。其负载是电阻、电感串联后再和电容并联，整个负载工作在接近并联谐振状态而略呈容性。在实际电路中，电容往往是为改善负载功率因数，使其略呈容性而接入的。在直流侧串入了一个很大的电感 L_d，因而在工作过程中可以认为 i_d 基本没有脉动。

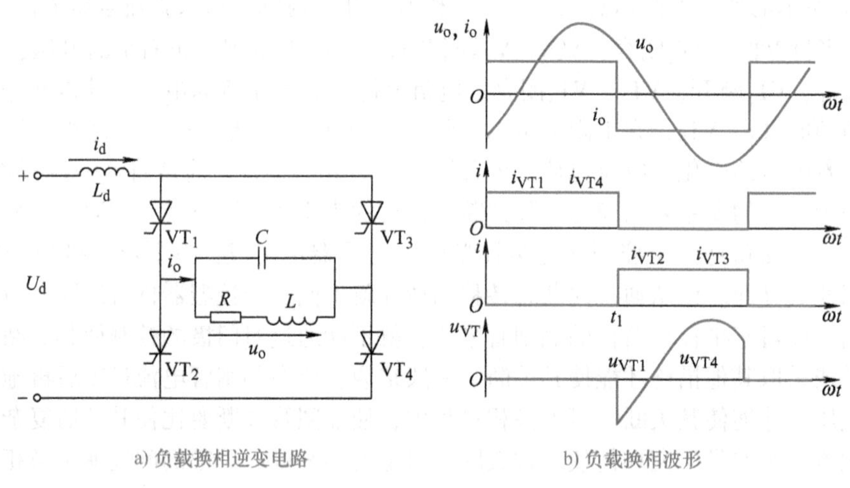

a) 负载换相逆变电路　　b) 负载换相波形

图 4-15　负载换相逆变电路及波形

电路的工作波形如图 4-15b 所示。因为直流电流近似为恒值，四个臂开关的切换仅使电流流通路径改变，所以负载电流基本呈矩形波。因为负载工作在对基波电流接近并联谐振的状态，故对基波的阻抗很大而对谐波的阻抗很小，因此负载电压 u_o 波形接近正弦波。设在 t_1 时刻前 VT_1、VT_4 为通态，VT_2、VT_3 为断态，u_o、i_o 均为正，VT_2、VT_3 上施加的电压即为在 t_1 时刻触发 VT_2、VT_3 导通，负载电压 u_o 就通过 VT_2、VT_3 分别加到 VT_4、VT_1 上，使其承受反向电压而关断，电流从 VT_1、VT_4 转移到 VT_3、VT_2。触发 VT_2、VT_3 的时刻 t_1 必须在 u_o 过零前并留有足够的裕量，才能使换相顺利完成。从 VT_2、VT_3 到 VT_4、VT_1 的换相过程和上述情况类似。

4. 强迫换相

设置附加的换相电路，给欲关断的晶闸管强迫施加反向电压或反向电流的换相方式称为强迫换相。强迫换相通常利用附加电容上所储存的能量来实现，因此也称为电容换相。

图4-16a所示电路，称为直接耦合式强迫换相。该方式中，由换相电路内的电容直接提供换相电压。在晶闸管VT处于通态时，预先给电容C按图中所示极性充电。如果合上开关S，就可以使晶闸管被施加反向电压而关断。

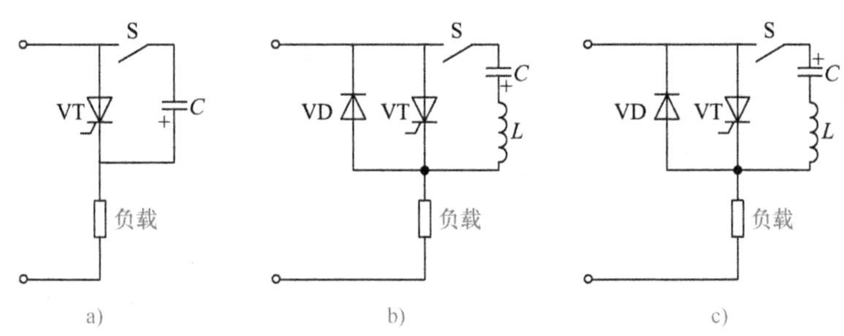

图4-16　强迫换相电路

如果通过换相电路内的电容和电感的耦合来提供换相电压或换相电流，则称为电感耦合式强迫换相。图4-16b、c是两种不同的电感耦合式强迫换相原理图。图4-16b中晶闸管在LC振荡第一个半周期内关断，图4-16c中晶闸管在LC振荡第二个半周期内关断，因为在晶闸管导通期间，两图中电容所充的电压极性不同。在图4-16b中，接通开关S后，LC振荡电流将反向流过晶闸管VT，与VT的负载电流相减，直到VT的合成正向电流减至零后，再流过二极管VD。在图4-16c中，接通S后，LC振荡电流先正向流过VT并和VT中原有负载电流叠加，经半个振荡周期$\pi\sqrt{LC}$后，振荡电流反向流过VT，直到VT的合成正向电流减至零后再流过二极管VD。在这两种情况下，晶闸管都是在正向电流减至零且二极管开始流过电流时关断。二极管上的管压降就是加在晶闸管上的反向电压。

图4-16a给晶闸管加上反向电压而使其关断的换相也叫电压换相，而图4-16b和图4-16c先使晶闸管电流减为零，然后通过反并联二极管使其加上反向电压的换相也叫电流换相。

上述四种换相方式中，器件换相只适用于全控型器件，其余三种方式主要是针对晶闸管而言的。器件换相和强迫换相都是因为器件或变流器自身的原因而实现换相的，二者都属于自换相；电网换相和负载换相不是依靠变流器自身原因，而是借助于外部手段（电网电压或负载电压）来实现换相的，它们属于外部换相。采用自换相方式的逆变电路称为自换相逆变电路，采用外部换相方式的逆变电路称为外部换相逆变电路。

【项目扩展】

有源逆变

整流装置在满足一定条件下可以作为逆变装置应用，即同一套电路，既可以工作在整流状态，也可以工作在逆变状态，这样的电路统称为变流装置。

变流装置如果工作在逆变状态，其交流侧接在交流电网上，电网成为负载，在运行中将直流电能变换为交流电能并回送到电网中去，这样的逆变称为有源逆变。

如果逆变状态下的变流装置，其交流侧接至交流负载，在运行中将直流电能变换为某一频率或可调频率的交流电能供给负载，这样的逆变则称为无源逆变或变频电路。

图 4-17 表示直流电源 E_1 和 E_2 同极性相连。当 $E_1 > E_2$ 时，回路中的电流为

$$I = \frac{E_1 - E_2}{R}$$

式中，R 为回路的总电阻。此时电源 E_1 输出电能 $E_1 I$，其中一部分为 R 所消耗的 I^2R，其余部分则为电源 E_2 所吸收的 E_2I。注意上述情况中，输出电能的电源其电动势方向与电流方向一致，而吸收电能的电源则二者方向相反。

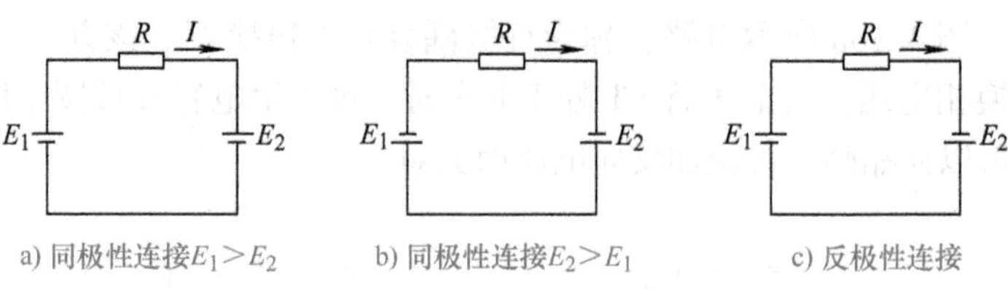

图 4-17　两个电源间能量的传送

在图 4-17b 中，两个电源的极性均与图 4-17a 中相反，但还是属于两个电源同极性相连的形式。如果电源 $E_2 > E_1$，则电流方向如图所示，回路中的电流 I 为

$$I = \frac{E_2 - E_1}{R}$$

此时，电源 E_2 输出电能，电源 E_1 吸收电能。在图 4-17c 中，两个电源反极性相连，则电路中的电流 I 为

$$I = \frac{E_1 + E_2}{R}$$

此时电源 E_1 和 E_2 均输出电能，输出的电能全部消耗在电阻 R 上。如果电阻值很小，则电路中的电流必然很大；若 $R = 0$，则形成两个电源短路的情况。综上所述，可得出以下结论：

1）两电源同极性相连，电流总是从高电动势电源流向低电动势电源，其电流的大小取决于两个电动势之差与回路总电阻的比值。如果回路电阻很小，则很小的电动势差也足以形成较大的电流，两电源之间发生较大能量的交换。

2）电流从电源的正极流出，该电源输出电能；而电流从电源的正极流入，该电源吸收电能。电源输出或吸收功率的大小由电动势与电流的乘积来决定，若电动势或者电流方向改变，则电能的传送方向也随之改变。

3）两个电源反极性相连，如果电路的总电阻很小，将形成电源间的短路，应当避免发生这种情况。

1. *有源逆变电路的工作原理*

图 4-18 是直流卷扬机系统，它有三种工作状态。

（1）整流工作状态（$0 < \alpha < \pi/2$）　由项目二的学习可知，对于单相桥式全控整流带电感性负载电路，当触发延迟角 α 在 $0 \sim \pi/2$ 之间的某个对应角度触发晶闸管时，变流电路输出的直流平均电压为 $U_d = 0.9U_2\cos\alpha$，因为此时 α 均小于 $\pi/2$，故 U_d 为正值。在该电压作用下，直流电动机转动，卷扬机将重物提升起来，直流电动机转动产生的反电动势为 E_D，且 E_D 略小于输出直流平均电压 U_d，此时电枢回路的电流为

$$I_d = \frac{U_d - E_D}{R}$$

有关波形如图 4-19a 所示。

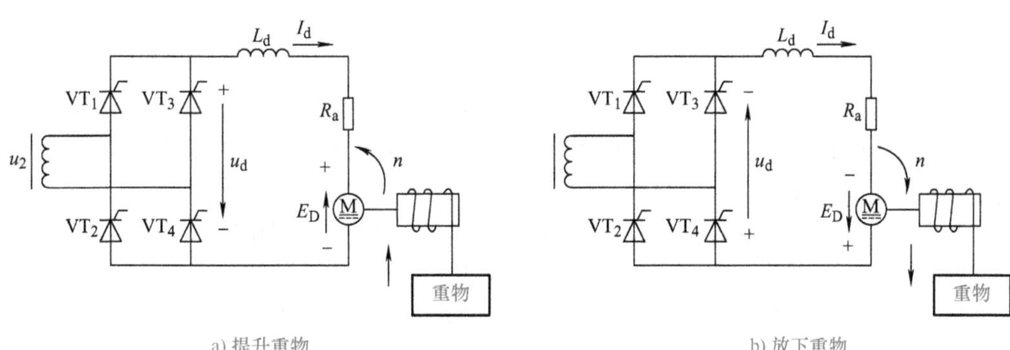

a) 提升重物　　b) 放下重物

图 4-18　直流卷扬机系统

(2) 中间状态 ($\alpha=\pi/2$)　当卷扬机将重物提升到要求高度时，自然就需在某个位置停住，这时只要将触发延迟角 α 调到等于 $\pi/2$ 的位置，变流器输出电压波形中，其正、负面积相等，电压平均值 U_d 为零，电动机停转（实际上采用电磁抱闸断电制动），反电动势 E_D 也同时为零。此时，虽然 U_d 为零，但仍有微小的直流电流存在，有关波形如图 4-19b 所示。注意，此时电路处于动态平衡状态，与电路切断、电动机停转具有本质的不同。

(3) 有源逆变工作状态 ($\pi/2<\alpha<\pi$)　当重物放下时，由于重力对重物的作用，必将牵动电动机使之向与重物上升相反的方向转动，电动机产生的反电动势 E_D 的极性也将随之反向。如果变流器仍工作在 $\alpha<\pi/2$ 的整流状态，从上面曾分析过的电源能量流转关系不难看出，此时将发生电源间类似短路的情况。为此，只能让变流器工作在 $\alpha>\pi/2$ 的状态，因为当 $\alpha>\pi/2$ 时，其输出直流平均电压 U_d 为负，出现类似图 4-17c 中两电源极性同时反向的情况，此时如果能满足 $E_D>U_d$，则回路中的电流为

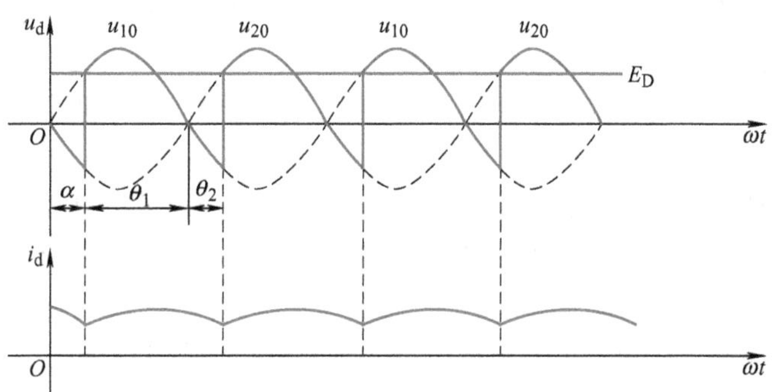

a) 整流

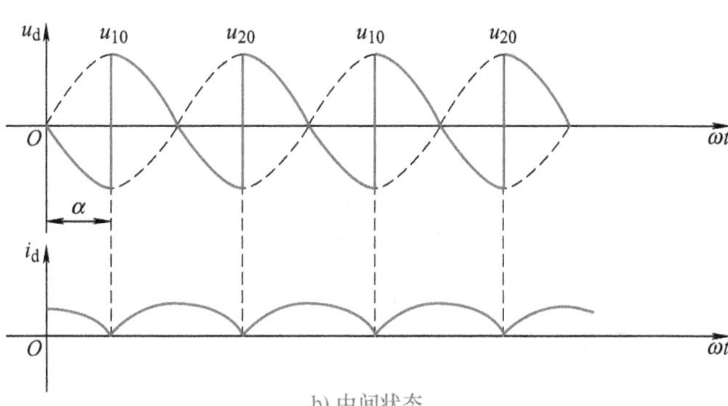

b) 中间状态

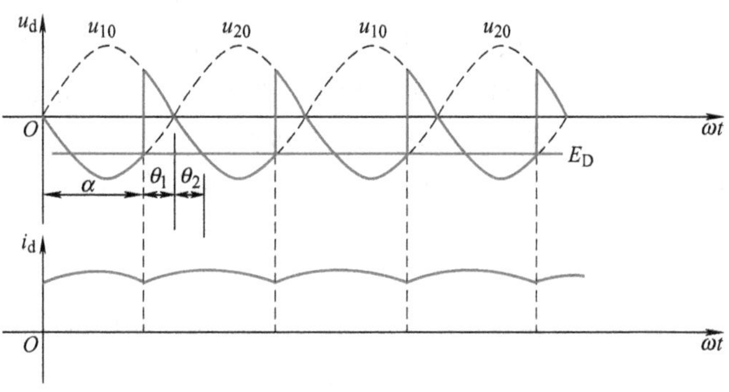

c) 有源逆变

图 4-19　直流卷扬机系统的电压、电流波形

$$I_d = \frac{E_D - U_d}{R}$$

电流的方向是从电动势 E_D 的正极流出，从电压 U_d 的正极流入，电流方向未变。显然，这时电动机为发电状态运行，对外输出电能，变流器则吸收上述能量并馈送回交流电网去，此时的电路进入到有源逆变工作状态。

上述三种变流器的工作状态可以用图 4-19 所示的波形表示。图中反映出随着触发延迟角 α 的变化，电路分别从整流到中间状态，然后进入有源逆变的过程。

上述晶闸管供电的卷扬系统中，当重物下降，电动机反转并进入发电状态运行时，电动机电动势 E_D 实际上成了使晶闸管正向导通的电源。当 $\alpha > \pi/2$ 时，只要满足 $E_d > |u_2|$，晶闸管就可以导通工作，在此期间，电压 u_d 大部分时间均为负值，其平均电压 U_d 自然为负，电流则依靠电动机电动势 E_D 及电感 L_d 两端感应电动势的共同作用加以维持。正因为上述工作特点，才出现了电动机输出能量、变流器吸收能量并通过变压器向电网回馈能量的情况。

因此，能够产生有源逆变的条件主要有以下两个：

1）外部条件。务必要有一个极性与晶闸管导通方向一致的直流电动势源。这种直流电动势源可以是直流电动机的电枢电动势，也可以是蓄电池电动势。它是使电能从变流器的直流侧回馈交流电网的源泉，其数值应稍大于变流器直流侧输出的直流平均电压。

2）内部条件。要求变流器中晶闸管的触发延迟角 $\alpha > \pi/2$，这样才能使变流器直流侧输出一个负的平均电压，以实现直流电源的能量向交流电网的流转。

上述两个条件必须同时具备才能实现有源逆变。

必须指出，对于半控桥或者带有续流二极管的可控整流电路，因为它们在任何情况下均不可能输出负电压，也不允许直流侧出现反极性的直流电动势，所以不能实现有源逆变。

有源逆变条件的获得，必须视具体情况进行分析。例如上述直流电动机拖动卷扬机系统，电动机电动势 E_D 的极性可随重物的“提升”与“下降”自行改变并满足逆变的要求。对于电力机车，上、下坡道行驶时，因车轮转向不变，故在下坡发电制动时，其电动机电动势 E_D 的极性不能自行改变，为此必须采取相应措施，例如可利用极性切换开关来改变电动机电动势 E_D 的极性，否则系统将不能进入有源逆变状态运行。

2. 三相半波逆变电路

（1）电路的整流工作状态（$0 < \alpha < \pi/2$） 图 4-20a 所示电路中，$\alpha = 30°$ 时依次触发晶闸管，其输出电压波形如图黑实线所示。因负载回路中接有足够大的电感，故电流连续。对于 $\alpha = 30°$ 的情况，输出电压瞬时值均为正，其平均电压自然为正值。对于在 $0 < \alpha < \pi/2$ 范围内的其他移相角，即使输出电压的瞬时值 u_d 有正也有负，但正面积总是大于负面积，输出电压的平均值 U_d 也总为正，其极性如图所示为上正下负，而且 U_d 略大于 E_D。此时电流 I_d 从 U_d 的正端流出，从 E_D 的正端流入，能量的流转关系为交流电网输出能量，电动机吸收能量以电动状态运行。

（2）电路的逆变工作状态（$\pi/2 < \alpha < \pi$） 假设此时电动机端电动势已反向，即下正上负，设逆变电路移相角 $\alpha = 150°$，依次触发相应的晶闸管，如图在 ωt_1 时刻触发 a 相晶闸管 VT_1，虽然此时 $u_a = 0$，但晶闸管 VT_1 因承受 E_D 的作用，仍可满足导电条件而工作，并相应输出 u_a 相电压。VT_1 被触发导通后，虽然 u_a 已为负值，因 E_D 的存在，且 $|E_D| > |u_a|$，VT_1 仍然承受正向电压而导通，即使不满足 $|E_D| > |u_a|$，由于平波电感的存在，释放电能，L

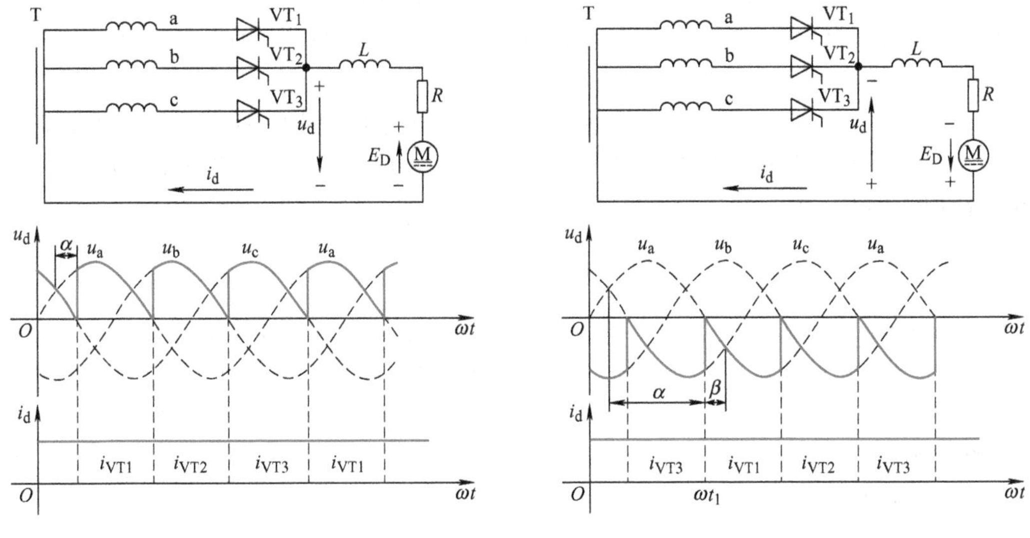

a) 整流工作状态

b) 逆变工作状态

图 4-20 三相半波共阴极逆变电路及有关波形

的感应电动势也仍可使 VT_1 承受正向电压继续导通。因电感 L 足够大，故主回路电流连续，VT_1 导电 120°后由于 VT_2 的被触发而截止，VT_2 被触发导通后，由于此时 $u_b > u_a$，故 VT_1 承受反压关断，完成 VT_1 与 VT_2 之间的换流，这时电路输出电压为 u_b，如此循环往复。

电路输出电压的波形如图 4-20b 中黑实线所示。当 α 在 $\pi/2 \sim \pi$ 范围内变化时，其输出电压的瞬时值 u_d 在整个周期内也是有正有负或者全部为负，但是负电压面积将总是大于正面积，故输出电压的平均值 U_d 为负值。其极性如图为下正上负。此时电动机端电动势 E_D 稍大于 U_d，主回路电流 I_d 方向依旧，但它从 E_D 的正极流出，从 U_d 的正极流入，这时电机向外输出能量，以发电机状态运行，交流电网吸收能量，电路以有源逆变状态运行。因晶闸管 VT_1、VT_2、VT_3 的交替导通工作完全与交流电网变化同步，从而可以保证能够把直流电能变换为与交流电网电源同频率的交流电回馈电网。一般均采用直流侧的电压和电流平均值来分析变流器所连接的交流电网究竟是输出功率还是输入功率。这样，变流器中交流电源与直流电源能量的流转就可以按有功功率 $P_d = U_d I_d$ 来分析，整流状态时，$U_d > 0$，$P_d > 0$，则表示电网输出功率；逆变状态时，$U_d < 0$，$P_d < 0$，则表示电网吸收功率。在整流状态中，变流器内的晶闸管在阻断时主要承受反向电压，而在逆变状态工作中，晶闸管阻断时主要承受正向电压。变流器中的晶闸管，无论在整流或是逆变状态，其阻断时承受的正向或反向电压峰值均应为线电压的峰值，在选择晶闸管额定参数时应予注意。

为分析和计算方便，通常把逆变工作时的触发延迟角改用 β 表示，令 $\beta = \pi - \alpha$，称为逆变角。规定 $\alpha = \pi$ 时作为计算 β 的起点，和 α 的计量方向相反，β 的计量方向是由右向左。变流器整流工作时，$\alpha < \pi/2$，相应的 $\beta > \pi/2$；而在逆变工作时，$\alpha > \pi/2$ 而 $\beta < \pi/2$。逆变时，其输出电压平均值的计算公式可改写成

$$U_d = -1.17 U_2 \cos\beta$$

β 从 $\pi/2$ 逐渐减小时，其输出电压平均值 U_d 的绝对值逐渐增大，其符号为负值。逆变电路中，晶闸管之间的换流完全由触发脉冲控制，其换流趋势总是从高电压向更低的阳极电

压过渡。这样，对触发脉冲就提出了格外严格的要求，其脉冲必须严格按照规定的顺序发出，而且要保证触发可靠，否则极容易造成因晶闸管之间的换流失败而导致的逆变颠覆。

3. 三相桥式有源逆变电路

（1）逆变工作原理及波形分析　三相桥式逆变电路结构如图 4-21a 所示。如果变流器输出电压 U_d 与直流电动机电动势 E_D 的极性如图所示（均为上负下正），当电动势 E_D 略大于平均电压 U_d 时，回路中产生的电流 I_d 为

$$I_d = \frac{E_D - U_d}{R}$$

电流 I_d 的流向是从 E_D 的正极流出而从 U_d 的正极流入，即电动机向外输出能量，以发电状态运行；变流器则吸收能量并以交流形式回馈到交流电网，此时电路即为有源逆变工作状态。

电动势 E_D 的极性由电动机的运行状态决定，而变流器输出电压 U_d 的极性则取决于触发脉冲的触发延迟角。欲得到上述有源逆变的运行状态，显然电动机应以发电状态运行，而变流器晶闸管的触发延迟角 α 应大于 $\pi/2$，或者逆变角 β 小于 $\pi/2$。有源逆变工作状态下，电路中输出电压的波形如图 4-21c 实线所示。此时，晶闸管导通的大部分区域均为交流电的负电压，晶闸管在此期间由于 E_D 的作用仍承受极性为正的相电压，所以输出的平均电压就为负值。三相桥式逆变电路一个周期中的输出电压由 6 个形状相同的波头组成，其形状随 β 的不同而不同。该电路要求 6 个脉冲，两脉冲之间的间隔为 $\pi/3$，分别按照 1、2、3、…、6 的顺序依次发出，其脉冲宽度应大于 $\pi/3$ 或者采用“双窄脉冲”输出。

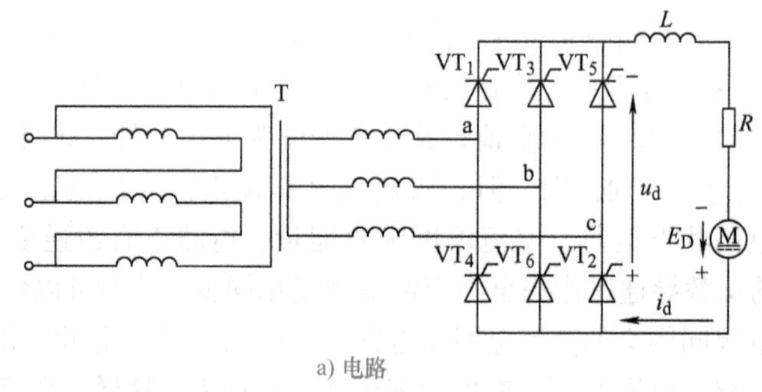

a) 电路

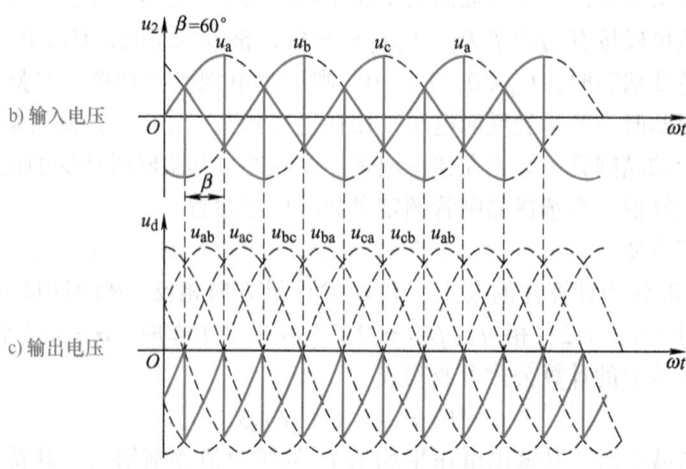

b) 输入电压

c) 输出电压

图 4-21　三相桥式有源逆变电路及有关波形

上述电路中，晶闸管阻断期间主要承受正向电压，而且最大值为线电压的峰值。

(2) 电路中基本电量的计算　由于三相桥式逆变电路相当于两组三相半波逆变电路的串联，故该电路输出平均电压应为三相半波逆变电路输出平均电压的两倍，即

$$U_d = -2\times 1.17U_2\cos\beta = -2.34U_2\cos\beta$$

式中，U_2为交流侧变压器二次侧相电压有效值。

输出电流平均值为

$$I_d = \frac{E_D - U_d}{R}$$

$$R = R_B + R_D$$

式中，R_B为变压器绕组的等效电阻；R_D为变流器直流侧总电阻。

输出电流的有效值为

$$I = \sqrt{I_d^2 + \sum I_N^2}$$

式中，I_N为第 N 次谐波电流有效值，N 的取值由波形的谐波分析展开式确定。

4. 逆变失败原因分析及逆变角的限制

电路在逆变状态运行时，如果出现晶闸管换流失败，则变流器输出电压与直流电压将顺向串联并相互加强，由于回路电阻很小，必将产生很大的短路电流，以致可能将晶闸管和变压器烧毁，上述事故称之为逆变失败或叫作逆变颠覆。造成逆变失败的原因很多，大致可归纳为以下 4 个方面。

(1) 触发电路工作不可靠　因为触发电路不能适时、准确地供给各晶闸管触发脉冲，造成脉冲丢失或延迟以及触发功率不够，均可导致换流失败。一旦晶闸管换流失败，势必形成一个器件从承受反向电压导通延续到承受正向电压导通，U_d反向后将与 E_D顺向串联，出现逆变颠覆。

(2) 晶闸管出现故障　如果晶闸管参数选择不当，例如额定电压选择裕量不足，或者晶闸管存在质量问题，都会使晶闸管在应该阻断的时候丧失了阻断能力，而应该导通的时候却无法导通。晶闸管出现故障也将导致电路的逆变失败。

(3) 交流电源出现异常　从逆变电路电流公式 $I_d = (E_D - U_d)/R$ 可看出，电路在有源逆变状态下，如果交流电源突然断电或者电源电压过低，上述公式中的 U_d都将为零或减小，从而使电流 I_d增大以致发生电路逆变失败。

(4) 电路换相时间不足　有源逆变电路的控制电路在设计时，应充分考虑到变压器漏电感对晶闸管换流的影响以及晶闸管由导通到关断存在着关断时间的影响，否则将由于逆变角 β 太小造成换流失败，从而导致逆变颠覆的发生。现以共阴极三相半波电路为例，分析由于 β 太小而对逆变电路产生的影响，电路结构及有关波形如图 4-22 所示。

设电路变压器漏电感引起的电流重叠角为 γ，原来的逆变角为 β_1，触发 a 相对应的 VT_1 导通后，将逆变角 β_1 改为 β，且 $\beta<\gamma$，如图 4-22 所示。这时正好 VT_2 和 VT_3 进行换流，二者的换流是从 ωt_2 为起点向左 β 角度的 ωt_1 时刻触发 VT_3 管开始的，此时，VT_2 的电流逐渐下降，VT_3 的电流逐渐上升，由于 $\beta<\gamma$，到达 ωt_2 时刻 ($\beta=0$)，晶闸管 VT_2 中的电流尚未降至零，故 VT_2 此时并未关断，以后 VT_2 承受的阳极电压高于 VT_3 承受的阳极电压，所以它将继续导通，VT_3 则由于承受反压而关断。VT_2 继续导通的结果是使电路从逆变过渡到整流状态，

电动机电动势与变流器输出电压顺向串联，造成逆变失败。

在设计逆变电路时，应考虑到最小 β 角的限制，因 β_{min} 角除受上述重叠角 γ 的影响外，还应考虑到器件关断时间 t_q（对应的电角度为 δ）以及一定的安全裕量角 θ_α，从而取

$$\beta_{min} = \gamma + \delta + \theta_\alpha$$

一般取 β_{min} 为 30°～35°，以保证逆变时正常换流。一般在触发电路中均设有最小逆变角保护，触发脉冲移相时，确保逆变角 β 不小于 β_{min}。

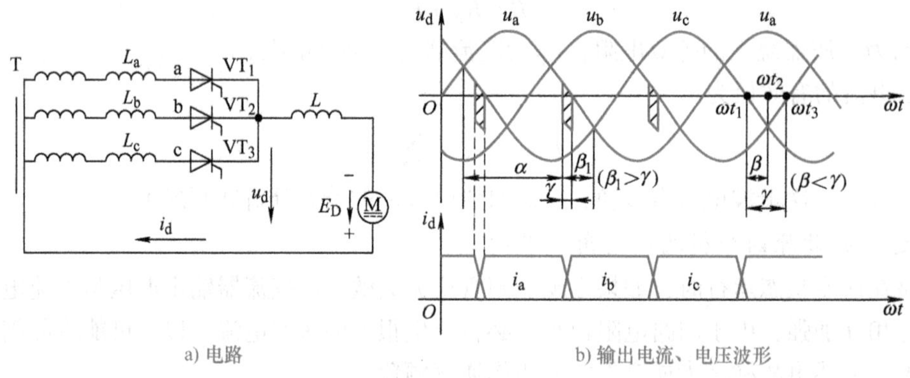

图 4-22　变压器漏抗对逆变的影响

【项目实施】

UPS 电路的安装与调试

1. UPS 的安装环境

1）设备安装场地应该是“工业类型”的硬质水泥型水平地面，如果采用防静电活动地板，则需要在考虑地板的平均负荷量的基础上，根据 UPS 的重量来设计制作供设备安装的托架。

对于多数大型 UPS 来说，其标准机型的电缆为下进下出型。UPS 机柜的通风进气口位于机柜的正面或侧面，出气口在机柜的上部或后面。为此，在安装 UPS 时，要求用户事先准备好电缆敷设地沟，地沟的深度为 40cm 左右。当用户采用桥架电缆敷设时，应选用电缆为上进上出型的机型。

2）UPS 供电系统应安装在具有通风良好、凉爽、湿度不高和具有无尘条件的清洁空气环境中。尽管一般的 UPS 所允许的温度范围为 0～40℃之间，但是，如果条件允许时，应将环境温度控制在 35℃以下。UPS 厂家推荐的工作温度为 20～25℃，相对湿度控制在 50% 左右为宜。此外，在 UPS 运行的房间里不应存放易燃、易爆或具有腐蚀性的气体或液体。

3）严禁将 UPS 安装在具有金属导电性的尘埃环境中，否则会导致设备产生短路故障。也不宜将 UPS 安放在靠近热源处。

4）为了确保蓄电池的使用寿命，应该将蓄电池房的温度控制在 20～25℃之间。

5）UPS 的左右侧一定要保持有 50mm 的空间，后面有 100mm 的空间，以保证通风良好。UPS 前面应有足够的操作空间。通过实践证明，UPS 最好不要靠墙安装，UPS 与墙之间要留有 1m 左右的距离，以便于 UPS 的维修。

6）用户在设计 UPS 机房的通风冷却系统时，要参看各种有关 UPS 的功耗和通风量的数据。

2. 安装方法

1）将 UPS 放置于用户设备附近的水平面上。

2）UPS 的后面板及侧板应与墙壁或相邻设备间保持 20cm 以上的距离，同时请勿用物品遮盖前面板的进风口，以免阻碍 UPS 风机排气孔的排气，造成 UPS 内部温度升高，影响 UPS 的寿命。

3）即使在关机状态，UPS 内也有可能有危险电压，非专业人员不可打开机壳，否则会有触电危险。

4）三相市电输入相线上须安装大于 100A（适用于 10kV · A 系统）的四极或三极联动断路器，以便紧急情况时能迅速切断电源。使用三极联动断路器时，零线与 UPS 的输入零线端子直接连接，可不通过断路器。

5）不要在露天使用。

6）为防止 UPS 在使用过程中发生移动，使用前要将可调地脚旋下，使设备固定。

7）UPS 可用于阻容性（如计算机）、阻性和微感性负载，不宜用于纯感性、纯容性负载（如电动机、空调和复印机等），而且不能接半波整流型负载。

8）UPS 的输出应通过开关配电柜分配到负载，以减小某个负载对其他负载的供电影响。

9）采用正确的配电方式，保证 UPS 及用户设备的安全。

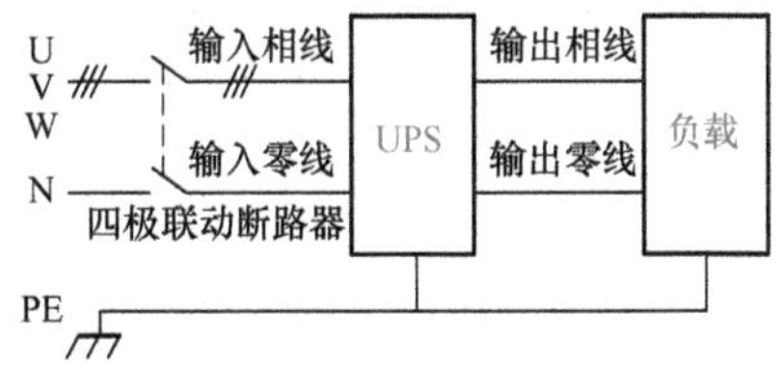

图 4-23　正确的配电示意图

3. UPS 的接线

UPS 接线示意图如图 4-23 所示。

（1）外接电池箱的连接

1）系统需要接入两组电池组。确认电池组数量符合 UPS 的规格要求（每组 32 节 12V 电池串联），连接好电池组，用电压表测量，串联之后的电池组应在 DC384V 左右。

2）确定电池箱开关在“OFF”位置。

3）卸下端子台盖板，用电压表确认 UPS 输入/输出端子台上的电池接线端无直流电压。

4）按图 4-24 所示方法，分别将电池组的正极（红色）、负极（黑色）接到 UPS 输入/输出端子台的电池接线“+”端和“-”端，并拧紧固定螺钉，注意切勿将电池的正极、负极接反。

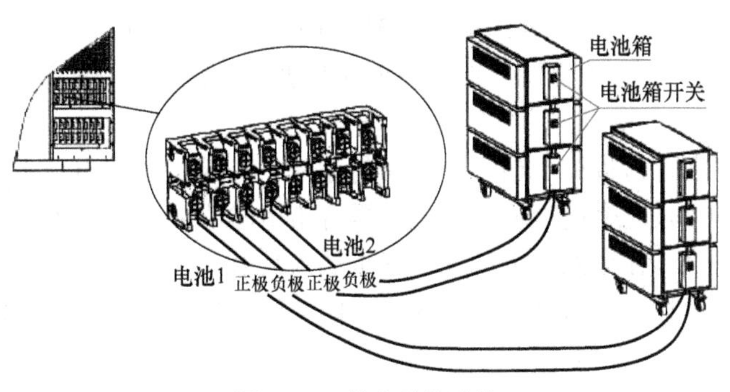

图 4-24　外电池的连接

(2) UPS输入/输出连接

1）接线前，请确认所有输入、输出断路器均置于“OFF”状态。

2）如图4-25所示，将输入线（三相相线、零线、地线）分别连接到相应的输入端子上，并拧紧固定螺钉。

3）接线完毕装上UPS端子台盖板。

4. UPS调试

对于已经安装好的UPS设备，首先应在空载情况下，按照以下程序进行调试：

1）断开负载，用万用表测量市电是否正常、零线与相线是否接反，对长机型还要检查外接电池电压是否正常，正负极性是否连接正确。一切正常后，首先合上外接电池断路器，再合上输入市电断路器，观察面板指示。正常情况下应为旁路工作模式，用万用表测量UPS输出电压应为市电电压 。

2）按开机键约1s，观察面板显示应为市电逆变工作模式，用万用表测量输出电压应为220V稳压稳频交流电 。

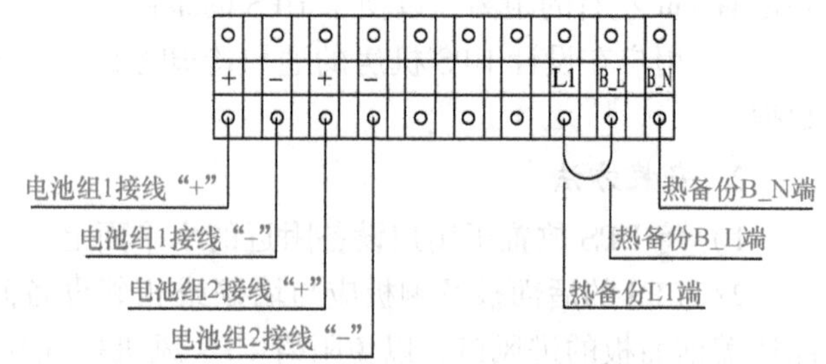

a) 30kV·A输入/输出端子台接线图(上层端子台)

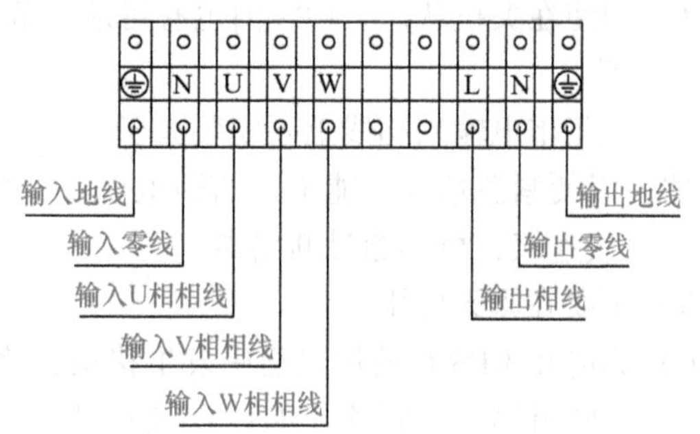

b) 30kV·A输入/输出端子台接线图(下层端子台)

图4-25　输入/输出端子台接线图

3）断开市电输入开关，此时蜂鸣器应有“嘀嘀”声，观察面板显示应为电池逆变状态，用万用表测量输出电压应为220V稳压稳频交流电，此时说明市电掉电后，由电池逆变供电。

4）合上市电开关约5min，观察面板显示应为市电逆变供电模式，说明在电池逆变供电情况下，市电恢复正常后负载供电转为市电逆变供电。

5）按关机键，观察面板显示市电旁路供电模式，测量输出电压应为市电电压。

6）断开输入市电，此时UPS没有输出，面板无显示；按开机键，电池逆变供电。表明系统可以实现电池冷启动开机。通过上述空载调试，可以验证UPS冷启动功能及工作模式间的切换，接下来必须进行带载调试。闭合外接电池输入断路器，接入市电，UPS旁路工作，逐渐切入负载，按开机键使UPS工作于市电逆变状态，向负载供电。

这里必须强调一点，UPS的开机与关机必须符合以下步骤：

(1) 开机

1）检查交流输入的零线与相线、外接电池的电压大小、方向是否正确。

2）先合电池输入开关，再合市电输入开关，使UPS工作于旁路供电状态。

3）在旁路供电情况下逐步切入负载。

4）按开机键启动逆变器，UPS处于逆变供电状态，UPS启动完毕后，向负载供电。

(2) 关机

1）断开负载，按关机键使UPS处于旁路工作模式。

2）在旁路工作情况下，切断输入市电。

3）断开外接电池箱输入开关。

5. 故障分析

1）在正常使用下，市电没有断而 UPS 突然断电，无论接不接市电，还是直接启动，UPS 都没有反应。这种情况下很可能是 UPS 内部的元器件烧毁，最大可能是功率晶体管或者电解电容烧毁。

2）蓄电池正负极接错，如果持续时间较短，只会导致烧断熔丝，很少会烧坏其他部件；如果持续时间较长，会烧毁整流器等部件。

【项目评价】

UPS 的安装与调试评价单见表 4-2。

表 4-2　UPS 的安装与调试评价单

序号	考评点	分值	建议考核方式	评价标准		
				优	良	及格
一	相关知识点的学习	20	教师评价（50%）+互评（50%）	对相关知识点的掌握牢固、明确，正确理解电路的工作过程	对相关知识点的掌握一般，基本能正确理解电路的工作过程	对相关知识点的掌握牢固，但对电路的理解不够清晰
二	识别设备端子的功能	10	教师评价（50%）+互评（50%）	能快速正确识别设备端子的功能	能正确识别设备端子的功能	能比较正确地识别设备端子的功能
三	组装与调试	35	教师评价（50%）+互评（50%）	正确组装电路，安装可靠、美观；能正确使用仪器仪表，掌握电路的测量方法	正确组装电路，安装可靠；能正确使用仪器仪表，掌握电路的测量方法	能使用仪器仪表完成电路的测量与调试
四	排除故障	15	教师评价（50%）+互评（50%）	能正确进行故障分析，检查步骤简洁、准确；排除故障迅速，检查过程无损坏其他元器件现象	能正确进行故障分析，检查步骤简洁、准确；排除故障迅速	能在他人帮助下进行故障分析，排除故障
五	任务总结报告	10	教师评价（100%）	格式标准，内容完整、清晰，详细记录任务分析、实施过程，并进行归纳总结	格式标准，内容清晰，记录任务分析、实施过程，并进行归纳总结	内容清晰，记录的任务分析、实施过程比较详细，并进行归纳总结
六	职业素养	10	教师评价（30%）+自评（20%）+互评（50%）	工作积极主动、遵守工作纪律、服从工作安排、遵守安全操作规程、爱惜器材与测量工具	工作比较积极主动、遵守工作纪律、服从工作安排、遵守安全操作规程、比较爱惜器材与测量工具	工作积极主动性一般、遵守工作纪律、服从工作安排、遵守安全操作规程、比较爱惜器材与测量工具

【项目测试】

一、选择题

1. 按逆变电路（　　），分为全控型逆变电路和半控型逆变电路。

A. 器件　　B. 输出电能　　C. 直流侧电源性质　　D. 电流波形

2. 不属于换相方式的是（　　）。

A. 器件换相　　B. 电网换相　　C. 单相换相　　D. 负载换相

3. 通过附加的换相装置，给欲关断的器件强迫施加反向电压或反向电流的换相方式称为（　　）。

A. 器件换相　　B. 电网换相　　C. 单相换相　　D. 强迫换相

4. 电流型三相桥式逆变电路中的基本工作方式是120°导通方式，即每个臂导通120°，按VT_1到VT_6的顺序每隔（　　）°依次导通。

A. 30　　B. 60　　C. 90　　D. 120

5. 电压型三相桥式逆变电路中，每个桥臂的导电角为180°，各相开始导电的角度依次相差60°，在任一时刻，有（　　）个桥臂导通。

A. 1　　B. 2　　C. 3　　D. 4

二、判断题

1. 按逆变后能量馈送去向不同来分类，电力电子元器件构成的逆变器可分为有源逆变器与无源逆变器两大类。（　　）

2. 在电流型逆变器中，输出电压波形为正弦波，输出电流波形为方波。（　　）

3. 电压型逆变电路，为了反馈感性负载上的无功能量，必须在电力开关器件上反并联反馈二极管。（　　）

4. 按照UPS的工作原理可以分为三类：后备式UPS、在线式UPS和在线互动式UPS。（　　）

5. 所有的逆变电路工作时只要控制晶闸管的门极电压就可以实现换相。（　　）

三、简答和计算题

1. UPS有哪几种分类？各有什么特点？

2. 换相方式有哪几种？各有什么特点？

3. 什么是电压型逆变电路？什么是电流型逆变电路？二者各有什么特点？

4. 电压型逆变电路中反馈二极管的作用是什么？为什么电流型逆变电路中没有反馈二极管？

5. 电压型三相桥式逆变电路，采用180°导电方式，$U_d=100V$。试求输出相电压的基波幅值U_{UN1m}和有效值U_{UN}、输出线电压的基波幅值U_{UV1m}和有效值U_{UV1}。

项目五　变频器的安装与调试

【项目分析】

变频器是利用电力半导体器件的通断作用将固定频率的交流电变换为频率连续可调的交流电的装置，能实现对交流异步电动机的软起动、变频调速、提高运转精度、改变功率因数及过电流、过电压、过载保护等功能。变频器的基本组成如图5-1所示，将工频交流电通过整流器变成平滑直流，然后利用半导体器件组成的三相逆变器，将直流电变成可变电压和可变频率的交流电，交-直-交变频器的主电路如图5-2所示。

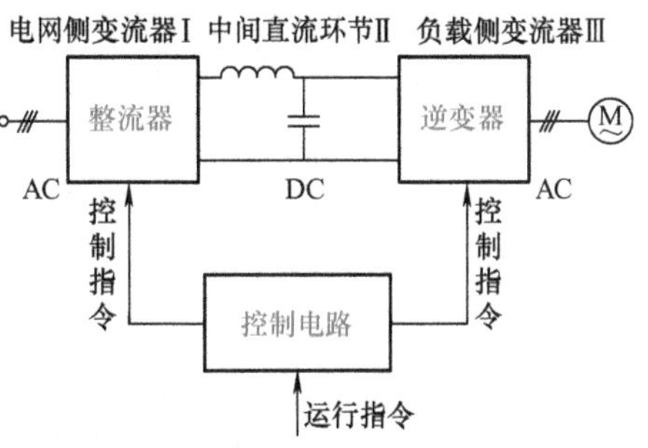

图5-1　变频器的基本组成

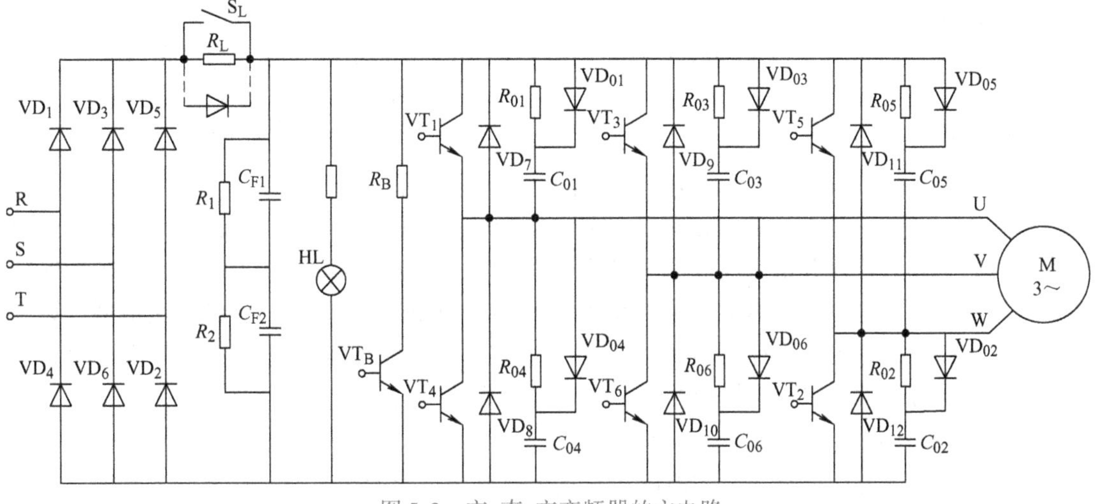

图5-2　交-直-交变频器的主电路

【项目目标】

知识目标

1. 了解变频器的基本结构和分类。
2. 掌握交-交变频和交-直-交变频工作过程。

技能目标

1. 能正确操作变频器。
2. 能正确组装并调试变频调速系统。

【知识链接】

知识链接一　认识变频器

变频器是利用电力半导体器件的通断作用将工频电源变换为另一频率的电能控制装置。变频器的应用场合众多，其外形结构也是多种多样，如图 5-3 所示。根据其功率大小及外形不同，分为盒式结构（0.75～37kW）和柜式结构（45～1500kW）两种。

1. 变频器的基本构成

通用变频器的基本组成如图 5-1 所示。通用变频器由主电路（包括整流电路、中间直流环节、逆变电路）和控制电路构成。

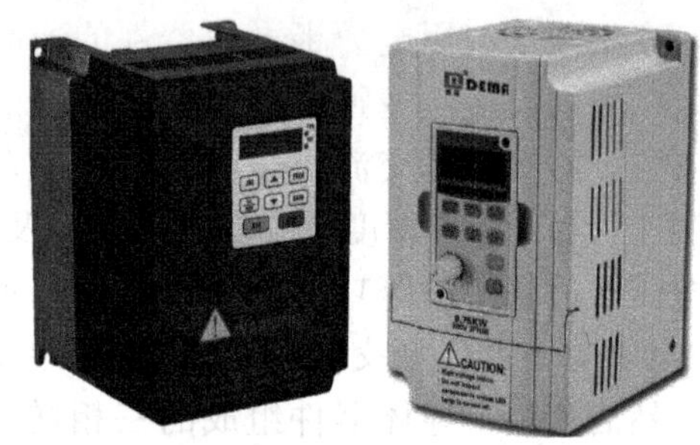

图 5-3　变频器的外形

(1) 整流电路　电网侧的变流器为整流电路，它的作用是把三相（单相）交流电整流成直流电。

(2) 逆变电路　负载侧的变流器为逆变电路，逆变电路一般由半导体主开关器件组成，只要有规律地控制逆变器中主开关器件的通与断，就可以得到任意频率的交流输出。

(3) 中间直流环节　由于逆变电路的负载一般为异步电动机，属于感性负载。无论电动机处于电动状态或是发电制动状态，其功率因数总不会为 1。因此，在中间直流环节和电动机之间总会有无功功率的交换。这种无功能量要靠中间直流环节的储能元件（电容或电抗器）来缓冲，所以又称中间直流环节为中间直流储能环节。

(4) 控制电路　控制电路常由运算电路、检测电路、控制信号的输入/输出电路和驱动电路等构成。其主要任务是完成对逆变器的开关控制、对整流器的电压控制及完成各种保护功能等。控制方法可以采用模拟控制或数字控制。高性能的变频器目前已经采用微型计算机进行全数字控制，尽可能简化硬件电路，主要依靠软件来完成各种功能。由于软件的灵活性，数字控制方式常可以完成模拟控制方式难以完成的控制。

2. 变频器的分类

变频器的分类方法很多，下面简单介绍几种主要的分类方法。

(1) 按变换环节分类

1) 交-交变频器。交-交变频器的主要优点是没有中间环节，变换效率高，但其连续可调的频率范围较窄，输出频率一般只有额定频率的 1/2 以下，电网功率因数较低，主要应用于低速大功率的拖动系统。

2) 交-直-交变频器。交-直-交变频器主要由整流电路、中间直流环节和逆变电路三部分组成。交-直-交变频器按中间环节的滤波方式又可分为电压型变频器和电流型变频器。

➢ 电压型变频器。电压型变频器的主电路典型结构如图 5-4 所示。在电路中，中间直流环节采用大电容滤波，直流电压波形比较平直，使施加于负载上的电压值基本上不受负载的影响，基本保持恒定，类似于电压源，因而称之为电压型变频器。

➢ 电流型变频器。电流型变频器与电压型变频器在主电路结构上基本相似，不同的是电流型变频器的中间直流环节采用大电感滤波，如图 5-5 所示，直流电流波形比较平直，使施加于负载上的电流基本不受负载的影响，其特性类似于电流源，所以称之为电流型变频器。

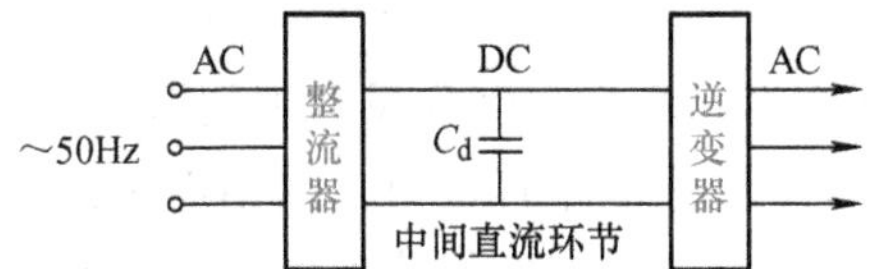

图 5-4　电压型变频器主电路结构

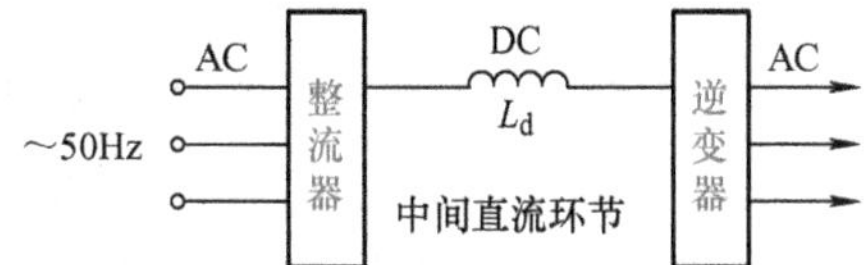

图 5-5　电流型变频器主电路结构

（2）按逆变器开关方式分类

1）PAM（脉冲振幅调制）。它是通过调节输出脉冲的幅值来进行输出控制的一种方式。在调节过程中，整流器部分负责调节电压或电流，逆变器部分负责调频。

2）PWM（脉冲宽度调制）。它是通过改变输出脉冲的占空比来实现变频器输出电压的调节，因此，逆变器部分需要同时进行调压和调频。目前，普遍应用的是脉宽按正弦规律变化的正弦脉宽调制方式，即 SPWM 方式。

（3）按逆变器控制方式分类

1）U/f 控制变频器。U/f 控制是同时控制变频器输出电压和频率，通过保持 U/f 比值恒定，使得电动机的主磁通不变，在基频以下实现恒转矩调速，基频以上实现恒功率调速。它是一种转速开环控制，无需速度传感器，控制电路简单，多应用于精度要求不高的场合。

2）矢量控制变频器。矢量控制变频器主要是为了提高变频调速的动态性能，模仿自然解耦的直流电动机的控制方式，对异步电动机的磁场和转矩分别进行控制，以获得类似于直流调速系统的动态性能。

3）直接转矩控制变频器。直接转矩控制变频器是一种新型的变频器。它省掉了复杂的矢量变换与电动机数学模型。该系统的转矩响应迅速，无超调，是一种具有高静态和动态性能的交流调速方法。

（4）按变频器的用途分类

1）通用变频器。通用变频器其特点是通用性，是变频器家族中应用最为广泛的一种。通用变频器主要包含两大类：节能型变频器和高性能通用变频器。

➢ 节能型变频器，是一种以节能为主要目的而简化了一些其他系统功能的通用变频器，控制方式比较单一，一般为 U/f 控制，主要应用于风机、水泵等调速性能要求不高的场合，具有体积小、价格低等优势。

➢ 高性能通用变频器，是一种在设计中充分考虑了变频器应用时可能出现的各种需要，并为这种需要在系统软件和硬件方面都做了相应的准备，使其具有较丰富的功能，如 PID 调节、PG 闭环速度控制等。高性能通用变频器除了可以应用于节能型变频器的所有应用领域之外，还广泛用于电梯、数控机床等调速性能要求较高的场合。

2）专业变频器。专业变频器是一种针对某一种特定的应用场合而设计的变频器，为满足某种需要，这种变频器在某一方面具有较为优良的性能，如电梯及起重机用变频器等，还包括一些高频、大容量、高压等变频器。

知识链接二　交-交变频电路

交-交变频电路是一种直接将某固定频率交流变换成可调频率交流的频率变换电路，无需中间直流环节。交-交变频电路也叫周波变流器，如图5-6所示。因为没有中间直流环节，仅用一次变换就实现了变频，所以效率较高。又由于整个变频电路直接与电网相连接，各晶闸管上承受的是交流电压，故可采用电网电压自然换相，无需强迫换相装置，简化了变频器主电路结构，提高了换相能力。交-交变频电路广泛应用于大功率低转速的交流电动机调速转动、交流励磁变速恒频发动机的励磁电源等。

1. 单相交-交变频电路

单相交-交变频电路如图5-7所示，由三相电网供电，两组三相半波可控整流电路接成反并联的形式供给单相负载。分别以不同 α（即半周期内 α 由大变小，再由小变大，例如，由90°变到接近0°，再由0°变到90°）去控制正反组的晶闸管时，只要电网频率相对输出频率高出许多倍，便可得到由低到高、再由高到低接近正弦规律变化的交流输出。

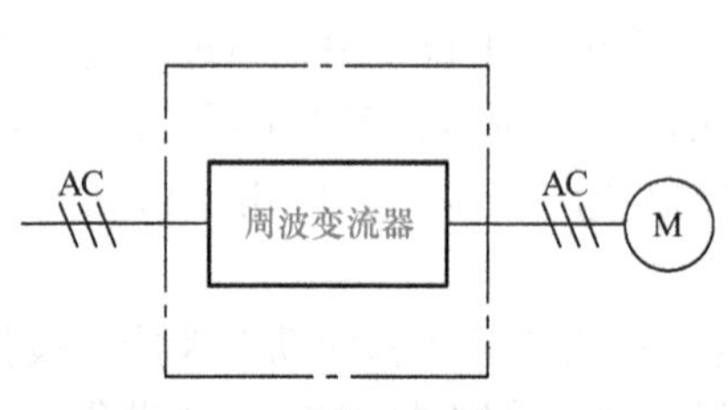

图5-6　交-交变频电路框图

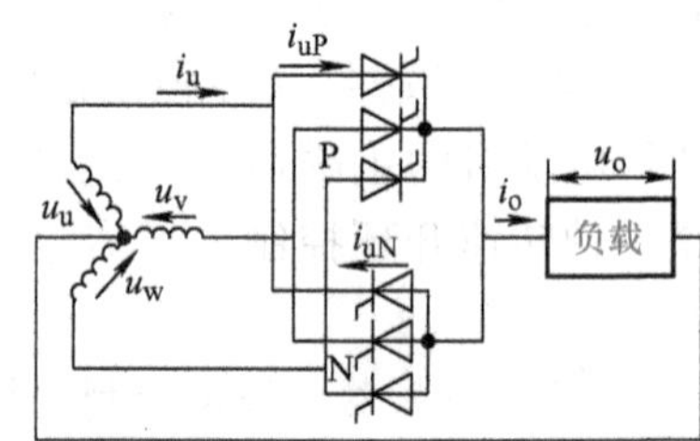

图5-7　单相交-交变频器主电路

图5-8a是电感性负载有最大输出电压时的波形，其周期为电网周期的五倍，电流滞后电压，正反组均出现逆变状态。可以看出，输出电压波形是在每一电网周期，控制相应晶闸管开关在适当时刻导通和阻断，以便从输入波形区段上建造起低频输出波形。或者通俗地说，输出电压是由交流电网电压若干线段“拼凑”起来的。而且，输出频率相对输入频率越低和相数越多，则输出波形谐波含量就越少。当改变触发延迟角时，即可改变输出幅值，降低输出时的电压波形如图5-8b所示。

2. 三相交-交变频电路

三相交-交变频电路由三套输出电压彼此互差120°的单相输出交-交变频电路组成，它实际上包括三套可逆电路。图5-9和图5-10、图5-11分别为由三套三相零式和三相桥式可逆电路组成的三相交-交变频主电路，每相由正反两组晶闸管反并联三相零式和三相桥式电路组成。它们分别需要18个和36个晶闸管。

三相桥式交-交变频主电路有公共交流母线进线和输出星形联结两种方式，分别用于中、大容量，如图5-10和图5-11所示。前者三套单相输出交-交变频器的电源进线接在公共母线上（图5-11设有公共变压器T），三个输出端必须互相隔离，电动机的三个绕组

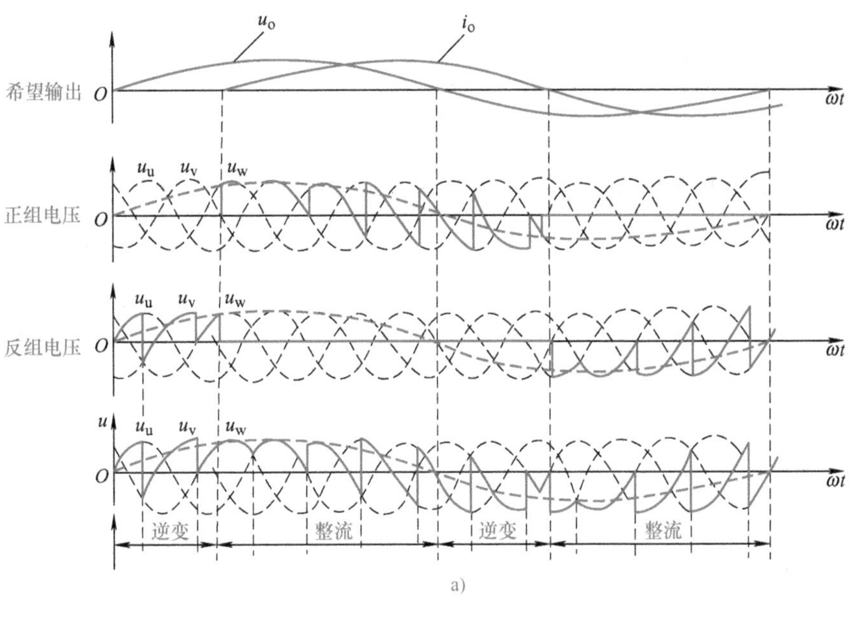

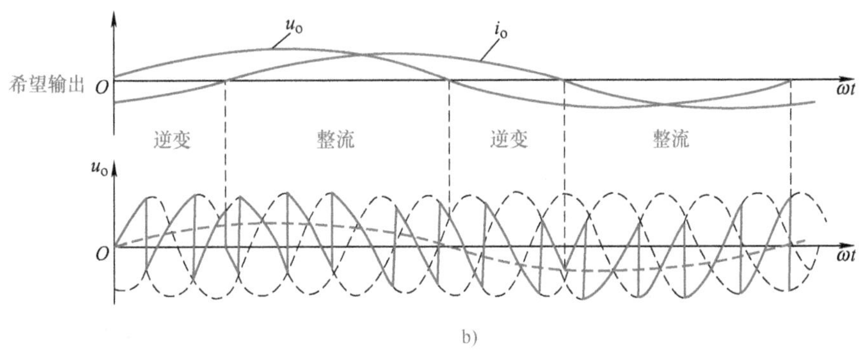

图 5-8　电感性负载时的输出波形

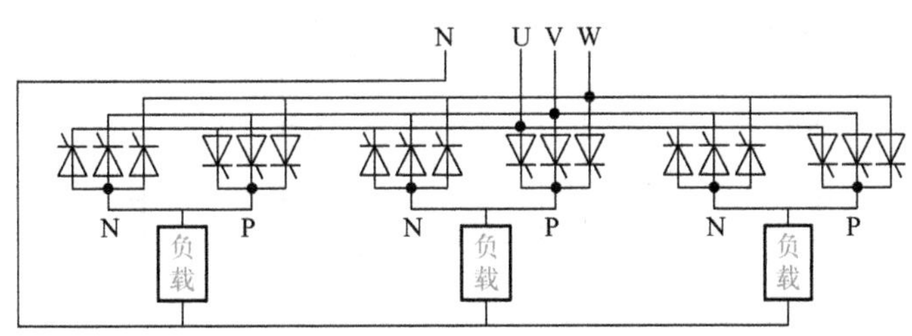

图 5-9　三相零式交-交变频主电路

需拆开，引出六根线。后者三套单相输出交-交变频电路的输出端星形联结，电动机的三个绕组也是星形联结。电动机绕组的中点不与变频器中点接在一起，电动机只引出三根线即可。因为三套单相变频器连在一起，其电源进线就必须互相隔离，所以三套单相变频器分别用三个变压器供电。三相桥式交-交变频电路电感性负载时的 U 相输出波形如图 5-12 所示。

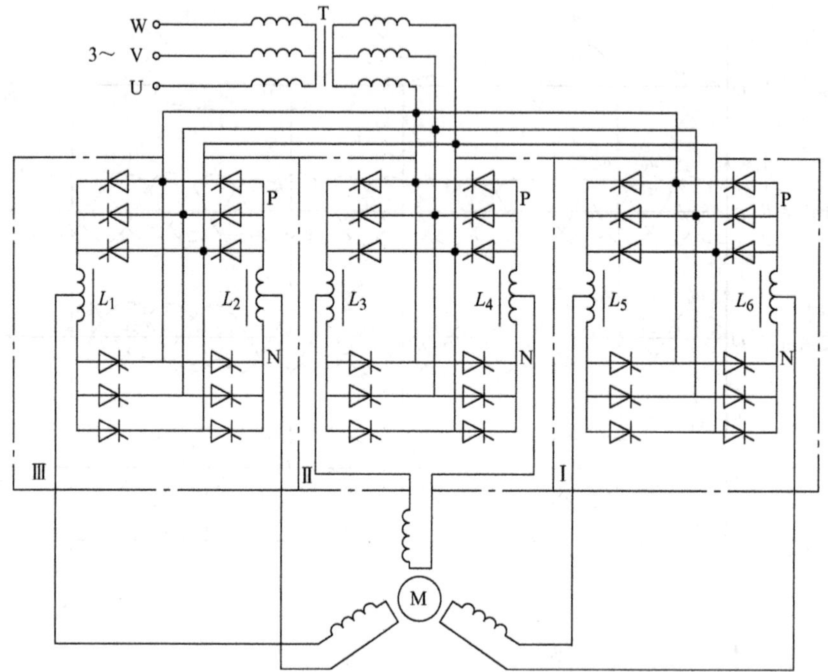

图 5-10　三相桥式交–交变频主电路（公共交流母线进线）

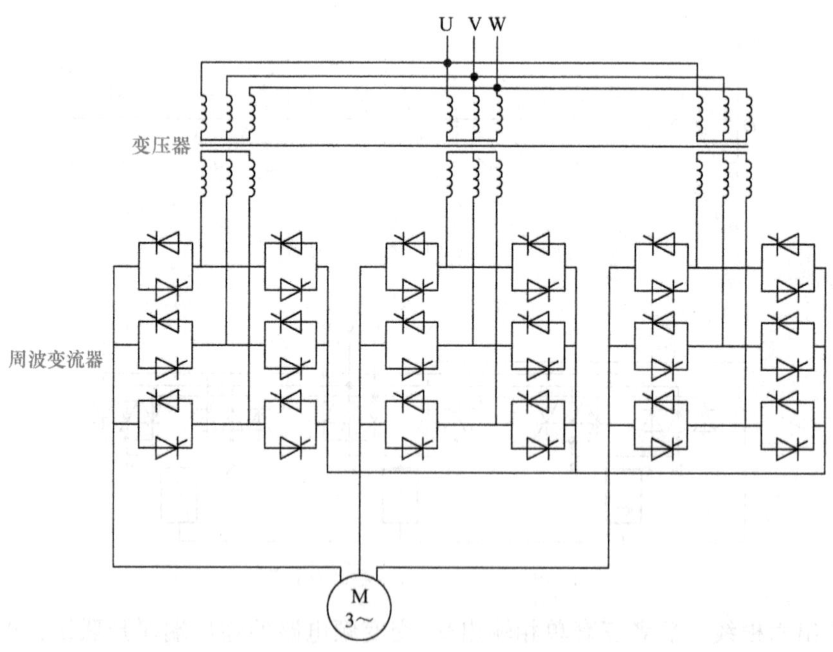

图 5-11　三相桥式交–交变频主电路（输出星形联结）

3. 输出正弦波电压的调制方法

使交–交变频电路的输出电压波形为正弦波的调制方法有多种，广泛采用的是余弦交点法。

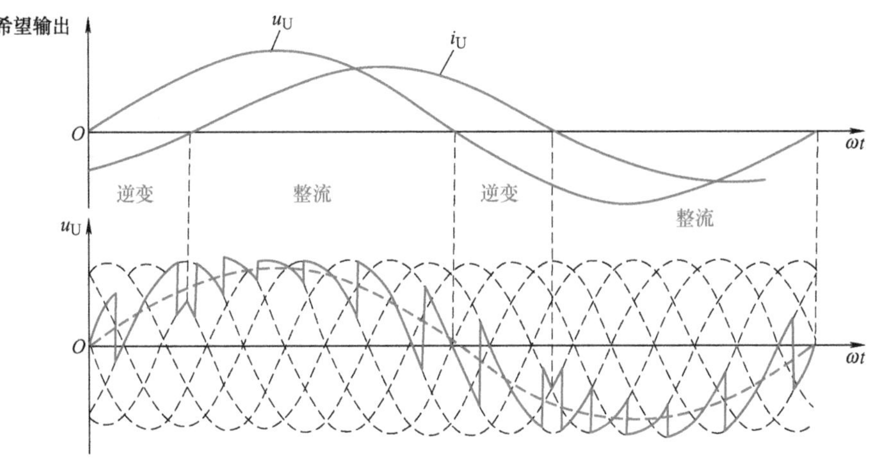

图 5-12　三相桥式交-交变频电路电感性负载 U 相输出波形

晶闸管变流电路的输出电压为

$$u_o = U_{do}\cos\alpha \tag{5-1}$$

式中，U_{do}为 $\alpha=0$ 时的理想空载整流电压。

对交-交变频电路来说，每次控制时 α 角都是不同的，式(5-1) 中的 u_o表示每次控制间隔内输出电压的平均值。

设要得到的正弦输出电压为

$$u_o = U_{om}\sin\omega_0 t \tag{5-2}$$

则比较式(5-1) 和式(5-2) 可得

$$\cos\alpha = \frac{U_{om}}{U_{do}}\sin\omega_0 t = \gamma\sin\omega_0 t \tag{5-3}$$

式中，γ 称为输出电压比，$\gamma = U_{om}/U_{do}(0\leqslant\gamma\leqslant1)$。

因此，正组触发延迟角为　$\alpha_P = \arccos(\gamma\sin\omega_0 t)$　(5-4)

反组触发延迟角为　$\alpha_N = \arccos(-\gamma\sin\omega_0 t)$　(5-5)

式(5-4) 和式(5-5) 就是用余弦交点法求变流电路 α 角的基本公式。利用计算机在线计算或用正弦波移相的触发装置即可实现正组触发延迟角 α_P 和反组触发延迟角 α_N 的控制要求。

图 5-13 是在感性负载下利用余弦交点法得到的三相桥式交-交变频电路的 U 相输出波形。其中，三相余弦同步信号 $u_{VT1}\sim u_{VT6}$比其相应的线电压超前 30°。也就是说，$u_{VT1}\sim u_{VT6}$的最大值正好和相应线电压 $\alpha=0$ 的时刻对应，如果 $\alpha=0$ 为零时刻，则正好为余弦信号。如图 5-13b 所示，正组触发延迟角 α_P 是由基准正弦波 u_r与各余弦同步波的下降段交点 a、b、c、d、e 决定的。而反组触发延迟角 α_N 是由基准正弦波 u_r与各余弦同步波的上升段交点 f、g、h、i、j 决定的。图 5-13a 中的 T_0表示采用无环流控制方式下必不可少的控制死区。

可以看出，当改变给定基准正弦波 u_r的幅值和频率时，它与余弦同步信号的交点也改变，从而改变正、反组电源周期各相中的 α，达到调压和变频的目的。由于交-交变频器的输入为电网电压，晶闸管的换相为交流电网换相方式。电网换相不能在任意时刻进行，并且电压反向时最快也只能沿着电源电压的正弦波形变化，所以交-交变频电路的最高输出频率

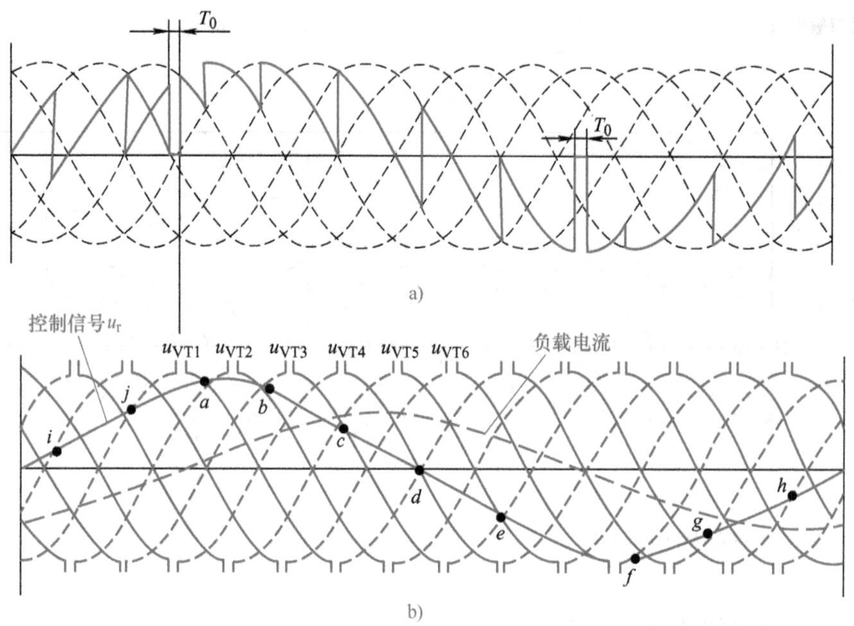

图 5-13　余弦交点法输出波形

一般不超过电源频率的 1/3～1/2，即不宜超过 25Hz。否则，输出波形畸变太大，对电网干扰大，不能用于实际。

图 5-14 是一种使正、反两组按间歇方式工作的控制框图。由期望输出正弦波与余弦同步信号的交点建立时基信号送到正反组触发电路。电流检测作为禁止信号，即一组有电流时，另外一组不导通。

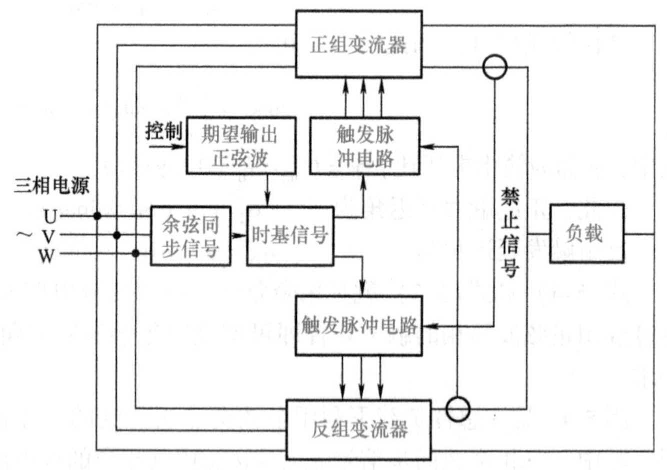

图 5-14　余弦交点法的控制框图

4. 交-交变频器的特点

交-交变频器有以下优点：

1）只用一次变流，且使用电网换相，提高了变流效率。

2）可以方便地实现四象限工作。

3）低频时输出波形接近正弦波。

交-交变频器有以下缺点：

1）接线复杂，使用的晶闸管较多。由三相桥式变流电路组成的三相交-交变频器至少需要 36 个晶闸管。

2）受电网频率和变流电路脉波数的限制，输出频率较低。

3）采用相控方式，功率因数较低。

由于以上优缺点，交-交变频器主要用于 500kW 或 1000kW 以上，转速在 600r/min 以下的大功率、低转速的交流调速装置中。目前已在矿石破碎机、水泥球磨机、卷扬机、鼓风机及轧机主传动装置中获得了较多的应用。它既可用于异步电动机传动，也可用于同步电动机传动。

应当指出的是，交-交变频器也分为电压源型和电流源型两种，以上介绍的是异步电动机调速系统中常用的电压型交-交变频器，且采用的是电网换相方式。当使用负载谐振换相（感应加热电源用交-交变频电路）或器件换相（全控型器件构成的交-交变频电路）时，可以使输出频率高于输入电网频率。

知识链接三　交-直-交变频电路

交-直-交变频电路是先将恒压恒频（Constant Voltage Constant Frequency，CVCF）的交流电通过整流器变成直流电，再经过逆变器将直流电变换成可控交流电的间接型变频电路，它已被广泛地应用在交流电动机的变频调速中。

按照不同的控制方式，交-直-交变频电路可分成图 5-15 所示的三种。

图 5-15a 中采用的是可控整流器调压、逆变器调频的控制方式。显然，在这种装置中，调压和调频在两个环节上分别进行，两者要在控制电路上协调配合，其结构简单，控制方便。但是，由于输入环节采用晶闸管可控整流器，当电压调得较低时，电网端功率因数较低。而输出环节多用由晶闸管组成的三相六拍逆变器，每周换相六次，输出的谐波较大。这些都是这类装置的主要缺点。

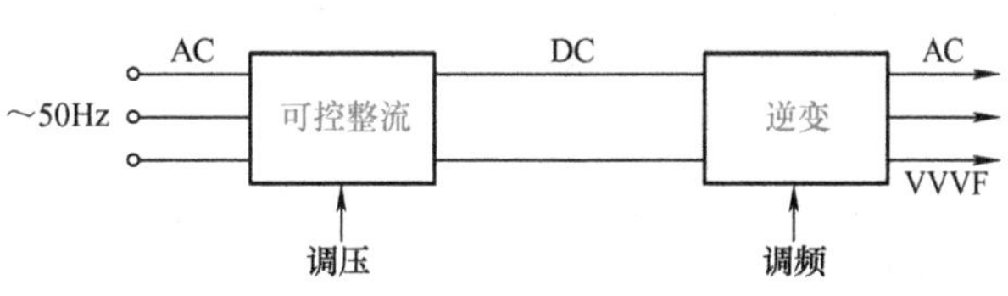

a) 可控整流器调压、逆变器调频控制方式

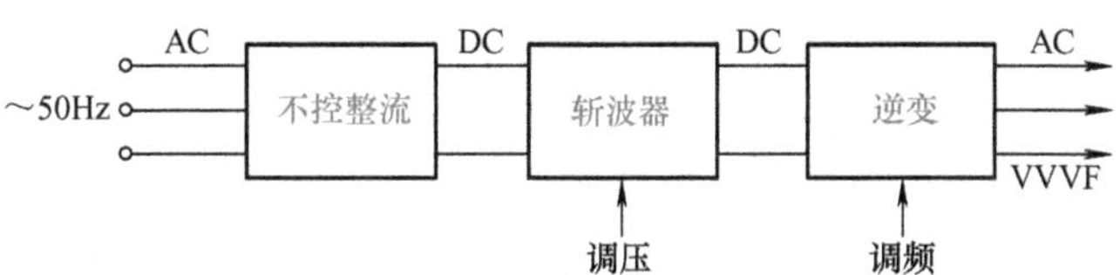

b) 不控整流器整流、斩波器调压、逆变器调频控制方式

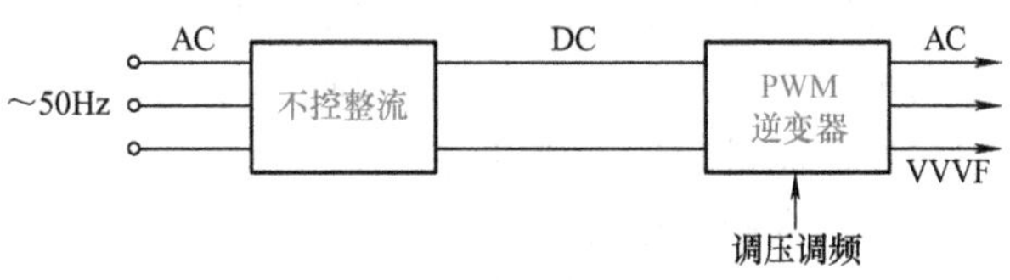

c) 不控整流器整流、脉宽调制(PWM)逆变器同时调压调频控制方式

图 5-15　交-直-交变频电路的不同控制方式

图 5-15b 采用的是不控整流器整流、斩波器调压、逆变器调频的控制方式。在这类装置中，整流环节采用二极管不控整流器，只整流不调压，再单独设置斩波器，用脉宽调压。这样虽然多了一个环节，但调压时输入功率因数不变，克服了图 5-15a 装置功率因数低的缺点。输出逆变环节未变，仍有谐波较大的问题。

图 5-15c 采用的是不控整流器整流、脉宽调制（PWM）逆变器同时调压调频的控制方式。在这类装置中，用不控整流，则输入功率因数不变；用 PWM 逆变，则输出谐波可以减小。这样，图 5-15a 装置的两个缺点都消除了。

PWM 逆变器需要全控型电力半导体器件，其输出谐波减少的程度取决于 PWM 的开关频率，而开关频率则受器件开关时间的限制。采用绝缘栅双极型晶体管 IGBT 时，开关频率可达10kHz以上，输出波形已经非常逼近正弦波，因而又称之为SPWM逆变器，成为当前最有发展前途的一种装置形式。

根据中间直流环节采用滤波器的不同，变频器又分为电压型变频器和电流型变频器，如图5-16所示。其中，U_d为整流器的输出电压平均值。

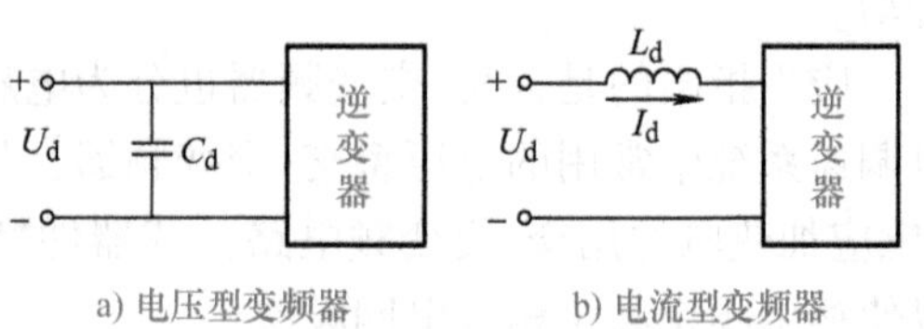

图5-16　电压型和电流型变频器框图

在交-直-交变频器中，当中间直流环节采用大电容滤波时，直流电压波形比较平直，在理想情况下是一个内阻抗为零的恒压源，输出交流电压是矩形波或阶梯波，这类变频器叫作电压型变频器，如图5-16a所示。当交-直-交变频器的中间直流环节采用大电感滤波时，直流电流波形比较平直，因而电源内阻抗很大，对负载来说基本上是一个电流源，输出交流电流是矩形波或阶梯波，这类变频器叫作电流型变频器，如图5-16b所示。可见，变频器的这种分类方式和逆变器是一致的。所不同的是，在交-直-交变频器中，逆变器的供电电源是外接直流电源E，现在是整流器的输出U_d。

1. 交-直-交电压型变频电路

图5-17是一种常用的交-直-交电压型PWM变频电路。它利用二极管构成整流器，完成交流到直流的变换，其输出直流电压U_d是不可控的，中间直流环节用大电容C_d滤波，电力晶体管VT_1 ~ VT_6构成PWM逆变器，完成直流到交流的变换，并能实现输出频率和电压的同时调节，VD_1 ~ VD_6是电压型逆变器所需的反馈二极管。

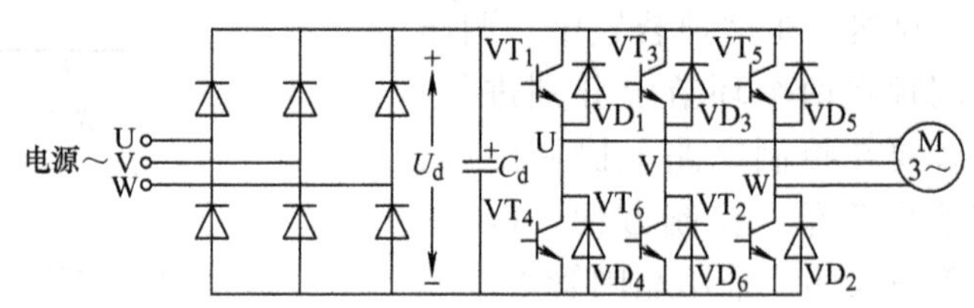

图5-17　交-直-交电压型PWM变频电路

从图中可以看出，由于整流电路输出的电压和电流极性都不能改变，因此该电路只能从交流电源向中间直流电路传输功率，进而再向交流电动机传输功率，而不能从直流中间电路向交流电源反馈能量。当负载电动机由电动状态转入制动运行时，电动机变为发电状态，其能量通过逆变电路中的反馈二极管流入直流中间电路，使直流电压升高而产生过电压，这种过电压称为泵升电压。为了限制泵升电压，如图5-18所示，可给直流侧电容并联一个由电力晶体管VT_0和能耗电阻R_0组成的泵升电压限制电路。当泵升电压超过一定数值时，使VT_0导通，把电动机反馈的能量消耗在R_0上。这种电路可运用于对制动时间有一定要求的调速系统中。

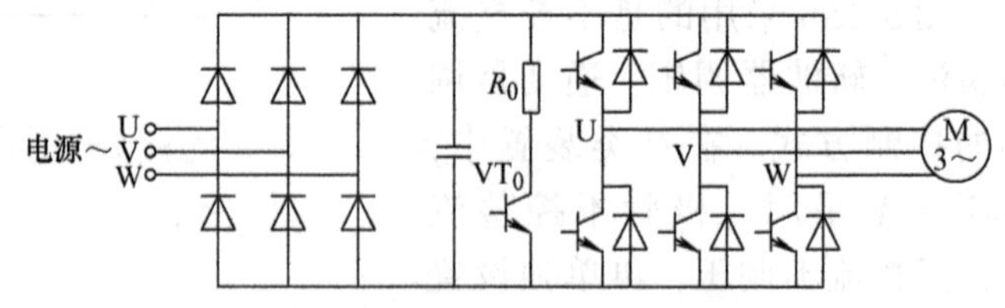

图5-18　带有泵升电压限制电路的变频电路

在要求电动机频繁快速加减速的场合，上述带有泵升电压限制电路的变频电路耗能较多。因此，希望在制动时把电动机的动能反馈回电网。这时，需要增加一套有源逆变电路，以实现再生制动，如图5-19所示。

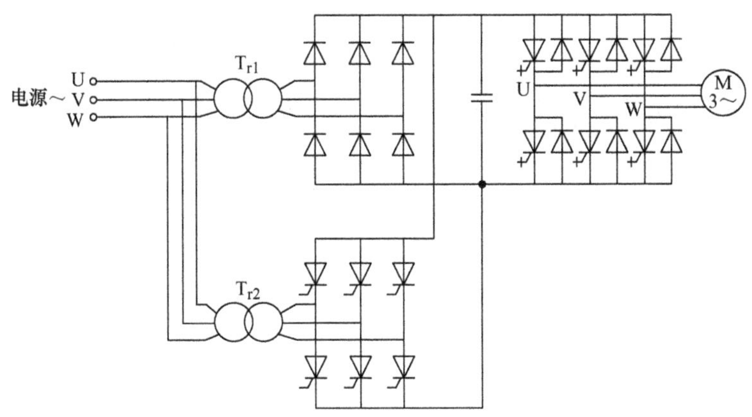

图 5-19　可以再生制动的变频电路

2. 交-直-交电流型变频电路

图 5-20 给出了一种常用的交-直-交电流型变频电路。其中，整流器采用晶闸管构成的可控整流电路，完成交流到直流的变换，输出可控的直流电压 U_d，实现调压功能；中间直流环节用大电感 L_d滤波；逆变器采用晶闸管构成的串联二极管式电流型逆变电路，完成直流到交流的变换，并实现输出频率的调节。

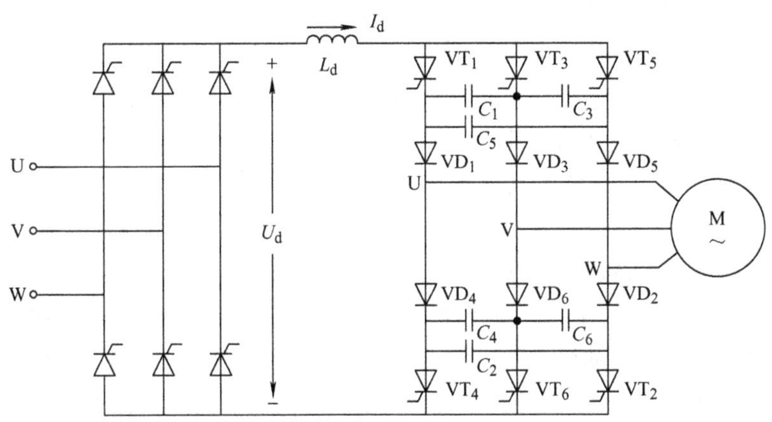

图 5-20　交-直-交电流型变频电路

由图 5-20 可以看出，电力电子器件的单向导电性，使得电流 I_d不能反向，而中间直流环节采用的大电感滤波，保证了 I_d的不变，但可控整流器的输出电压 U_d是可以迅速反向的。因此，电流型变频电路很容易实现能量回馈。图 5-21 给出了电流型变频调速系统的电动运行和回馈制动两种运行状态。其中，UR 为晶闸管可控整流器，UI 为电流型逆变器。当可控整流器 UR 工作在整流状态（$\alpha<90°$）、逆变器工作在逆变状态时，电动机在电动状态下运行，如图 5-21a 所示，这时，直流回路电压 U_d的极性为上正下负，电流由 U_d的正端流入逆变器，电能由交流电网经变频器传送给电动机，变频器的输出频率 $\omega_1>\omega$，电动机处于电动状态。如图 5-21b 所示，此时如果降低变频器的输出频率，或从机械上抬高电动机转速 ω，使 $\omega_1<\omega$，同时使可控整流器的触发延迟角 $\alpha>90°$，则异步电动机进入发电状态，且直流回路电压 U_d立即反向，而电流 I_d方向不变，于是，逆变器 UI 变成整流器，而可控整流器 UR 转入有源逆变状态，电能由电动机回馈给交流电网。

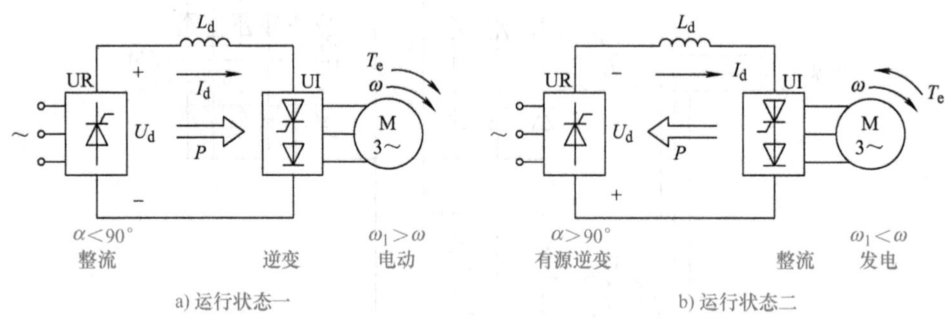

图 5-21　电流型变频调速系统的两种运行状态

图 5-22 给出了一种交-直-交电流型 PWM 变频电路，负载为三相异步电动机。逆变器为采用 GTO 作为功率开关器件的电流型 PWM 逆变电路，图中的 GTO 用的是反向导电型器件，因此，给每个 GTO 串联了二极管以承受反向电压。逆变电路输出端的电容 C 是为吸收 GTO 关断时所产生的过电压而设置的，它也可以对输出的 PWM 电流波形起滤波作用。整流电路采用晶闸管而不是二极管，这样在负载电动机需要制动时，可以使整流部分工作在有源逆变状态，把电动机的机械能反馈给交流电网，从而实现快速制动。

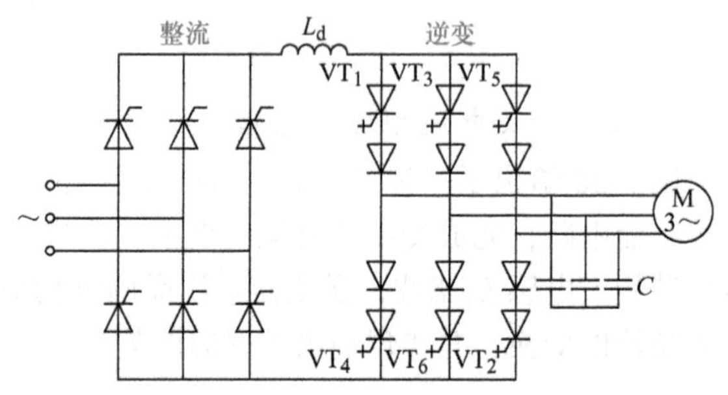

图 5-22　交-直-交电流型 PWM 变频电路

3. 交-直-交电压型变频器与电流型变频器的性能比较

从主电路上看，电压型变频器和电流型变频器的区别仅在于中间直流环节滤波器的形式不同，但是这样一来，却造成两类变频器在性能上相当大的差异，主要表现如下：

（1）无功能量的缓冲　对于变频调速系统来说，变频器的负载是异步电动机，属感性负载，在中间直流环节与电动机之间，除了有功功率的传送外，还存在无功功率的交换。逆变器中的电力电子开关器件无法储能，无功能量只能靠直流环节中作为滤波器的储能元件来缓冲，使它不致影响到交流电网。因此也可以说，两类变频器的主要区别在于用什么储能元件（电容或电抗器）来缓冲无功能量。

（2）回馈制动　根据对交-直-交电压型与电流型变频电路的分析可知，用电流型变频器给异步电动机供电的变频调速系统，其显著特点是容易实现回馈制动（见图 5-21），从而便于四象限运行，适用于需要制动和经常正、反转的机械。与此相反，采用电压型变频器的变频调速系统要实现回馈制动和四象限运行却比较困难，因为其中间直流环节有大电容钳制着电压，使之不能迅速反向，而电流也不能反向，所以在原装置上无法实现回馈制动。必须制动时，只好采用在直流环节中并联电阻的能耗制动（见图 5-18）或者与整流器反并联设置另一组反向可控整流器，工作在有源逆变状态，以通过反向的制动电流，而维持电压极性不变，实现回馈制动（见图 5-19）。这样做，设备就要复杂多了。

（3）适用范围　电压型变频器属于恒压源，电压控制响应慢，所以适用于作为多台电动机同步运行时的供电电源但不要求快速加减速的场合。电流型变频器则相反，由于滤波电感的作用，系统对负载变化的反应迟缓，不适用于多电动机传动，而更适合于一台变频器给一台电动机供电的单电动机传动，但可以满足快速起制动和可逆运行的要求。

【项目实施】

变频器的安装与调试

一、变频器的安装

1. 变频器的安装环境

1）环境温度：变频器的工作环境温度一般为 -10 ~ +40℃，如果环境温度太高且温度变化大时，变频器的绝缘性会大大降低。

2）环境湿度：变频器工作环境的相对湿度为5% ~90%（无结露现象）。

3）防止振动和冲击。装有变频器的控制柜受到机械振动和冲击时，会引起电气接触不良。这时除了提高控制柜的机械强度、远离振动源和冲击源外，还应使用抗振橡胶垫固定控制柜外和控制柜内如电磁开关之类容易产生振动的元器件。设备运行一段时间后，应对其进行检查和维护。

4）电气环境：防止电磁波干扰，防止输入端过电压。

2. 安装方法

1）把变频器用螺栓垂直安装到坚固的物体上，而且从正面就可以看见变频器正面的文字位置，不要上下颠倒或平放安装。

2）变频器在运行中会发热，为确保冷却风道畅通，变频器与周围物体之间的距离应满足下列条件，如图5-23a所示，两侧大于5cm，上下大于10cm。

3）变频器安装在控制柜中时，在变频器的上方柜顶安装排风扇，不要在控制柜的底部安装吹风扇，如图5-23b所示。

4）在控制柜中安装变频器，最好安装在控制柜的中部或下部。要求垂直安装，其正上方和正下方要避免安装可能阻挡进风、出风的大部件；变频器四周距控制柜顶部、底部、隔板或其他部件的距离不应小于300mm，如图5-23c所示。

5）如控制柜中安装多台变频器，要横向安装，且排风扇安装位置要正确；尽量不要竖向安装，因竖向安装影响上部变频器的散热，如图5-23d所示。

6）变频器在运转中，散热片的附近温度可上升到90℃，变频器背面要使用耐温材料。

7）变频器和电动机外壳与电缆屏蔽层之间必须保证高频等电位接地，同时每台装置也必须与PE（黄绿色）保护接地端子一起连接到接地装置上。

8）如果使用附加的输入滤波器，则必将其安装在变频器的后面，且要通过非屏蔽电缆直接与主电源相连。

二、变频器的接线

富士 FRN - G9S/P9S 系列变频器的基本接线图如图5-24所示。

1. 主电路端子的接线

主电路的接线端子如图5-25所示。

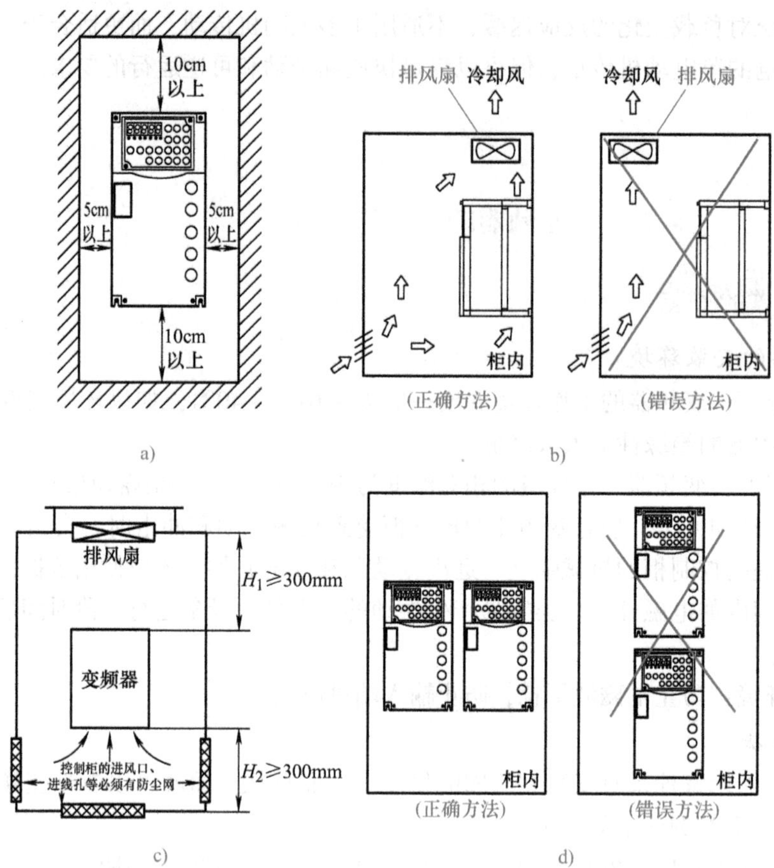

图 5-23　变频器的安装方法

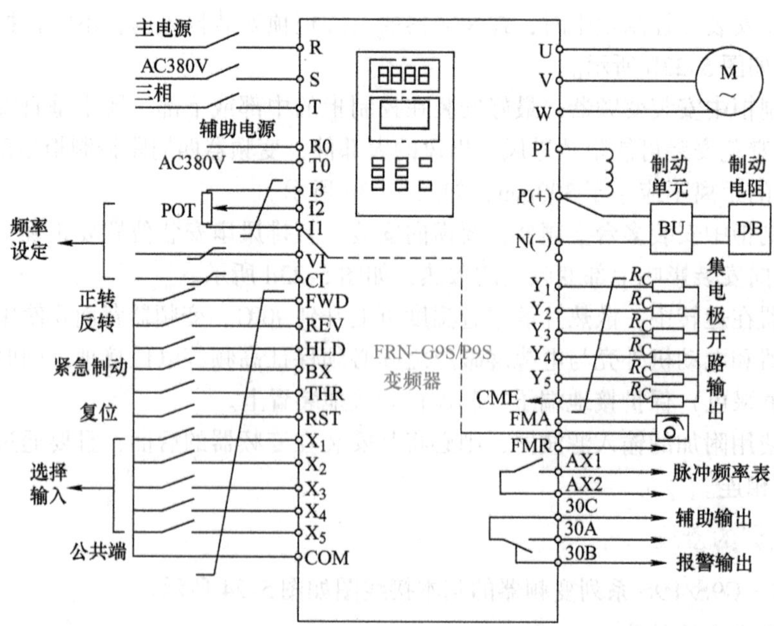

图 5-24　富士 FRN-G9S/P9S 系列变频器的基本接线图

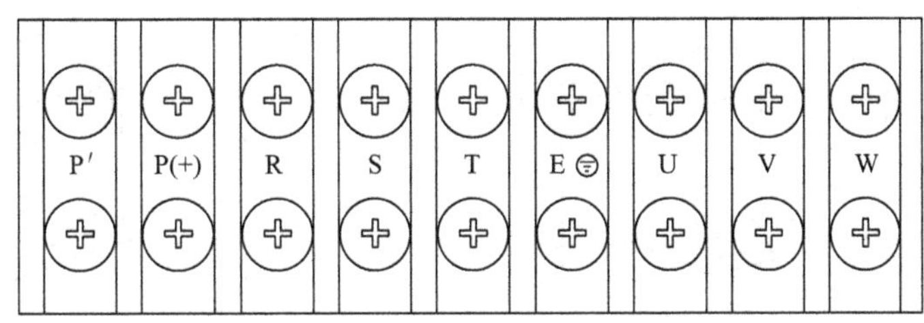

图 5-25　变频器主电路的接线端子

1）变频器主电路输入端子（R、S、T）接交流电源，连接时要注意交流电源的电压等级，但连接时可以不考虑相序。

2）变频器主电路输出端子（U、V、W）接负载，变频器的输出端子不要连接至单相电源，不允许接到电力电容器上。

3）将变频器接地端子良好地接地（如果工厂电路是零地共用，那就要考虑单独取地线），多台变频器接地，各变频器应分别和大地相连，不允许一台变频器的接地端和另一台变频器的接地端连接后再接地。

4）将变频器的电源输入端子经过漏电保护开关接到电源上（漏电开关、断路器应选择好的生产厂家）。

2. 控制电路端子的接线

变频器控制端子一般分为 5 部分：频率输入端子、控制信号输入端子、控制信号输出端子、输出信号显示端子和无源触点端子。控制端子主要有：

1）11、12、13：这 3 个端子接电位计，进行频率的外部给定。

2）VI：电压输入信号，0 ~ 10V，进行频率的外部给定。

3）CI：电流输入信号，4 ~ 20mA，进行频率的外部给定。

4）COM：公共端，它是所有开关量输入信号的参考点。

5）FWD、REV：输入正、反转操作命令。当 FWD - COM 闭合时，为正转命令；当 REV - COM 闭合时，为反转命令。如果 FWD - COM 和 REV - COM 同时闭合，则减速停止。

6）THR：外部报警输入端。

7）BX：自由停车命令。当 BX - COM 闭合时，电动机自由停车。

8）X_1、X_2、X_3、X_4、X_5：这些端子有多种形式的有效组合，可完成多档转速控制的功能。

9）30A、30B、30C：故障报警继电器输出端子。

三、改善变频器的功率因数

变频器输入侧的功率因数很低，是由高次谐波电流形成的。所以，要改善功率因数，必须削弱高次谐波电流，方法有以下几种：

1）接入交流电抗器，如图 5-26a 所示。在电源和变频器直接接入交流电抗器，功率因数可以提高到 0.85 以上。

2）接入直流电抗器，如图 5-26b 所示。在变频器的整流桥和滤波电容之间接入直流电抗器，功率因数可以提高到 0.9 以上，现在，一般厂家在变频器出场时已经把直流电抗器直接装在变频器内部了。

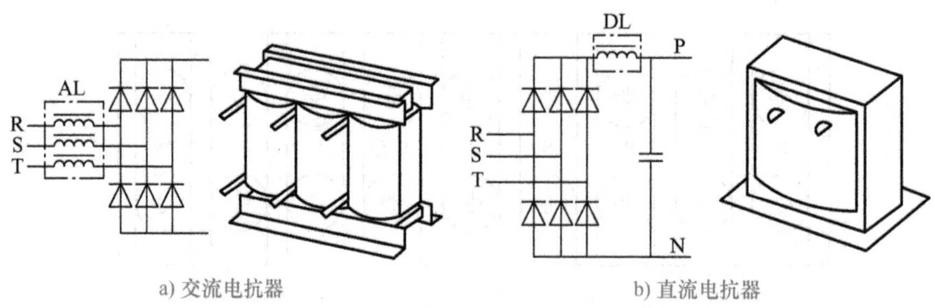

a) 交流电抗器　　b) 直流电抗器

图 5-26　改善功率因数的方法

如果同时配合使用交流电抗器和直流电抗器，就可以将变频器的功率因数提高到 0.95 以上。

电抗器的选用原则如下：

1）电抗器电压降不大于额定电压的 3%。

2）当变压器容量大于 500kV·A 或变压器容量超过变频器容量 10 倍以上时，应配电抗器。

单就改善功率因数而言，直流电抗器要比交流电抗器的效果好，但是交流电抗器还有削弱冲击电流、削弱三相电压不平衡的影响的功能。另外，注意不能在变频器的输出端加电容来改善功率因数，原因如下：

1）变频器输出侧不能接电容。如果接入电容，电容会在变频器运行中不断充放电，逆变器额外增加了这部分充放电电流，容易损坏。

2）变频器的输出侧的功率因数和输入侧无关。变频器是一个特殊的交-直-交变换器件，中间有一个直流环节，把输入侧和输出侧分开，输出侧功率因数不影响输入侧。

四、变频器的面板认识

变频器的面板主要包括数据显示屏和键盘，如图 5-27 所示。面板根据变频器品牌的不同而千差万别，但是它们的基本功能相同。其主要功能有以下几个方面：显示频率、电流、电压等；设定操作模式、操作命令、功能码；读取变频器运行信息和故障报警信息；监视变频器运行；变频器运行参数的设置；故障报警状态的复位。

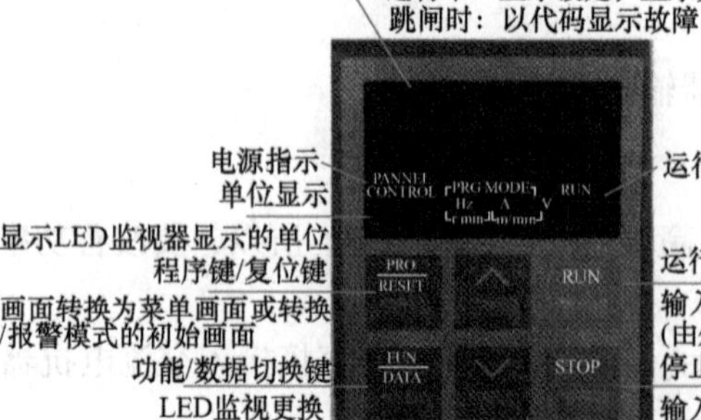

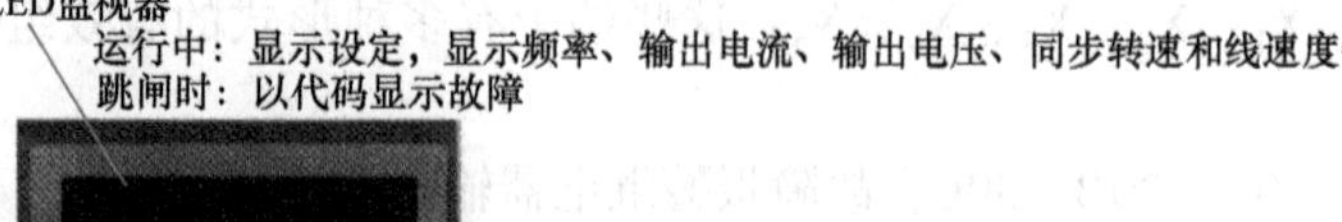

图 5-27　变频器的面板

五、变频器的调试

变频器在调试时，应采取的基本步骤有带电源空载测试、带电动机空载运行、带负载试运行、与上位机联机统调等。完成这些步骤应注意以下问题：

1）在将变频器接通电源前需要检查它的输入、输出端是否符合说明书要求。

2）特别要看是否有新的内容增加，认真阅读注意事项。

3）检查接线是否正确和紧固。

一般的变频器均有运行（RUN）、停止（STOP）、编程（PROG）、数据/确认（DATA/ENTER）、增加（UP▲）、减少（DOWN▼）6个键，不同变频器操作键的定义基本相同。此外有的变频器还有监视（MONITOR/DISPLAY）、复位（RESET）、点动（JOG）、移位（SHIFT）等功能键。

1. 变频器接通电源试运行（不接电动机）操作步骤

接上电源后，按运行（RUN）键运行变频器到50Hz，用万用表测量变频器的输出（U、V、W）相电压应平衡（范围在370～400V之间）。按停止键后，再接上电动机线。

2. 变频器带电动机空载运行操作步骤

1）设置电动机的功率、极数，要综合考虑变频器的工作电流。

2）设定变频器的最大输出频率、基频，设置转矩特性。

3）将变频器设置为自带的键盘操作模式，按点动键、运行键、停止键，观察电动机是否反转，是否能正常地起动、停止。

4）熟悉变频器运行发生故障时的保护代码，观察热保护继电器的出厂值，观察过载保护的设定值，需要时可以修改。

3. 带载试运行操作步骤

1）手动操作变频器面板的运行键和停止键，观察电动机运行到停止过程及变频器的显示窗，看是否有异常现象。如果有，改变相应的预定参数后再运行。

2）如果起动、停止电动机过程中变频器出现过电流保护动作，应重新设定加速、减速时间。电动机在加、减速时的加速度取决于加速转矩，而变频器在起动、制动过程中的频率变化率是用户设定的。若电动机转动惯量或电动机负载发生变化，但还是按预先设定的频率变化率升速或减速运行，就有可能出现加速转矩不够，从而造成电动机失速，即电动机转速与变频器输出频率不协调，从而造成过电流或过电压。因此，需要根据电动机转动惯量和负载变化合理设定加、减速时间，使变频器的频率变化率能与电动机转速变化率相协调。检查此项设定是否合理的方法是先按经验选定加、减速时间进行设定，若在起动过程中出现过电流，则可适当延长加速时间；若在制动过程中出现过电流，则适当延长减速时间。另一方面，加、减速时间不宜设定太长，时间太长特别是在频繁起动、制动时将影响生产效率。

3）如果变频器仍然存在运行故障，应尝试增加最大电流的保护值，但是不能取消保护，应留有至少10%～20%的保护余量。

4）如果变频器运行故障还是发生，应更换更大一级功率的变频器。

4. 故障分析

当屏幕上出现下列字符时，变频器出现了相应的故障。

（1）OH：机器过热　过热是平时会碰到的一个故障。当遇到这种情况时，首先会想到散热风扇是否运转，风扇是否堵转，周围环境温度是否过高，变频器通风是否不良，温度检测电路是否故障等。

（2）POFF：欠电压　这时要考虑输入电源是否断相，输入电源接线端子是否松动，输入电源电压是否波动大。检查整流是否有问题，直流电压是否低于380V等 。

（3）OU：过电压　首先要排除由于参数问题而导致的故障。例如减速时间过短，由于再生负载而导致的过电压（加制动单元），然后看一下输入侧电压是否有问题，最后可以看一下电压检测电路是否出现了故障，一般的电压检测电路的电压采样点都是中间直流回路的电压。

（4）OCU、OCS：过电流　这可能是变频器最常见的故障了。首先要排除由于参数问题而导致的故障。例如电流限制、加速时间过短都有可能导致过电流的产生。然后必须判断电流检测电路是否出问题了，如霍尔传感器、霍尔线是否发生故障，变频器输出侧是否短路。

（5）OL：过载　这种情况要考虑加速时间是否太短，电动机负载是否超负荷。

（6）HE：电流传感器故障　这种情况要考虑霍尔线是否接好，传感器是否损坏，电流检测电路是否有故障。

（7）OCU1：硬件保护　这是最常见的故障。这种情况要考虑变频器三相输出U、V、W相是否有短路现象，外部用电设备是否存在干扰，IGBT、IPM模块是否损坏。

【项目评价】

变频器的安装与调试评价单见表5-1

表5-1　变频器的安装与调试评价单

序号	考评点	分值	建议考核方式	评价标准		
				优	良	及格
一	相关知识点的学习	20	教师评价（50%）+互评（50%）	对相关知识点的掌握牢固、明确，正确理解电路的工作过程	对相关知识点的掌握一般，基本能正确理解电路的工作过程	对相关知识点的掌握牢固，但对电路的理解不够清晰
二	制作电路元器件明细表	10	教师评价（50%）+互评（50%）	能准确详细地列出元器件明细表	能准确地列出元器件明细表	能比较准确地列出元器件明细表
三	识别与检测元器件、分析电路、了解主要元器件的功能及参数	10	教师评价（50%）+互评（50%）	能快速正确识别、检测元器件，正确分析电路原理，准确说出元器件的功能及参数	能正确识别、检测元器件，正确分析电路原理，比较准确地说出元器件的功能及参数	能比较正确地识别、检测元器件，能准确说出元器件的功能
四	组装与调试	25	教师评价（50%）+互评（50%）	正确组装电路，安装可靠、美观；能正确使用仪器仪表，掌握电路的测量方法	正确组装电路，安装可靠；能正确使用仪器仪表，掌握电路的测量方法	能使用仪器仪表完成电路的测量与调试

（续）

序号	考评点	分值	建议考核方式	评价标准		
				优	良	及格
五	排除故障	15	教师评价（50%）+互评（50%）	能正确进行故障分析，检查步骤简洁、准确；排除故障迅速，检查过程无损坏其他元器件现象	能正确进行故障分析，检查步骤简洁、准确；排除故障迅速	能在他人帮助下进行故障分析，排除故障
六	任务总结报告	10	教师评价（100%）	格式标准，内容完整、清晰，详细记录任务分析、实施过程，并进行归纳总结	格式标准，内容清晰，记录任务分析、实施过程，并进行归纳总结	内容清晰，记录的任务分析、实施过程比较详细，并进行归纳总结
七	职业素养	10	教师评价（30%）+自评（20%）+互评（50%）	工作积极主动、遵守工作纪律、服从工作安排、遵守安全操作规程、爱惜器材与测量工具	工作比较积极主动、遵守工作纪律、服从工作安排、遵守安全操作规程、比较爱惜器材与测量工具	工作积极主动性一般、遵守工作纪律、服从工作安排、遵守安全操作规程、比较爱惜器材与测量工具

【项目测试】

1. 按工作原理分类，变频器分为哪些类型？按用途分类，变频器分为哪些类型？
2. 交–交变频器与交–直–交变频器在主电路的结构和原理有何区别？
3. 按控制方式分类，变频器分为哪几种类型？
4. 交–直–交变频器的主电路包括哪些组成部分？说明各部分的作用。
5. 变频器的外形有哪些种类？
6. 变频器的主电路端子有哪些？分别与什么相连接？
7. 什么是 U/f 控制？变频器在变频时为什么还要变压？
8. 变频器的主电路端子 R、S、T 和 U、V、W 接反了会出现什么情况？电源端子 R、S、T 连接时有相序要求吗？
9. 变频器储存时应注意哪些事项？
10. 变频器的安装场需满足什么条件？
11. 变频器安装时周围的空间最少为多少？

项目六　直流开关电源的安装与调试

【项目分析】

传统的直流稳压器电源（如串式线性稳定电源）效率低，损耗大，温升高，且难以解决多路不同等级电压输出的问题。随着电力电子技术的发展，开关电源因其具有高效率、高可靠性、小型化、轻型化等的特点而成为电子、电器、自动化设备的主流电源。图 6-1 所示为通用开关电源原理框图，输入电压为 220V、50Hz 的交流电，经滤波、整流后变为 300V 左右的高压直流电，然后通过功率开关管的导通与截止将直流电压变成连续的脉冲，再经变压器隔离降压及输出滤波后变为低电压的直流电。开关管的导通与截止由 PWM 控制电路发出的驱动信号控制。PWM 驱动电路在提供开关驱动信号的同时，还要实现输出电压稳定的调节，并对电源负载提供保护，为此设有检测放大电路、过电流保护及过电压保护等环节，通过自动调节开关管的占空比来实现。开关电源的参考电路如图 6-2 所示。

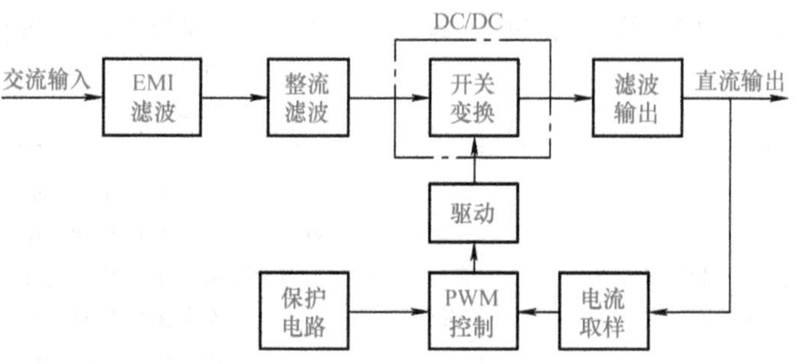

图 6-1　开关电源原理框图

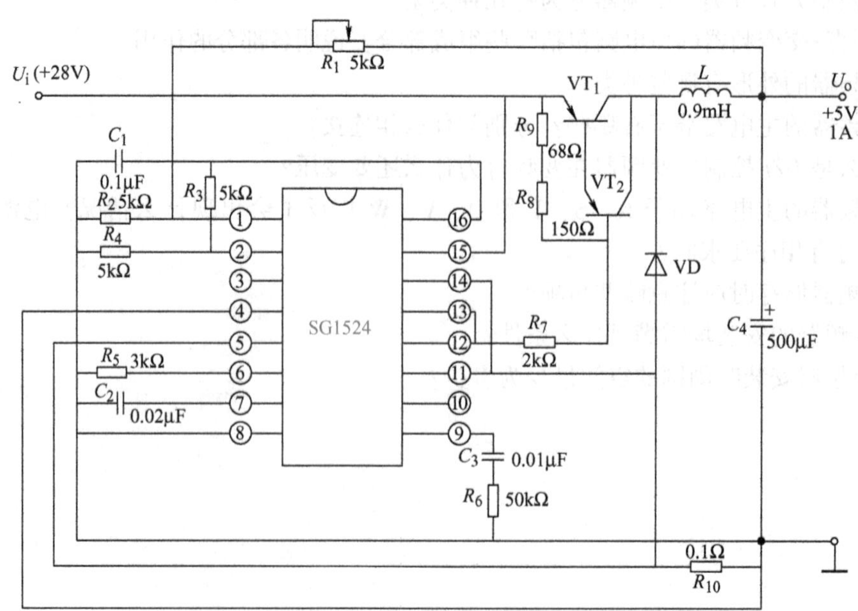

图 6-2　SG1524 控制的降压斩波式开关稳压电路

【项目目标】

知识目标

1. 了解开关电源的种类和工作模式。
2. 掌握直流斩波器的工作原理。
3. 掌握直流变换器的脉宽调制（PWM）控制技术。

技能目标

1. 能根据电路图正确组装简单的开关电源。
2. 能对开关电源的故障进行排查。

【知识链接】

知识链接一　认识开关电源

1. 开关电源的种类

开关电源（Switching Power Supply）是指具有电压调整功能的器件始终以开关方式工作的一种直流稳压电源。开关型稳压电源的种类很多，分类方法也有多种。从推动功率管的方式来分可分为自激式和它激式，在自激式开关电源中，由开关管和高频变压器构成正反馈环路来完成自激振荡；它激式开关稳压电源必须附加一个振荡器，振荡器产生的开关脉冲加在开关管上，控制开关管的导通和截止。按开关管的个数及连接方式可分为单端式、推挽式、半桥式和全桥式等，单端式开关电源仅用一个开关管，推挽式和半桥式采用两个开关管，全桥式则采用四个开关管。按开关管的连接方式来分，开关电源分为串联型与并联型开关电源，串联型开关电源的开关管是串联在输入电压与输出负载之间的，属于降压式稳压电路；而并联型开关电源的开关管与负载几乎是并联的，属于升压式稳压电路。

（1）单端反激式开关电源　单端反激式开关电源的典型电路如图 6-3 所示。电路中所谓的单端是指高频变压器的磁心仅工作在磁滞回线的一侧。所谓的反激，是指当开关管 VT_1 导通时，高频变压器 T 一次绕组的感应电压为上正下负，整流二极管 VD_1 处于截止状态，二次侧上没有电流通过，能量储存在高频变压器的一次绕组中。当开关管 VT_1 截止时，变压器 T 二次侧上的电压极性颠倒，使一次绕组中存储的能量通过 VD_1 整流和电容 C 滤波后向负载输出。

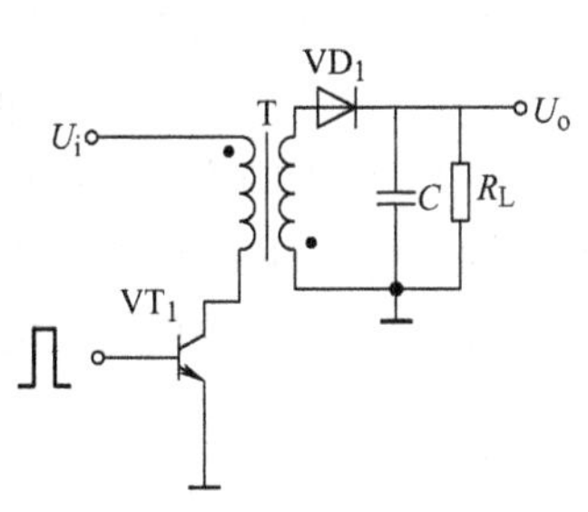

图 6-3　单端反激式开关电源

单端反激式开关电源电路简单、所用元器件少，输出与输入间有电气隔离，能方便地实现单路或多路输出，开关管驱动简单，可通过改变高频变压器的一次、二次绕组匝比使占空比保持在最佳范围内，且有较好的电压调整率，其输出功率为 20～100W。它也有一定的缺点，如开关管截止期间所受反向电压较高，导通期间流过开关管的峰值电流较大。但这可以通过选用高耐压、大电流的高速功率器件，在输入和输出端加滤波电路等措施加以解决。单端反激式开关电源使用的开关管 VT_1 承受的最大反向电压是电路工作电压值的两倍，工作频率在 20～200kHz 之间。

(2) 单端正激式开关电源　单端正激式开关电源的典型电路如图 6-4 所示。这种电路在形式上与单端反激式电路相似，但工作情形不同。当开关管 VT_1 导通时，VD_2 也导通，这时电网向负载传送能量，滤波电感 L 储存能量；当开关管 VT_1 截止时，电感 L 通过续流二极管 VD_3 继续向负载释放能量。

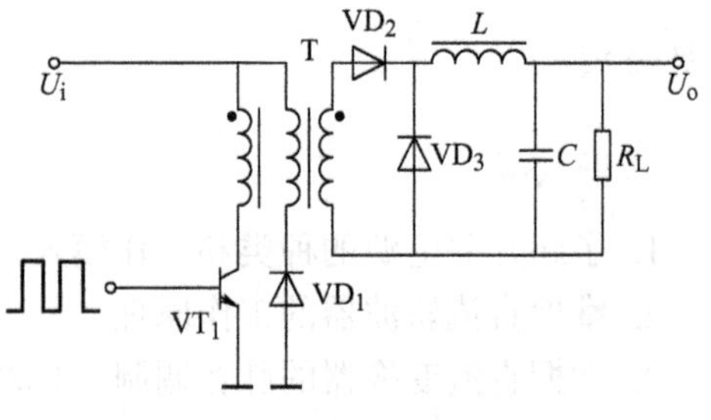

图 6-4　单端正激式开关电源

在电路中还设有钳位线圈与二极管 VD_1，它们可以将开关管 VT_1 的最高电压限制在两倍电源电压之间。为满足磁心复位条件，即磁通建立和复位时间应相等，电路中脉冲的占空比不能大于 50%。

由于这种电路在开关管 VT_1 导通时，通过变压器向负载传送能量，所以输出功率范围大，可输出 50～200W 的功率。电路使用的变压器结构复杂，体积也较大，因此这种电路的实际应用较少。

(3) 自激式开关稳压电源　自激式开关稳压电源的典型电路如图 6-5 所示。当接入电源后在 R_1 给开关管 VT_1 提供启动电流，使 VT_1 开始导通，其集电极电流 I_c 在 L_1 中线性增长，在 L_2 中感应出使 VT_1 基极为正、发射极为负的正反馈电压，使 VT_1 很快饱和。与此同时，感应电压给 C_1 充电，随着 C_1 充电电压的增高，VT_1 基极电位逐渐变低，致使 VT_1 退出饱和区，I_c 开始减小，在 L_2 中感应出使 VT_1 基极为负、发射极为正的电压，使 VT_1 迅速截止，这时二极管 VD_1 导通，高频变压器 T 一次绕组中的储能释放给负载。在 VT_1 截止时，L_2 中没有感应电压，直流供电输入电压又经 R_1 给 C_1 反向充电，逐渐提高 VT_1 基极电位，使其重新导通，再次翻转达到饱和状态，电路就这样重复振荡下去。这里就像单端反激式开关电源那样，由变压器 T 的二次绕组向负载输出所需要的电压。

自激式开关电源中的开关管起着开关及振荡的双重作用，也省去了控制电路。电路中由于负载位于变压器的二次侧且工作在反激状态，具有输入和输出相互隔离的优点。这种电路不仅适用于大功率电源，也适用于小功率电源。

(4) 推挽式开关电源　推挽式开关电源的典型电路如图 6-6 所示。它属于双端式变换电路，高频变压器的磁心工作在磁滞回线的两侧。电路使用两个开关管 VT_1 和 VT_2，两个开关管在外激励方波信号的控制下交替地导通与截止，在变压器 T 二次绕组得到方波电压，经整流滤波变为所需要的直流电压。

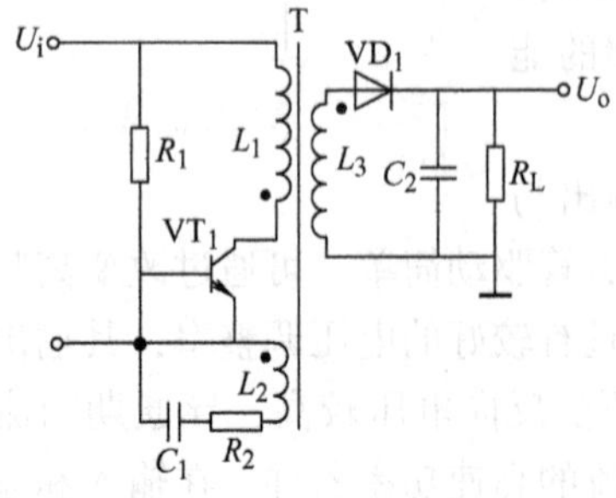

图 6-5　自激式开关电源

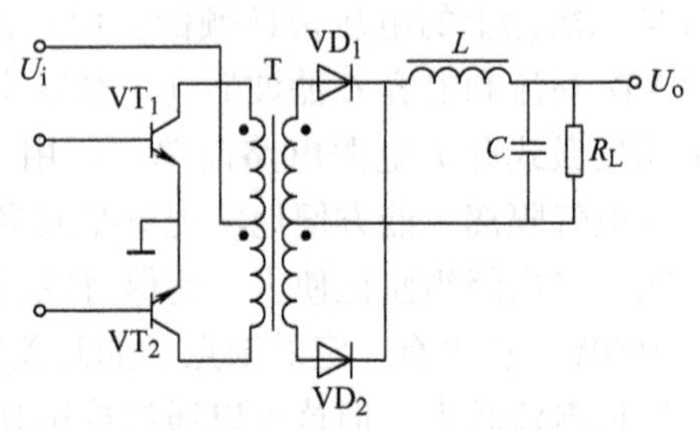

图 6-6　推挽式开关电源

这种电路的优点是两个开关管容易驱动，主要缺点是开关管的耐压要达到两倍电路峰值电压。电路的输出功率较大，一般在100～500W范围内。

（5）降压式开关电源 降压式开关电源的典型电路如图6-7所示。当开关管VT_1导通时，二极管VD_1截止，输入的整流电压经VT_1和L向C充电，这一电流使电感L中的储能增加。当开关管VT_1截止时，电感L感应出左负右正的电压，经负载R_L和续流二极管VD_1释放电感L中存储的能量，维持输出直流电压不变。电路输出直流电压的高低由加在VT_1基极上的脉冲宽度确定。

（6）升压式开关电源 升压式开关电源的稳压电路如图6-8所示。当开关管VT_1导通时，电感L储存能量。当开关管VT_1截止时，电感L感应出左负右正的电压，该电压叠加在输入电压上，经二极管VD_1向负载供电，使输出电压大于输入电压，形成升压式开关电源。

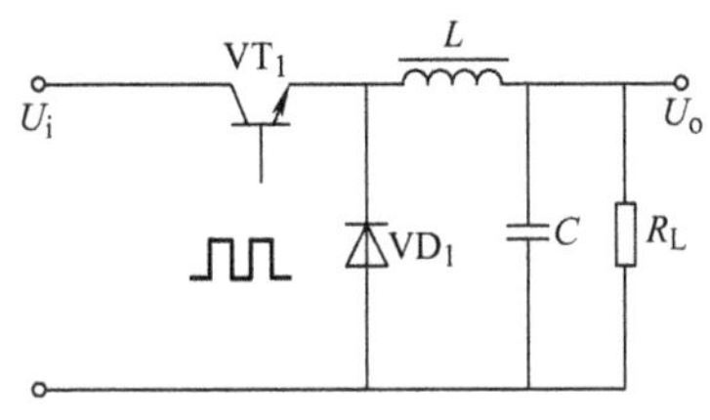

图6-7 降压式开关电源

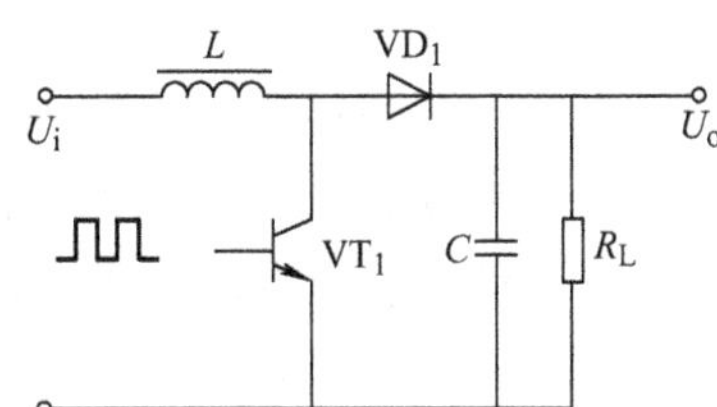

图6-8 升压式开关电源

（7）反转式开关电源 反转式开关电源的典型电路如图6-9所示。这种电路又称为升降压式开关电源。无论开关管VT_1之前的脉动直流电压高于或低于输出端的稳定电压，电路均能正常工作。当开关管VT_1导通时，电感L储存能量，二极管VD_1截止，负载R_L靠电容C上的充电电荷供电。当开关管VT_1截止时，电感L中的电流继续流通，并感应出上负下正的电压，经二极管VD_1向负载供电，同时给电容C充电。

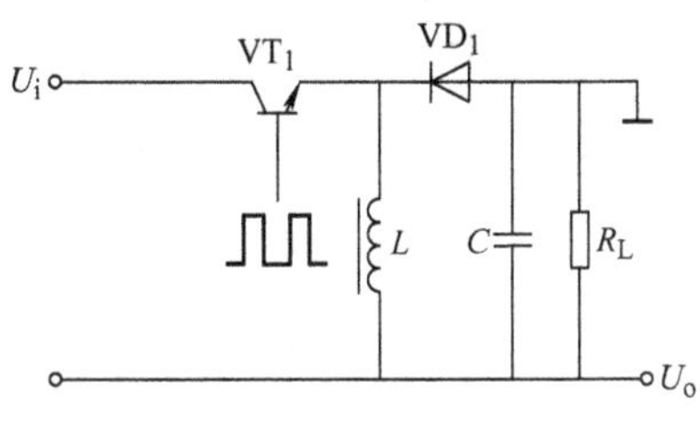

图6-9 反转式开关电源

降压式、升压式、反转式开关电源的高压输出电路与二次侧输出电路之间没有绝缘隔离，统称为斩波型直流变换器。

一般来说，功率很小的电源（1～100W）采用电路简单、成本低的反激型电路较好；当电源功率在100W以上且工作环境干扰很大、输入电压质量恶劣、输出短路频繁时，则应采用正激型电路；对于功率大于500W、工作条件较好的电源，则采用半桥或全桥电路较为合理；如果对成本要求比较严，可以采用半桥电路；如果要求功率很大，则应采用全桥电路；推挽电路通常用于输入电压很低、功率较大的场合。

2. 开关电源的两种工作模式

开关电源有两种工作模式，一种是连续模式CUM（Continuous Mode），另一种是非连续模式DUM（Discontinuous Mode）。这两种模式的开关电流波形如图6-10所示。

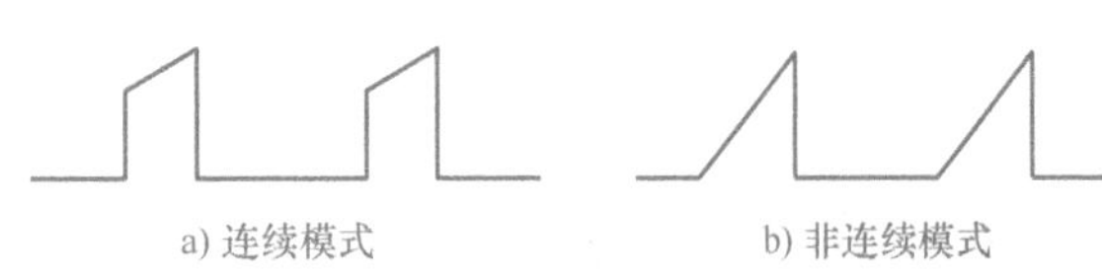

图6-10 两种模式的开关电流波形

由图6-10可见，在连续模式下，初

级开关电流是从一定幅度开始增大的，上升到峰值再迅速回零，其开关电流波形呈梯形。这是因为在连续模式下，储存在高频变压器中的能量在每个开关周期内并未全部释放掉，所以下一周期具有一个初始能量。采用连续模式可以降低芯片的功耗，但连续模式要求增大初级电感，这会导致高频变压器的体积增大。所以，连续模式适用于输出功率较小和尺寸较大的高频变压器。

非连续模式的开关电流则是从零开始上升到峰值，再降至零的。这意味着储存在高频变压器中的能量必须在每个开关周期内完全释放掉，其开关电流波形呈三角形。非连续模式适合采用输出功率较大和尺寸较小的高频变压器。

知识链接二　直流斩波器

将不可调的直流电变换成所需电平的可控直流电的对应电路称为直流斩波电路。它利用电力电子器件来实现通断控制，将输入的恒定直流电压切割成断续脉冲加到负载上，通过通、断的时间变化来改变负载电压平均值，又称直流-直流（DC/DC）变换电路。它具有效率高、体积小、重量轻、成本低等优点，已广泛应用于可调直流电源与直流电动机传动中。

1. 直流斩波器原理分析

直流斩波器的系统框图如图 6-11 所示。斩波器的直流输入电源是内阻抗很小的直流电压源，它可以是一组电池，但在大多数情况下是由交流电网电压经二极管整流后的直流输入。因为电网电压的幅值是变化的，所以直流输入电压是波动的。因而，在直流输入端加上容量很大的滤波电容就可以构成一个内阻抗小、纹波低的直流电压源。

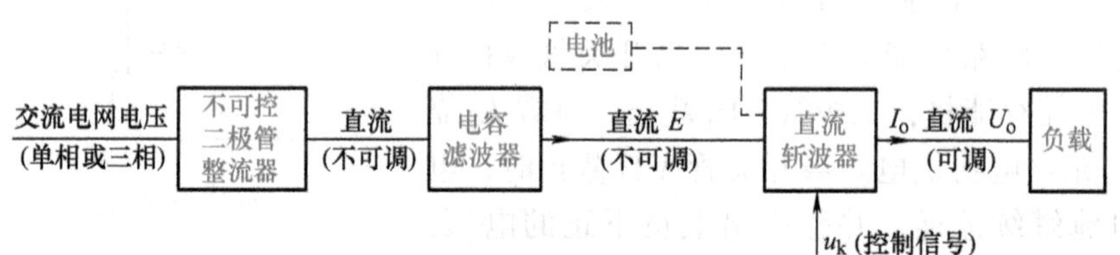

图 6-11　直流斩波器的系统框图

图 6-12a 是直流斩波器的原理电路。当开关 S 闭合时，负载两端的电压 $u_o = E$；断开时，$u_o = 0$。当开关 S 按一定规律时通时断时，负载上就得到一系列脉冲，如图 6-12b 所示。

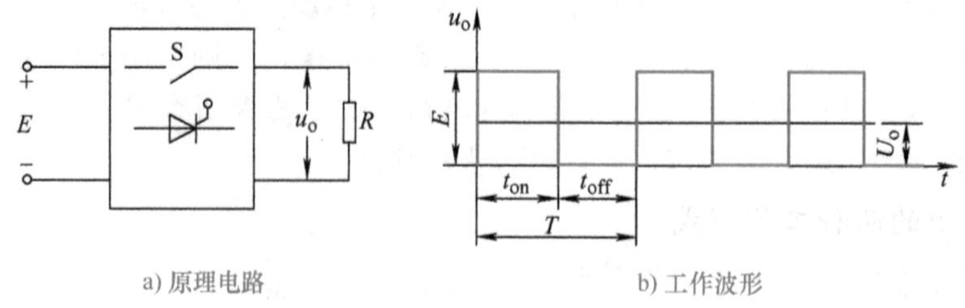

a) 原理电路　　b) 工作波形

图 6-12　直流斩波器的工作过程

负载电压的平均值为

$$U_o = \frac{1}{T}\int_0^{t_{on}} E\mathrm{d}t = \frac{t_{on}}{T}E \tag{6-1}$$

式中，t_{on}为斩波器的导通时间；T为通断时间；E为输入直流电压。

显然，当输入直流电压一定时，其负载上的输出平均电压是通过控制开关的通断时间来实现的。可以采用以下三种不同的方法来改变输出电压的大小：

1）改变t_{on}而保持通断周期T不变，称为脉冲宽度调制（PWM）。

2）保持t_{on}不变而改变通断周期T，称为脉冲频率调制（PFM）。

3）对脉冲频率与宽度综合调制，即同时改变t_{on}和T，称为混合调制。

构成斩波器的开关器件可以是具有自关断能力的全控型电力半导体器件，也可以是晶闸管这样的半控型电力半导体器件。

2. 直流斩波器基本电路

直流斩波器的种类较多，包括6种基本斩波电路：降压斩波电路、升压斩波电路、升降压斩波电路、Cuk斩波电路、Sepic斩波电路和Zeta斩波电路，其中前两种是最基本的电路。

（1）降压（Buck）斩波电路　降压（Buck）斩波电路的输出平均电压U_o小于输入电压U_i，输出电压与输入电压极性相同，其电路如图6-13所示。

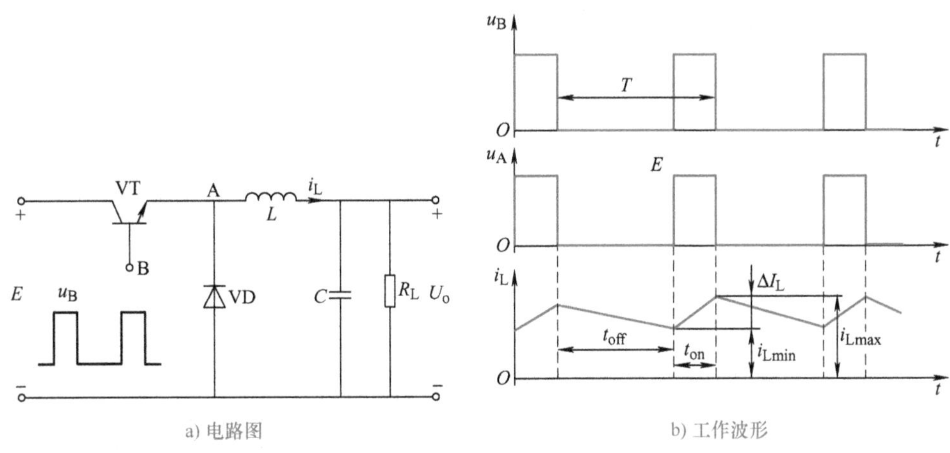

图6-13　降压斩波电路

1）原理分析。图6-13中，E为固定电压的直流电源，VT为电力晶体管（GTR），作开关使用，电感L和电容C为输出端滤波电路，将脉冲波变成纹波较小的直流波，VD为续流二极管。

电力晶体管VT由重复频率为$f=1/T$的控制脉冲u_B驱动。在脉冲周期的t_{on}期间，u_B为高电平，VT导通，输入电压通过电感L向负载输送功率并对电容C充电，电感L中的电流线性增加，在L中储存能量。此时，忽略VT的饱和管压降，$u_A=E$，二极管VD承受反向电压而截止。在脉冲周期的t_{off}期间，u_B为低电平，VT截止，电感L的两端产生右正左负的感应电动势，使二极管VD承受正压而导通，电感L在t_{on}期间储存的能量通过续流二极管VD传送给负载。此时，$u_A=0$，电感L中的电流线性下降。其工作波形如图6-13b所示。

2）参数计算。通常电路工作频率较高，若电感和电容量足够大，使$f_0(f_0=1/2\pi\sqrt{LC})\geqslant f$，在电路进入稳态后，输出电压近似为恒定值$U_o$，则电感$L$两端的电压为

$$u_L=\begin{cases}E-U_o & 0\leqslant t\leqslant t_{on}\\ -U_o & t_{on}<t\leqslant T\end{cases}\tag{6-2}$$

图 6-13b 所示电感 L 的电流 i_L，在稳态运行时，一个周期内的增量和减量相等，即

$$\int_0^{t_{on}} \frac{u_L}{L}dt + \int_{t_{on}}^{T} \frac{u_L}{L}dt = 0 \tag{6-3}$$

由式(6-2) 和式(6-3) 得输出直流电压为

$$U_o = \frac{t_{on}}{T}E = dE \tag{6-4}$$

式中，$d = t_{on}/T$ 称为占空比。显然，改变 d 即可调节输出电压 U_o。由于 $0 < d < 1$，则 $U_o < E$，属降压输出。

输出电流平均值为

$$I_o = \frac{U_o}{R_L} \tag{6-5}$$

（2）升压（Boost）斩波电路　升压斩波电路的输出平均电压 U_o大于输入电压 U_i，输出电压与输入电压极性相同。

1）原理分析。升压斩波电路如图 6-14 所示，它由电力晶体管 VT、储能电感 L、升压二极管 VD 和滤波电容 C 组成。

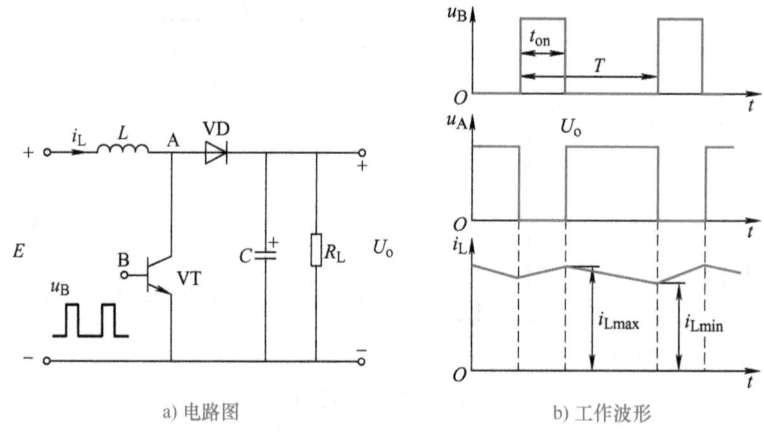

图 6-14　升压斩波电路

在脉冲周期的 t_{on}期间，电力晶体管 VT 导通，忽略 VT 的饱和管压降，$u_A = 0$。输入电压 E 直接加在电感 L 两端，i_L线性增长，L 中储存能量。二极管 VD 截止，由储能滤波电容 C 向负载 R_L 提供能量，并保持输出电压 U_o基本不变。在 t_{off}期间，VT 截止，L 两端感应电动势左负右正，使二极管 VD 导通，并与输入电压 E 一起经二极管向负载供电，电感 L 释放能量，电感电流 i_L线性下降。设电容 C 足够大，则 U_o基本不变，在此期间 $u_A = U_o$。其工作波形如图 6-14b 所示。

2）参数计算。电感两端电压为

$$u_L = \begin{cases} E & 0 \leqslant t \leqslant t_{on} \\ E - U_o & t_{on} < t \leqslant T \end{cases} \tag{6-6}$$

同式(6-3) 一样，在一个周期内 i_L 的增量和减量相等。将式(6-6) 代入式(6-3) 中得输出电压为

$$U_o = \frac{T}{T - t_{on}}E = \frac{1}{1-d}E \tag{6-7}$$

显然，由于 $0<d<1$，则 $U_o>E$，是一种升压输出，改变 d 即可调节输出电压大小。输出电流仍为 $I_o = U_o/R_L$。

（3）降压/升压（Buck－Boost）斩波电路

1）原理分析。Buck－Boost 变换器也称反极性变换器，它的 U_o 与 E 极性相反，输出电压既可低于也可高于输入电压。其基本电路如图 6-15a 所示。

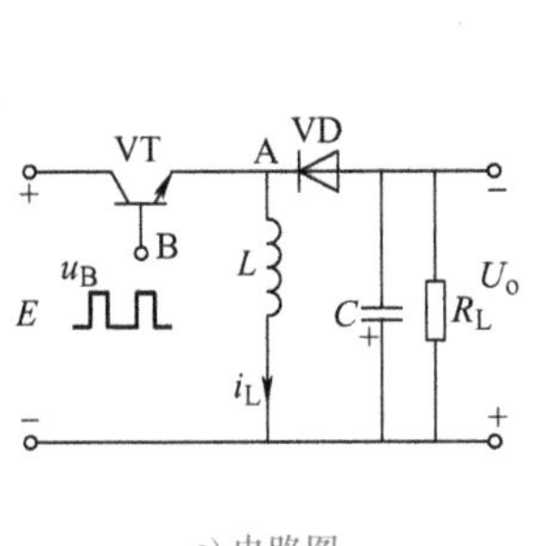

a) 电路图

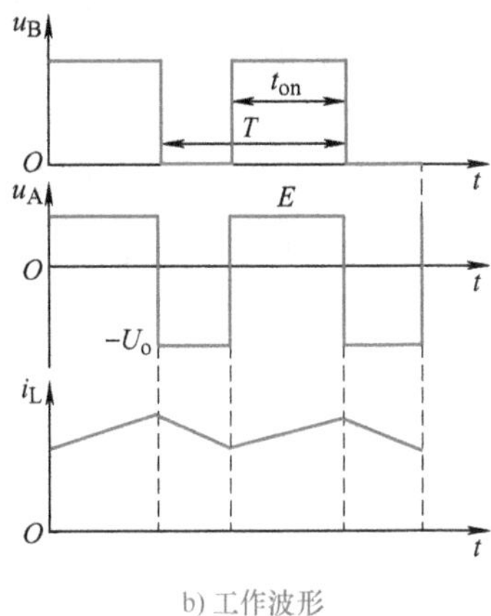

b) 工作波形

图 6-15　降压/升压斩波电路

在 u_B 为高电平，即脉冲周期的 t_{on} 期间，VT 导通，忽略其饱和管压降，则 $u_A = u_L = E$。此时，E 向电感 L 充电，L 中储存能量，i_L 线性增长。二极管 VD 因反偏而截止，由输出滤波电容 C 向负载 R_L 提供电流。在 u_B 为低电平，即 t_{off} 期间，VT 截止，电感 L 产生上负下正的感应电动势，使二极管 VD 导通，电感释放能量，向负载 R_L 供电，并向电容 C 充电，电感电流 i_L 线性下降。同样，在电容 C 足够大时，U_o 基本稳定不变，$u_A = u_L = -U_o$。其工作波形如图 6-15b 所示。

2）参数计算。电感两端电压为

$$u_L = \begin{cases} E & 0 \leqslant t \leqslant t_{on} \\ -U_o & t_{on} < t \leqslant T \end{cases} \tag{6-8}$$

根据一个周期内电感电流 i_L 的增量和减量相等，将式(6-8) 代入式(6-3) 中得输出电压为

$$U_o = \frac{t_{on}}{T - t_{on}}E = \frac{d}{1-d}E \tag{6-9}$$

调节占空比 d 即可调节输出电压大小，并且 $d<0.5$ 时，$U_o<E$，为降压输出；$d=0.5$ 时，$U_o=E$，为等压输出；$d>0.5$ 时，$U_o>E$，为升压输出。负载上得到的输出电流仍为 $I_o = U_o/R_L$。

知识链接三　直流斩波器在电力传动中的应用

1. 由降压斩波器提供的直流电力拖动

降压斩波器的电源端接不可调的直流电源，负载端接直流电动机，构成简单的直流电力拖动系统，如图 6-16 所示。

在图 6-16a 中，电子开关 S、续流二极管 VD、电感 L 组成降压（Buck）斩波器，与降

压斩波器原理图相比较，图 6-16a 中没有滤波电容 C，这是因为，电动机两端的电压 U_d 基本上等于电动机的旋转电动势 E，而旋转电动势正比于电动机的转速，电动机的转子部分有很大的惯性，其机械时间常数比斩波器电子开关的工作周期要大得多，在若干个斩波周期中转速不会产生明显的变化，所以转子的惯性本身就有良好的滤波作用，不必再加滤波电容。电感周围的虚线框的意思是电动机的转子本身就有很大的电感，实际电路中是不是再外接电感要根据具体需要而定。电动机的转子电路相当于一个电感、一个电阻和一个旋转电动势的串联，因此图 6-16a 的等效电路如图 6-16b 所示。如果 d 为占空比，则斩波器的输出电压 U_d 应满足 $U_d = dU$，可以得出电动机的转子电流 I_d 为

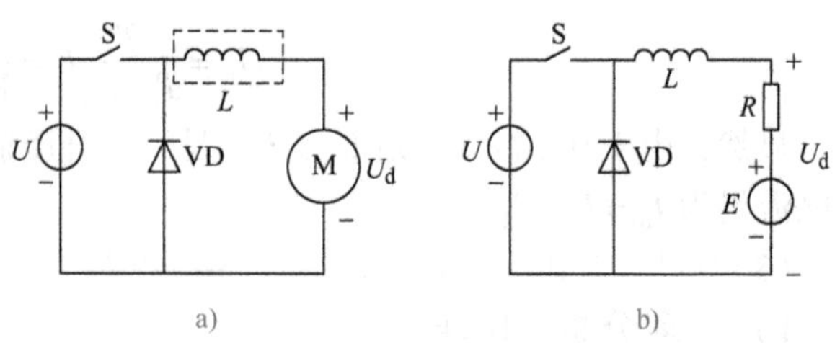

图 6-16　降压斩波器组成的直流电力拖动系统

$$I_d = \frac{U_d - E}{R}$$

电动机稳定运行时，电子开关在一定的占空比下工作，U_d、E 和 I_d 均保持不变，转子电流产生的转矩恰好抵消负载的阻力矩。在加速过程中，占空比增大，使得 U_d 增大，转子电流也随之增大，电动力矩大于阻力矩，电动机加速运行，随着速度的上升，旋转电动势 E 也在增大，转子电流和电动力矩因之而减小，当电动力矩减小到又与负载的阻力矩相等时，电动机停止加速。但是，这种电路不能控制电动机的减速。

如果欲使电动机减速，只能做以下处理。减小占空比使 U_d 减小，转子电流 I_d 也随之减小，电动力矩小于负载的阻力矩产生负的加速度；或者 U_d 干脆小于 E，电动机在负载力矩的作用下减速。由此可见，要想快速地制动只能采取能耗制动或摩擦制动等措施，使电动机在较短的时间减速或停机。并且，电动机的制动能量也不可能回馈到电网。

2. 由降压和升压斩波器组合供电的直流电力拖动

用一个降压斩波器（Buck）和一个升压斩波器（Boost）组合起来，共同驱动一台直流电动机，可以做到既能在电动状态为电动机调速又能为电动机施加制动力矩，并且可以将制动能量回馈到电源，电路的原理图如图 6-17 所示。

电路中有两个电力电子开关 S_1、S_2 和两个续流二极管 VD_1、VD_2。其中 S_1、VD_2、电感、直流电源和负载组成降压斩波器；S_2、VD_1、电感、直流电源和负载组成升压斩波器。在电动状态，S_2 保持关断状态，S_1 按占空比的要求周期性地通断。在 S_1 接通时，电源通过 S_1 向电动机供电，并向电感补充能量，此时两个二极管都不导通，$U_d = U$。在 S_1 关断后，电源与负载之间的通路被断开，在电感的作用下，电流 i_L 经 VD_2 形成回路。此时 VD_2 两端的电压 $U_d = 0$。不难看出，这种状态电动机的端电压与电源电压之间的关系为

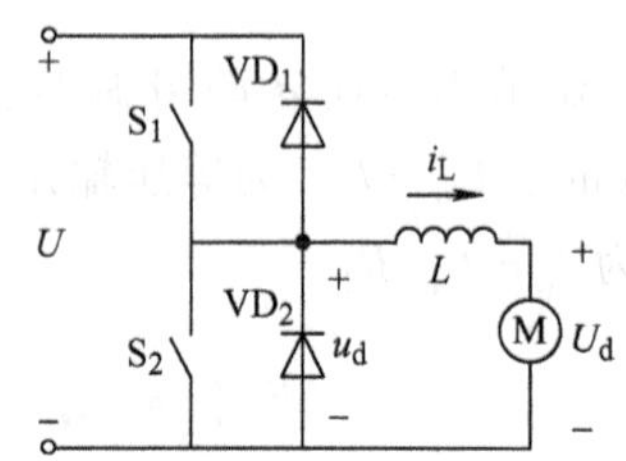

图 6-17　二象限运行的斩波器控制电力拖动系统

$$U_d = dU$$

再生制动状态电子开关 S_1 保持关断，S_2 周期性地通断。这时的电路为一个升压斩波器，电动机的反电动势相当于直流电源（图中的 U_d 近似等于旋转电动势 E），直流电源相当于升压斩波器的负载。能量由电动机供出，被直流电源吸收，所以电感电流 i_L 为负值。当 S_2 导通时，电动机、电感和 S_2 形成回路，电流逆时针方向流动，电动机输出电能被电感储存。当 S_2 关断时，由于电感中的电流不能突变，电流只能通过二极管 VD_1 流向电源，此时电流的途径为（实际方向）：电动机上端→电感→VD_1→直流电源正极→直流电源负极→电动机下端。电感储存的电能被电源吸收。

无论是在降压状态还是在升压状态，电感电流 i_L 都是波动的。在 i_L 的平均值较大时，电流尽管波动但可以保证方向不变，即 i_{Lmax} 和 i_{Lmin} 同时大于 0 或小于 0。但在电流平均值较小时，如果电流波动的幅度较大，就可能出现 i_{Lmax} 和 i_{Lmin} 符号不同的现象，此时在一个工作周期中电感电流的方向改变 2 次，如图 6-18 所示。

在这种状态下的一个周期中，S_1、S_2、VD_1、VD_2 这 4 个开关器件是交替配合工作的，其控制规律如下：在电感电流 i_L 的上升阶段，为电子开关 S_1 加导通控制信号 u_{K1}；在电感电流 i_L 的下降阶段，为电子开关 S_2 加导通控制信号 u_{K2}。由于电子开关实际上都是单向导电的全控型电力电子器件，虽然对其施加开通驱动信号但它未必就能够导通，还必须要求电感电流的实际方向与电子开关的导通方向一致。因此可能出现两个电子开关都不导通的现象，在这种情况下电感电流就要通过两个二极管中的一个形成回路。

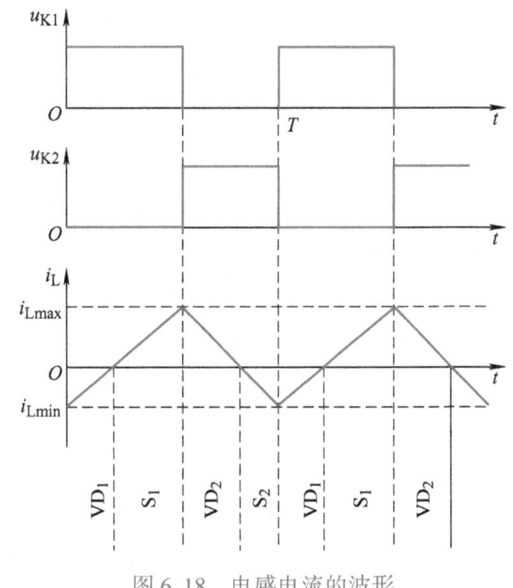

图 6-18 电感电流的波形

下面分析一个开关周期中各阶段电路的工作情况。如图 6-17 所示，设两个电子开关的导通方向均是从上到下，在负载电流（也就是电感电流）为最小值即 $i_L=i_{Lmin}$ 时为 S_1 发出开通驱动信号，但此时电感电流的方向为负，S_1 不能导通，电感电流只能通过二极管 VD_1 流向电源正极。负载电流从最小值上升，电感储存的能量传送到电源。当负载电流上升到 0 后，继续向正的方向上升，此时电感电流方向与 S_1 的导通方向一致，S_1 导通，电流从电源正极流出向负载供电。

当负载电流增大到最大值后，为 S_2 发出开通驱动信号，但此时电感电流的方向为正，与 S_2 的导通方向相反，S_2 不能导通。电流只有通过二极管 VD_2 形成回路，其导电路径为：电感→电动机→VD_2→电感。此阶段电源与负载没有能量交换。电感电流从最大值逐渐下降，下降到 0 后继续向负的方向增长，但此时电感电流的方向与 S_2 导通方向一致，S_2 导通，形成以下回路：电动机→电感→S_2→电动机。电动机发出的电能被电感吸收储存。当电流下降到最小值时，一个工作周期结束。

由前面的分析可以看出，图 6-17 所示的调速系统负载电流的平均值可以为正，也可以为负。但是负载端的电压平均值的方向不能变化，即只能 $U_d \geqslant 0$。因为对于直流电动机电枢

电流 I_d 与力矩 M 成正比，电枢旋转电动势 E 与转速 n 成正比，而一般情况下旋转电动势近似等于电枢两端的电压 U_d。这说明，这种电力拖动系统电动机的转速不能反向，但其力矩可以反向，可以是电动力矩也可以是制动力矩。

在描述机械特性的 $M-n$ 平面上，本系统可以工作在第Ⅰ和第Ⅳ象限。在第Ⅰ象限，电动机处于电动状态，电源通过由 S_1、VD_2 组成的降压斩波器向电动机供给电能，转换成机械能。工作在第Ⅳ象限时，电动机处于发电状态，把由机械能转换成的电能输出给由 S_2、VD_1 组成的升压斩波器，斩波器又将电能传递给直流电源，形成再生制动。在不同象限系统的等效电路如图 6-19 所示。

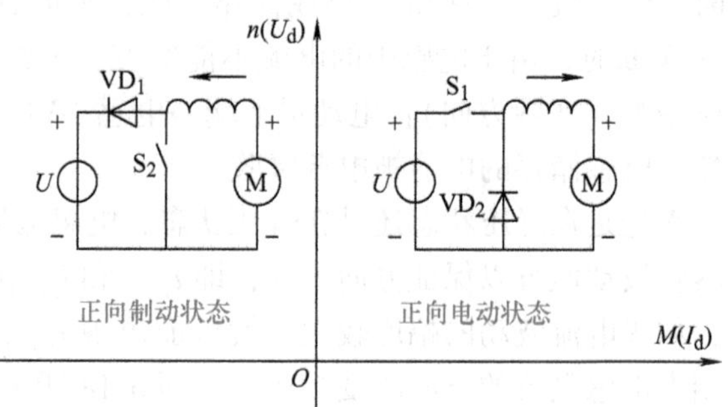

图 6-19　二象限斩波电路的机械特性

3. 可以四象限运行的斩波器供电的直流电力拖动

所谓四象限运行是指电动机既可以正转控制也可以反转控制，在正转和反转两种情况下，电动机既可以运行在电动状态也可以运行在制动状态。这种系统的主电路如图 6-20 所示，它由 4 个电力电子开关和 4 个二极管组成，在不同的控制信号作用下，可以组合成 2 种降压斩波器和两种升压斩波器，共 4 种电路形式。对于正向电动、正向制动、反向电动、反向制动这 4 种工况，各对应 4 种电路形式中的一种。从图中可以看出，电路的拓扑结构为一"H"形，所以这种电路又叫 H 桥形电路。

从图中看，H 形结构的电路是对称的，但对于 4 个桥臂，控制信号是不对称的。通常通过 S_2、S_4 所在的桥臂控制电动机的正转和反转，因此这两个桥臂又称为方向臂。设负载端电压 u_d 的参考方向如图所示，A 点为正，B 点为负。在电动机的正转状态（无论电动还是制动），S_4 始终保持导通状态，S_2 始终保持截止状态。电路中 B 点与电源负极连接。不难看出，此时的等效电路与二象限斩波电路相同。

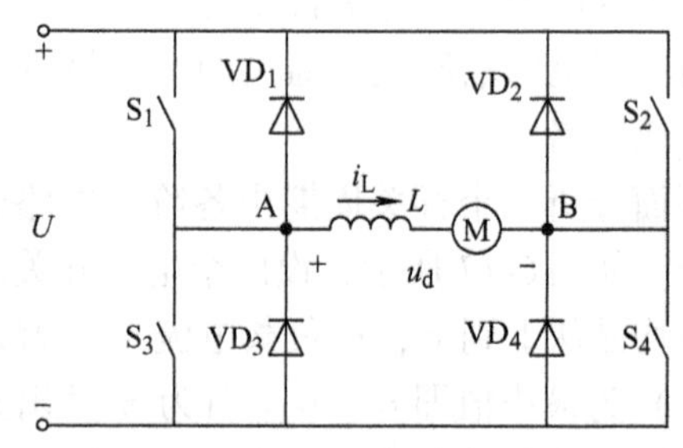

图 6-20　四象限运行的斩波器电力拖动系统原理图

如果欲使电动机反转，则 S_2 始终保持导通状态，S_4 始终保持截止状态，电路中 B 点与电源正极连接。此时电路也是一种二象限斩波电路，只是电源的极性反接。

在电动机正转时，如果 S_3 保持截止，S_1 做周期性通断，则 S_1 和 VD_3 组成降压斩波器，负载电压始终为正，电感电流也始终保持正值，电源向负载输送能量。系统工作在机械特性的第Ⅰ象限。

电动机正转时若 S_1 保持截止，S_3 做周期性通断，则 S_3 和 VD_1 组成升压斩波电路，电动机两端的电压仍为正，但电感电流方向为负，说明电动机的力矩为负。此时电动机的电枢相当于升压斩波器的电源，向外供出能量，直流电源相当于升压斩波器的负载，吸收能量。系统工作在第Ⅱ象限。

反向电动状态是电动机端电压和电流均为负值，属于机械特性的第Ⅲ象限。此时 S_2 导通而 S_4 截止，电路中 B 点与电源正极连接。左侧两个桥臂的工作状态为 S_1 保持截止，S_3 做周期性通断，这与第Ⅱ象限相同，但由于右侧桥臂的通断发生了变化，此时 S_3 和 VD_1 组成的是降压斩波电路。尽管电压的方向变了，但电流从直流电源的正极流出而流入负载的正极，能量传递路径仍然是由电源到负载，为反向电动状态。

第Ⅳ象限为反向制动状态，反向必须是电动机两端的电压为负，而制动则必须是电流与电压反向，电动机向外输出能量。四个电子开关的控制规则是：S_2 导通 S_4 截止，保证电路中 B 点与电源正极连接，S_3 保持截止，S_1 做周期性通断。此时 S_1 和 VD_3 组成的是升压斩波电路。

各工作状态对应的象限如图 6-21 所示。

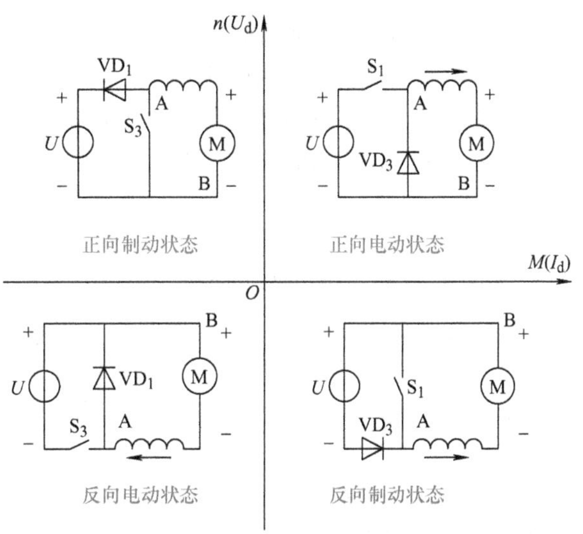

图 6-21 四象限运行的等效电路

4. 升压斩波器在串级调速中的应用

串级调速是将绕线转子交流异步电动机的三相转子电流通过汇流环引出，作为电源进入三相不可控整流电路进行整流，整流器的输出端与晶闸管有源逆变电路的直流侧相连接，作为有源逆变的直流电源。逆变后得到的交流电经变压器耦合又回送到电网，既达到了调速的目的，又充分利用了电能。但是，在电动机转速较低时，由于转子电压降低，整流器输出直流电压也降低。这个电压就是逆变器的直流电源电压，因为它的降低，要想不影响逆变电路的工作，就必须增大逆变角 β。逆变角越大，逆变电路交流侧的功率因数就越低。如果在整流器的输出和逆变器的直流输入端之间加入一个升压斩波器，可以提高功率因数，电路如图 6-22 所示。

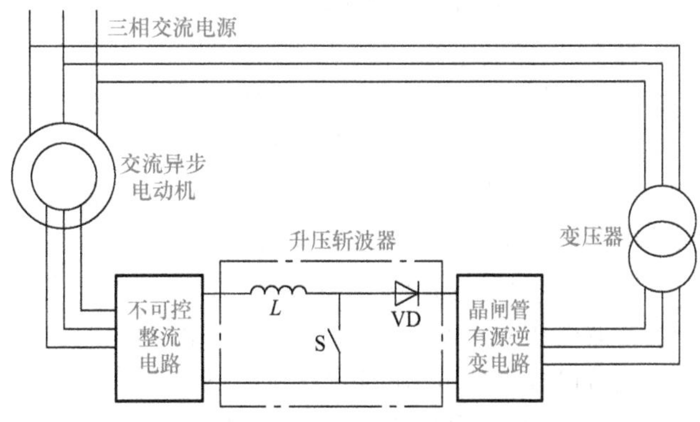

图 6-22 升压斩波器在串级调速系统中的应用

从图中可看出，升压斩波器由电子开关 S、二极管 VD 和电感 L 构成，将不可控整流器的输出电压进行升压，然后送至晶闸管逆变电路的直流侧。调节电子开关的占空比，可以在整流电路输出不同电压的情况下使逆变器得到相对稳定的直流电压，使逆变器的逆变角保持较小的数值，从而达到提高功率因数的目的。

知识链接四　脉宽调制（PWM）的控制

1. 直流 PWM 控制的基本原理及控制电路的连接

（1）直流脉宽调制（PWM）控制方式　直流脉宽调制（PWM）控制方式就是用一系列如图 6-23 所示的等幅矩形脉冲 u_g对 DC/DC 变换电路的开关器件的通断进行控制，使主电路的输出端得到一系列幅值相等的脉冲，保持该系列脉冲的频率不变而宽度变化就能得到大小可调的直流电压。图 6-23 所示的等幅矩形脉冲 u_g称为脉宽调制（PWM）信号。

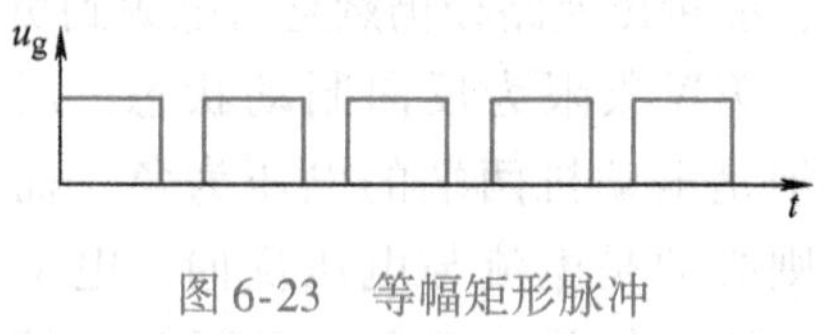

图 6-23　等幅矩形脉冲

（2）脉冲调制（PWM）信号 u_g的产生　图 6-24a 所示是产生 PWM 信号的一种电路原理图。比较器 A 的反相端加频率和幅值都固定的三角波（或锯齿波）信号 u_c，而比较器 A 的同相端加上作为控制信号的直流电压 u_r，比较器将输出一个与三角波（或锯齿波）同频率的脉冲信号 u_g。u_g的脉冲能随 u_r的变化而变化，如图 6-24b、c 所示。输出信号 u_g的脉冲宽度是控制信号经三角波调制而成的，此过程称为脉宽调制（PWM）。由图 6-24 可见，改变直流控制信号 u_r的大小就可以改变 PWM 信号 u_g的脉冲宽度，但不能改变其频率。三角波信号 u_c称为载波，控制信号 u_r称为调制波，输出信号 u_g称为 PWM 波。

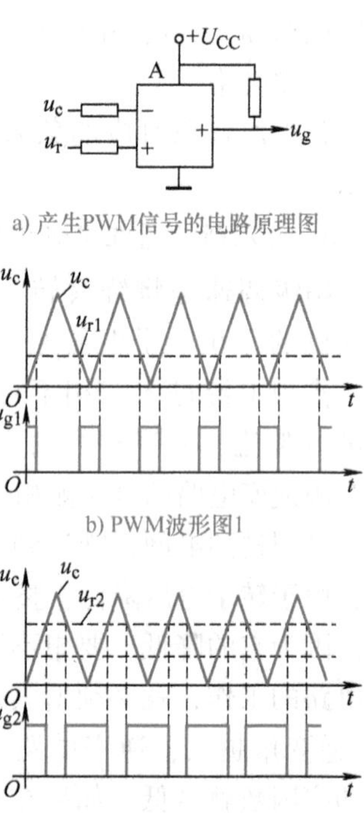

图 6-24　PWM 波形图

图 6-25 所示是 PWM 控制电路的基本组成和工作波形。PWM 控制电路由以下几部分组成。

1）基准电压稳压器：提供一个用于比较的稳定电压和一个内部 IC 电路的电源。

2）振荡器：为 PWM 比较器提供一个锯齿波。

3）误差放大器：产生一个基准电压。

4）脉冲倒相电路：使 VT_1、VT_2的输出相差 180°，用作桥式电路的上下开关管的驱动脉冲。

其基本过程是：输出开关管在锯齿波的起始点被导通。由于锯齿波电压 U_c比误差放大器的输出电压 U_r低，所以 PWM 比较器的输出为高电平，因为同步信号已在斜坡电压的起始点使倒相电路工作，所以脉冲倒相电路将这个高电平输出使 VT_1导通；当锯齿波电压 U_c比误差放大器的输出电压 U_r高时，PWM 比较器的输出为低电平，通过脉冲倒相电路使 VT_1截止，VT_2导通，下一个锯齿波周期则重复这个过程。目前，PWM 控制器集成芯片应用十分广泛，如 SG1524/2524/3524 系列 PWM 控制器，它们主要由基准电源、锯齿波振荡器、电压比较器、逻辑输出、误差放大及检测和保护环节等部分组成。

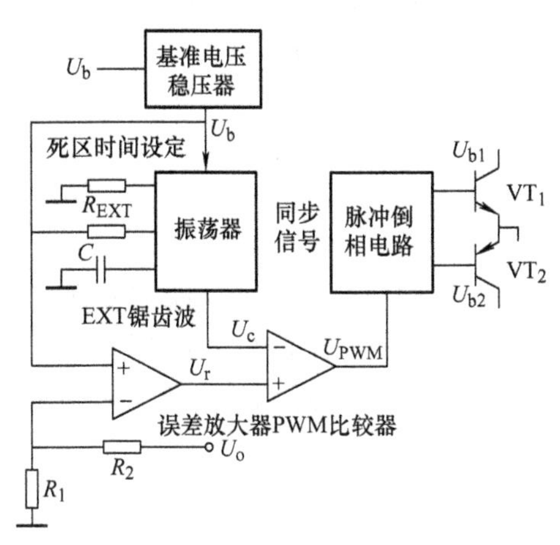

a) PWM控制电路

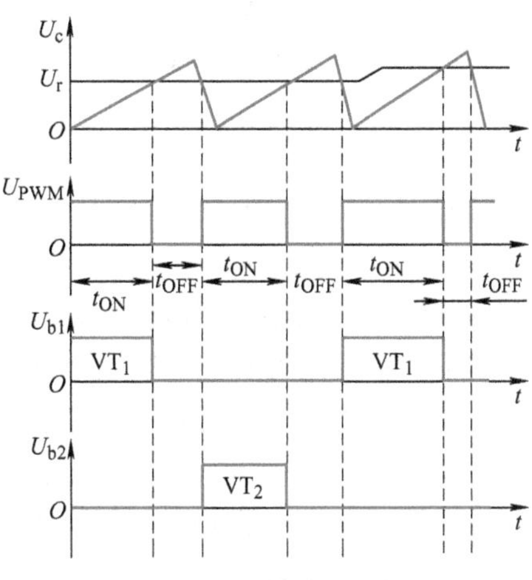

b) PWM控制电路各部分波形

图 6-25　PWM 控制电路及波形

2. PWM 的控制方式

对于图 6-26 所示的单相桥式 PWM 逆变电路，在输入直流电压 U_d不变时，采用不同的控制方式，输出的直流电压 U_o的幅度和极性均可变。根据输出电压 U_o的波形极性特点，PWM 的控制方式主要有两种，即单极性 PWM 控制方式和双极性 PWM 控制方式。

（1）单极性 PWM 控制方式　如图 6-27 所示，载波信号 u_c在信号波正半周为正极性的三角波，在负半周为负极性的三角波，调制信号 u_r和载波 u_c的交点时刻控制逆变器电力晶体管 VT_3、VT_4的通断。各晶体管的控制规律如下：

在 u_r的正半周期，VT_1保持导通，VT_4交替通断。当 $u_r > u_c$时，使 VT_4导通，负载电压 $u_o = U_d$；当 $u_r \leq u_c$时，使 VT_4关断，由于电感负载中电流不能突变，负载电流将通过 VD_3续流，负载电压 $u_o = 0$。

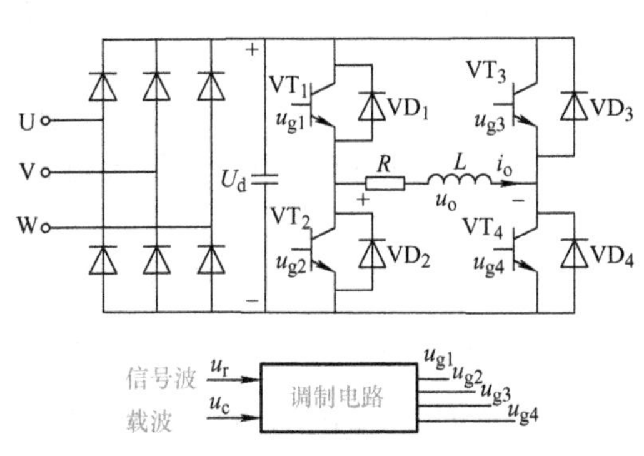

图 6-26　单相桥式 PWM 逆变电路

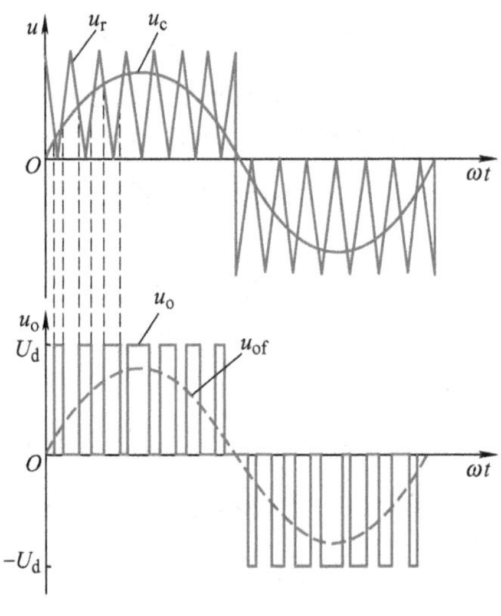

图 6-27　单极性 PWM 控制方式原理图

在 u_r 的负半周，保持 VT_2 导通，使 VT_3 交替通断。当 $u_r < u_c$ 时，使 VT_3 导通，$u_o = -U_d$；当 $u_r \geqslant u_c$ 时，使 VT_3 关断，负载电流将通过 VD_4 续流，负载电压 $u_o = 0$。

像这种在 u_r 的半个周期内三角波只在一个方向变化，所得到的 PWM 波形也只在一个方向变化的控制方式称为单极性 PWM 控制方式，如图 6-27 所示。从图中也可以看出矩形波的面积按正弦规率变化。这种调制方法称作正弦波脉宽调制（Sinusoidal Pulse Width Modulation，SPWM），这种序列的矩形波称作 SPWM 波，图中 u_{of} 表示 u_o 中的基波分量。

调节调制信号 u_r 的幅值可以使输出调制脉冲宽度作相应的变化，这能改变逆变器输出电压的基波幅值，从而可实现对输出电压的平滑调节；改变调制信号 u_r 的频率则可以改变输出电压的频率。所以，从调节的角度来看，SPWM 逆变器非常适用于交流变频调速系统。

（2）双极性 PWM 控制方式　单相桥式逆变电路采用双极性控制方式时的 PWM 波形如图 6-28 所示。各晶体管控制规律如下：

在 u_r 的正负半周内，对各晶体管控制规律相同，同样在调制信号 u_r 和载波信号 u_c 的交点时刻控制各开关器件的通断。当 $u_r > u_c$ 时，使晶体管 VT_1、VT_4 导通，VT_2、VT_3 关断，此时，$u_o = U_d$，当 $u_r < u_c$ 时，使晶体管 VT_2、VT_3 导通，VT_1、VT_4 关断，此时，$u_o = -U_d$。

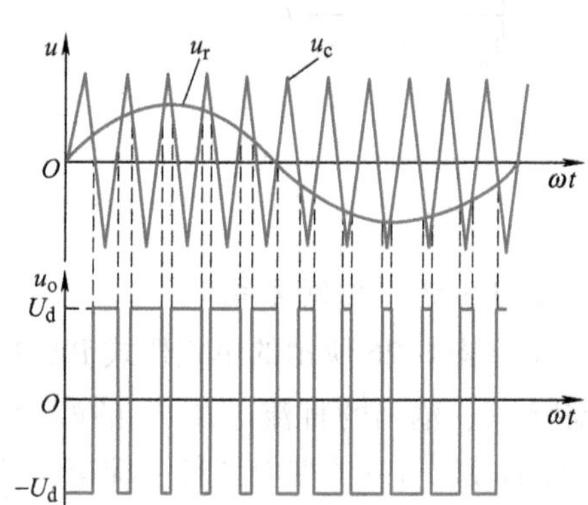

图 6-28　双极性 PWM 控制方式原理图

在双极性控制方式中，三角载波是正负两个方向变化，所得到的 PWM 波形也是在正负两个方向变化。在 u_r 的一个周期内，PWM 输出只有 $\pm U_d$ 两种电平。逆变电路同一相上下两臂的驱动信号是互补的。在实际应用时，为了防止上下两个桥臂同时导通而造成短路，在给一个桥臂施加关断信号后，再延迟 Δt 时间，然后给另一个桥臂施加导通信号。延迟时间的长短取决于功率开关器件的关断时间。需要指出的是，这个延迟时间将会给输出的 PWM 波形带来不利影响，使其偏离正弦波。

3. SG1524/2524/3524 系列集成 PWM 控制器集成芯片简介

SG1524 是双列直插式集成芯片，其外形及结构框图如图 6-29a、b 所示。

它包括基准电源、锯齿波振荡器、电压比较器、逻辑输出、误差放大以及检测和保护等部分。SG2524 和 SG3534 也属这个系列，其内部结构及功能相同，仅工作电压及工作温度有差异。

基准电源由 15 端输入 8～30V 的不稳定直流电压，经稳压输出 +5V 基准电压，供片内所有电路使用，并由 16 端输出 +5V 的参考电压，供外部电路使用，其最大电流可达 100mA。

振荡器通过 7 端和 6 端分别对地接上一个电容 C_T 和电阻 R_T 后，在 C_T 上输出频率为 $f_{OSC} = \dfrac{1}{R_T C_T}$ 的锯齿波。比较器反相输入端输入直流控制电压 U_e；同相输入端输入锯齿波电压 U_{SR}。当改变直流控制电压大小时，比较器输出端电压 U_A 即为宽度可变的脉冲电压，送至两个或非门组成的逻辑电路。

每个或非门有 3 个输入端，其中：一个输入为宽度可变的脉冲电压 U_A；一个输入分别

来自触发器输出的 Q 和 $\overline{Q}$ 端（它们是锯齿波电压分频后的方波）；再一个输入（B 点）为锯齿波同频的窄脉冲。在不考虑第 3 个输入窄脉冲时，两个或非门输出（C、D 点）分别经晶体管 VT_1、VT_2 放大后的波形 u_{T1}、u_{T2} 如图 6-29c 所示。它们的脉冲宽度由 U_e 控制，周期比 U_A 大 1 倍，且两个波形的相位差为 180°，这样的波形适用于可逆 PWM 电路。或非门第 3 个输入端的窄脉冲使这期间两个晶体管同时截止，以保证两个晶体管的导通有一短时间隔，可作为上、下两管的死区。当用于不可逆 PWM 时，可将两个晶体管的 C、E 极并联使用。

误差放大器在构成闭环控制时，可作为运算放大器接成调节器使用。如将 1 端和 9 端短接，该放大器作为一个电压跟随器使用，由 2 端输入给定电压来控制 SG1524 输出脉冲宽度的变化。

当保护输入端 10 的输入达一定值时，晶体管 VT_3 导通，使比较器的反相端为零，A 端一直为高电平，VT_1、VT_2 均截止，以达到保护的目的。检测放大器的输入可检测出较小的信号，当 4、5 端输入信号达到一定值时，同样可使比较器的反相输入端为零，也起保护作用。使用中可利用上述功能来检测需要限制的信号（如电流）对主电路实现保护。

a) SG1524外形

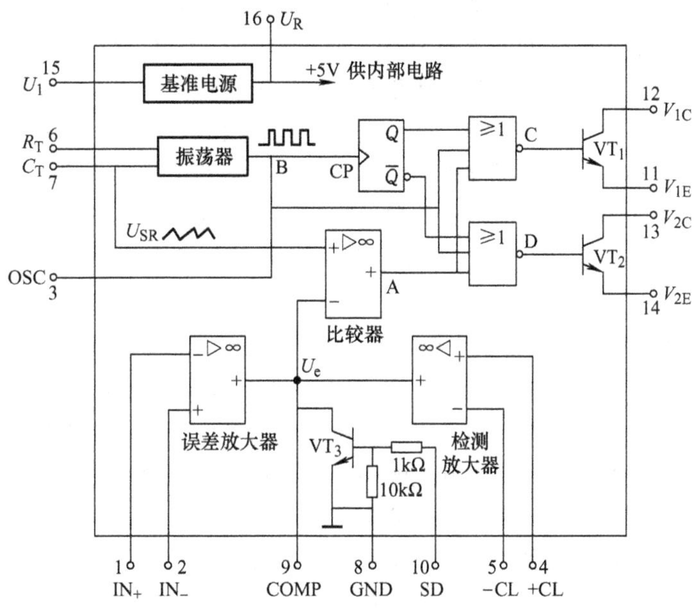

b) SG1524结构框图

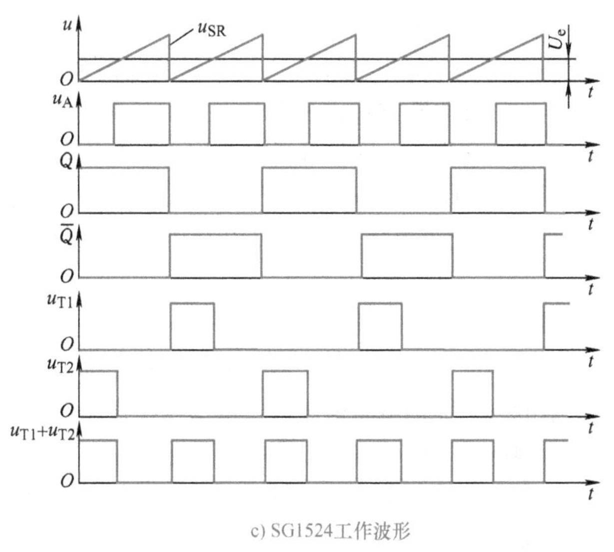

c) SG1524工作波形

图 6-29　SG1524 外形、结构框图及工作波形

【项目扩展】

认识软开关技术

1. 问题的提出

软开关的提出是基于电力电子装置的发展趋势，新型的电力电子设备要求外形小、重量轻、高效和良好的电磁兼容性，而决定设备体积、质量、效率的因素通常又取决于滤波电感、电容和变压器设备的体积和质量。解决这一问题的主要途径就是提高电路的工作频率，这样可以减少滤波电感、变压器的匝数和铁心尺寸，同时较小的电容容量也可以使得电容的体积减小。但是，提高电路工作频率会引起开关损耗和电磁干扰的增加，开关的转换效率也会下降。因此，不能仅仅简单地提高开关工作频率。软开关技术就是针对以上问题而提出的用谐振辅助换相手段，解决电路中的开关损耗和开关噪声问题，使电路的开关工作频率提高。

2. 软开关的基本概念

（1）硬开关和软开关　硬开关在开关转换过程中，由于电压、电流均不为零，出现了电压、电流的重叠，导致产生开关转换损耗；同时由于电压和电流的变化过快，也会使波形出现明显的过冲而产生开关噪声。具有这样开关过程的开关被称为硬开关。开关转换损耗随着开关频率的提高而增加，使电路效率下降，最终阻碍开关频率的进一步提高。

如果在原有硬开关电路的基础上增加一个很小的电感、电容等谐振元件，构成辅助网络，在开关过程前后引入谐振过程，使开关开通前电压先降为零，这样就可以消除开关过程中电压、电流重叠的现象，降低甚至消除开关损耗和开关噪声，这种电路称为软开关电路。具有这样开关过程的开关称为软开关。

（2）零电压开关与零电流开关　在开关关断前使其电流为零，则开关关断时就不会产生损耗和噪声，这种关断方式称为零电流关断。或在开关开通前使其电压为零，则开关开通时也不会产生损耗和噪声，这种开通方式称为零电压开通。在很多情况下，不再指出开通或关断，仅称零电流开关（Zero Current Switch，ZCS）和零电压开关（Zero Voltage Switch，ZVS）。零电流关断或零电压开通要靠电路中的辅助谐振电路来实现，所以也称为谐振软开关。

3. 软开关电路简介

软开关技术问世以来，经历了不断地发展和完善，先后出现了许多种软开关电路，直到目前为止新型的软开关仍不断地出现。由于存在众多的软开关电路，而且各自有不同的特点和应用场合，因此对这些电路进行分类是很必要的。

根据电路中主要的开关元件是零电压开通还是零电流关断，可以将软开关电路分成零电压电路和零电流电路两大类。通常一种软开关电路要么属于零电压电路，要么属于零电流电路。

根据软件开发技术发展的历程可以将软开关电路分为准谐振电路、零开关 PWM 电路和零转换 PWM 电路。

由于每一种软开关电路都可以用于降压型、升压型等不同电路，因此可以用图 6-30 所示的软开关电路开关单元来表示，不必画出各种具体电路。实际使用时，可以从基本开关单元导出具体电路，开关和二极管的方向应根据电流的方向做相应调整。

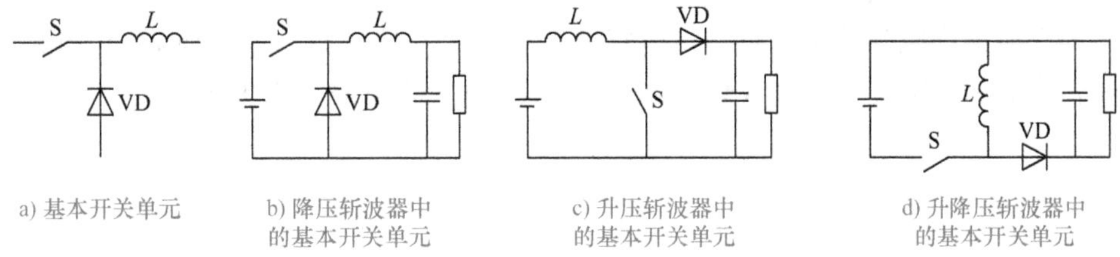

a) 基本开关单元　b) 降压斩波器中的基本开关单元　c) 升压斩波器中的基本开关单元　d) 升降压斩波器中的基本开关单元

图 6-30　软开关电路开关单元

（1）准谐振电路　这是最早出现的软开关电路，其中有些电路现在还在大量使用。准谐振电路可以分为零电压开关准谐振电路（ZVSQRC）、零电流开关准谐振电路（ZCSQRC）、零电压开关多谐振电路（ZVSMRC）以及用于逆变器的谐振直流环节电路（Resonant DC Link）。

图 6-31 给出了前 3 种软开关电路的基本开关单元，谐振直流环节的电路如图 6-32 所示。

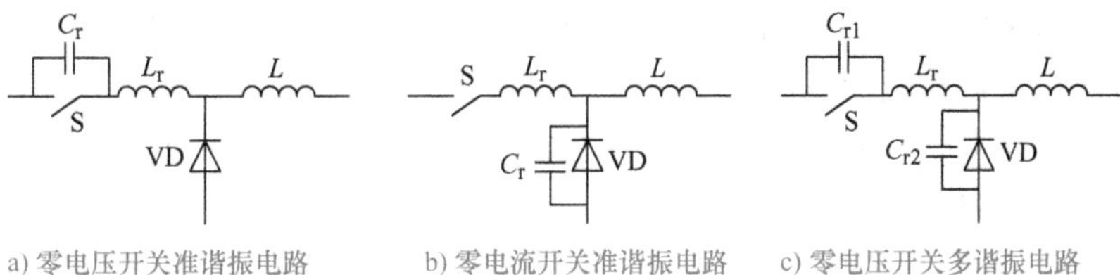

a) 零电压开关准谐振电路　b) 零电流开关准谐振电路　c) 零电压开关多谐振电路

图 6-31　准谐振电路的基本开关单元

准谐振电路中电压或电流的波形为正弦波，因此称之为准谐振。谐振的引入使得电路的开关损耗和开关噪声都大大下降，但也带来一些负面问题：谐振电压峰值很高，要求器件耐压必须提高；谐振电流的有效值很大，电路中存在大量的无功功率的交换，造成电路导通损耗加大；谐振周期随输入电压、负载变化而改变，因此电路只能采用脉冲频率调制（Pulse Frequency Modulation，PFM）方式来控制，变频的开关频率给电路设计带来困难。

（2）零开关 PWM 电路　这类电路中引入了辅助开关来控制谐振的开始时刻，使谐振仅发生于开关过零前后。零开关 PWM 电路可以分为零电压开关 PWM 电路（ZVSPWM）和零电流开关 PWM 电路（ZCSPWM）。这两种电路的基本开关单元如图 6-33 所示。

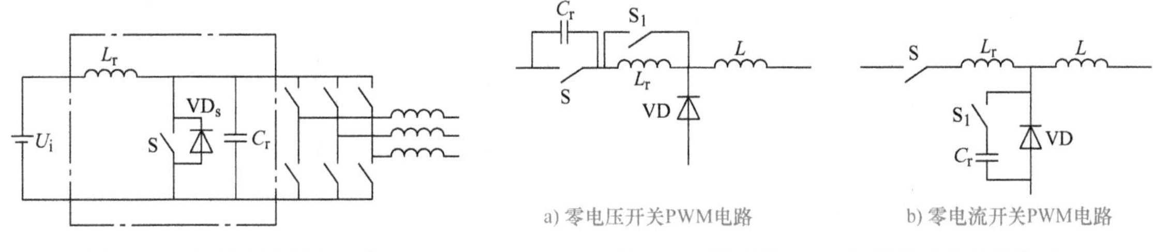

图 6-32　谐振直流环节电路

a) 零电压开关PWM电路　b) 零电流开关PWM电路

图 6-33　零开关 PWM 电路的基本开关单元

同准谐振电路相比，这类电路有很多明显的优势：电压和电流基本上是方波，只是上升沿和下降沿较缓，开关承受的电压明显降低，电路可以采用开关频率固定的 PWM 控制方式。

(3) 零转换 PWM 电路　这类软开关电路还是采用辅助开关控制谐振的开始时刻，所不同的是，准谐振电路是与主开关并联的，因此输入电压和负载电流对电路的谐振过程的影响很小，电路在很宽的输入电压范围内从零负载到满负载都能工作在软开关状态。而且电路中无功功率的交换被削减到最小，这使得电路效率有了进一步提高。零转换 PWM 电路可以分为零电压转换 PWM 电路（ZVTPWM）和零电流转换 PWM 电路（ZCTPWM）。

【项目实施】

直流开关电源的安装与调试

一、电路描述

图 6-2 是由 SG1524 组成的降压斩波式开关稳压电路。VT_1、VT_2组成的复合管为高频开关变换器，即开关调整管，L、C_4为输出滤波电路，VD 为续流二极管。开关调整管的脉冲控制信号由集成脉宽调制器 SG1524 来完成。输出电压 U_o经 R_1、R_2分压后加到 SG1524 的 1 脚，16 脚输出的基准电压经 R_3、R_4分压后加到 2 脚。这样，R_2上的取样信号与 R_4的基准电压的分压信号经内部误差放大器放大后与内部振荡器产生的锯齿波信号相比较，从而获得调宽脉冲，以控制外接复合调整管达到稳压的目的。由于外接调整管只需要一路信号，所以 SG1524 的 12 和 13、11 和 14 脚分别接在一起，将双端输出的两路信号变成单端输出的一路信号。SG1524 内部振荡器的振荡频率由 6、7 脚的外接定时电阻 R_5和定时电容 C_2决定。9 脚所接 R_6、C_3用于防止电路产生寄生振荡。4、5 脚通过 R_{10}检测电流大小实现过电流保护。整流滤波电压 U_i由 15 脚输入。

二、元器件的选择

元器件清单见表 6-1，用相关设备检测各元器件的好坏。

表 6-1　SG1524 组成的降压斩波式开关稳压电路元器件清单

序号	名　称	型号规格	序号	名　称	型号规格
1	R_1、R_2、R_3、R_4	5kΩ	9	C_2	0.02μF
2	R_5	3kΩ	10	C_3	0.01μF
3	R_6	50kΩ	11	C_4	500μF
4	R_7	2kΩ	12	L	0.9mH
5	R_8	150Ω	13	VT_1、VT_2	8550
6	R_9	68Ω	14	VD	1N5402
7	R_{10}	0.1Ω	15	集成 PWM 控制器	SG1524
8	C_1	0.1μF			

三、电路组装

按照图 6-2 所示的开关电源电路进行元器件的组装，安装时应注意以下几点：

1）晶体管、二极管在安装时注意极性，切勿安错。

2）焊接时应注意元器件电气连接可靠、有足够的机械强度及外观光洁整齐。

四、电路调试

经检查，在确定电路无误后，进行电路调试。具体调试方法如下：

1）接通电源。

2）调节 PWM 脉宽调节电位器 R_1 改变 U_A，在不同占空比时，记录 U_o的数值并用示波器观察波形。

五、故障分析

电路装配、调试完成后，进行故障检查、分析和排除。

电路故障检查与分析可以采用观察法，也可以采用示波器法。

【项目评价】

开关电源安装与调试评价单见表 6-2。

表 6-2　开关电源安装与调试评价单

序号	考评点	分值	建议考核方式	评价标准		
				优	良	及格
一	相关知识点的学习	20	教师评价（50%）+互评（50%）	对相关知识点的掌握牢固、明确，正确理解电路的工作过程	对相关知识点的掌握一般，基本能正确理解电路的工作过程	对相关知识点的掌握牢固，但对电路的理解不够清晰
二	制作电路元器件明细表	10	教师评价（50%）+互评（50%）	能准确详细地列出元器件明细表	能准确地列出元器件明细表	能比较准确地列出元器件明细表
三	识别与检测元器件、分析电路、了解主要元器件的功能及参数	10	教师评价（50%）+互评（50%）	能快速正确识别、检测元器件，正确分析电路原理，准确说出元器件的功能及参数	能正确识别、检测元器件，正确分析电路原理，比较准确地说出元器件的功能及参数	能比较正确地识别、检测元器件，能准确说出元器件的功能
四	组装与调试	25	教师评价（50%）+互评（50%）	正确组装电路，安装可靠、美观；能正确使用仪器仪表，掌握电路的测量方法	正确组装电路，安装可靠；能正确使用仪器仪表，掌握电路的测量方法	能使用仪器仪表完成电路的测量与调试
五	排除故障	15	教师评价（50%）+互评（50%）	能正确进行故障分析，检查步骤简洁、准确；排除故障迅速，检查过程无损坏其他元器件现象	能正确进行故障分析，检查步骤简洁、准确；排除故障迅速	能在他人帮助下进行故障分析并排除故障

（续）

序号	考评点	分值	建议考核方式	评价标准		
				优	良	及格
六	任务总结报告	10	教师评价（100%）	格式标准，内容完整、清晰，详细记录任务分析、实施过程，并进行归纳总结	格式标准，内容清晰，记录任务分析、实施过程，并进行归纳总结	内容清晰，记录任务分析、实施过程比较详细，并进行归纳总结
七	职业素养	10	教师评价（30%）+自评（20%）+互评（50%）	工作积极主动、遵守工作纪律、服从工作安排、遵守安全操作规程、爱惜器材与测量工具	工作比较积极主动、遵守工作纪律、服从工作安排、遵守安全操作规程，比较爱惜器材与测量工具	工作积极主动性一般、遵守工作纪律、服从工作安排、遵守安全操作规程、比较爱惜器材与测量工具

【项目测试】

1. 什么是开关电源？它有哪些类型？
2. 简述自激式开关稳压电源的工作原理。
3. 简述升压斩波电路的工作过程。
4. 在图 6-13 所示降压斩波电路中，设直流电源 $E=100\text{V}$，电感 $L=50\text{mH}$，负载电阻 $R_L=10\Omega$，晶体管的开关周期 $T=1/300\text{s}$，$t_{on}=T/3$。试求负载平均电压、平均电流。
5. 简述由降压和升压斩波器组合供电的直流电力拖动工作原理。
6. PWM 的控制方式有哪些？简述工作过程。
7. 开关电源与线性电源相比有何优缺点？

项目七　电力电子技术实验

本书所设置的实验采用的是浙江天煌科技实业有限公司生产的 DJDK－1 型电力电子技术及电动机控制实训平台。

实验一　单结晶体管触发电路实验

一、实验目的

1）熟悉单结晶体管触发电路的工作原理及电路中各元器件的作用。
2）掌握单结晶体管触发电路的调试步骤和方法。

二、实验所需挂件及附件

单结晶体管触发电路实验所需挂件及附件见表 7-1。

表 7-1　单结晶体管触发电路实验所需挂件及附件

序　号	型　号	备　注
1	DJK01 电源控制屏	该控制屏包含三相电源输出等几个模块
2	DJK03－1 晶闸管触发电路	该挂件包含单结晶体管触发电路等模块
3	双踪示波器	自备

三、实验电路及原理

单结晶体管触发电路的工作原理已在项目二的知识链接二中介绍过。

四、实验内容

1）单结晶体管触发电路的调试。
2）单结晶体管触发电路各点电压波形的观察。

五、预习要求

阅读本书项目二的知识链接二“单结晶体管触发电路的连接”中有关单结晶体管的内容，弄清单结晶体管触发电路的工作原理。

六、思考题

1）单结晶体管触发电路的振荡频率与电路中 C 的数值有什么关系？
2）单结晶体管触发电路的移相范围能否达到 180°？

七、实验过程

1. 单结晶体管触发电路的观测

将 DJK01 电源控制屏的电源选择开关打到“直流调速”侧，使输出线电压为 200V（不能打到“交流调速”侧工作，因为 DJK03－1 的正常工作电源电压为 220(1±10%)V，而“交流调速”侧输出的线电压为 240V。如果输入电压超出其标准工作范围，挂件的使用寿命将减少，甚至会导致挂件的损坏。在“DZSZ－1 型电动机及自动控制实验装置”上使用时，通过操作控制屏左侧的自耦调压器，将输出的线电压调到 220V 左右，然后才能将电源接入挂件)，用两根导线将 200V 交流电压接到 DJK03－1 的“外接 220V”端，按下“启动”按钮，打开 DJK03－1 电源开关，这时挂件中所有的触发电路都开始工作，用双踪示波器观察单结晶体管触发电路，经半波整流后观看挂件上“1”点的波形，经稳压管削波得到“2”点的波形，调节移相电位器 RP_1，观察“4”点锯齿波的周期变化及“5”点的触发脉冲波形；最后观测输出的“G、K”触发电压波形，观察其能否在 30°～170°范围内移相。

2. 单结晶体管触发电路各点波形的记录

当 $\alpha=30°$、60°、90°、120°时，将单结晶体管触发电路的各观测点波形描绘下来，并与图 7-1 的各波形进行比较。

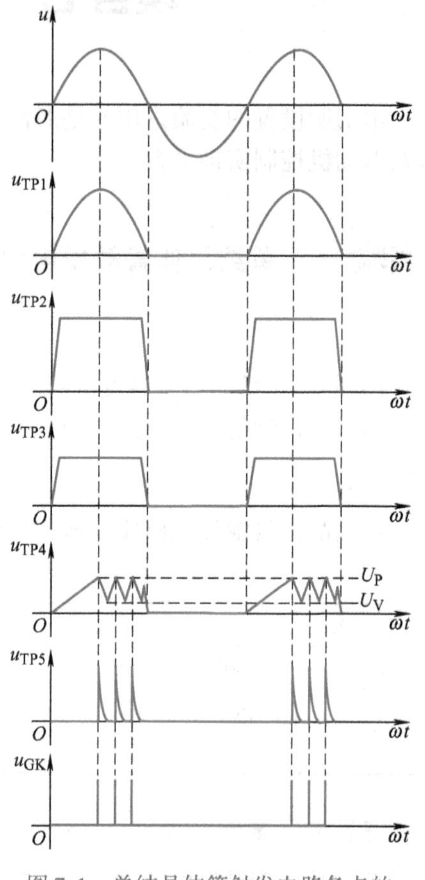

图 7-1　单结晶体管触发电路各点的电压波形（$\alpha=90°$）

八、实验报告

画出 $\alpha=60°$时，单结晶体管触发电路各点输出的波形及其幅值。

九、注意事项

双踪示波器有两个探头，可同时观测两路信号，但这两个探头的地线都与示波器的外壳相连，所以两个探头的地线不能同时接在同一电路的不同电位的两个点上，否则这两点会通过示波器外壳发生电气短路。为此，为了保证测量的顺利进行，可将其中一根探头的地线取下或外包绝缘，只使用其中一路的地线，这样就从根本上解决了这个问题。当需要同时观察两个信号时，必须在被测电路上找到这两个信号的公共点，将探头的地线接于此处，探头各接至被测信号，只有这样才能在示波器上同时观察到两个信号而不发生意外。

实验二　正弦波同步移相触发电路实验

一、实验目的

1）熟悉正弦波同步移相触发电路的工作原理及各元器件的作用。

2）掌握正弦波同步移相触发电路的调试步骤和方法。

二、实验所需挂件及附件

正弦波同步移相触发电路实验所需挂件及附件见表 7-2。

表 7-2　正弦波同步移相触发电路实验所需挂件及附件

序　号	型　号	备　注
1	DJK01 电源控制屏	该控制屏包含三相电源输出等几个模块
2	DJK03－1 晶闸管触发电路	该挂件包含正弦波同步移相触发电路等模块
3	双踪示波器	自备

三、实验电路及原理

电路分脉冲形成、同步移相、脉冲放大等几个环节，具体工作原理可参见图 2-35。

四、实验内容

1）正弦波同步移相触发电路的调试。

2）正弦波同步移相触发电路中各点波形的观察。

五、预习要求

1）阅读本书项目二“项目扩展”中有关正弦波同步移相触发电路的内容，弄清正弦波同步移相触发电路的工作原理。

2）掌握脉冲初始相位的调整方法。

六、思考题

1）正弦波同步移相触发电路由哪些主要环节组成？

2）正弦波同步移相触发电路的移相范围能否达到 180°？

七、实验过程

1）将 DJK01 电源控制屏的电源选择开关打到“直流调速”侧，使输出线电压为 200V（不能打到“交流调速”侧工作，因为 DJK03－1 的正常工作电源电压为 220(1±10%)V，而“交流调速”侧输出的线电压为 240V。如果输入电压超出其标准工作范围，挂件的使用寿命将减少，甚至会导致挂件的损坏。在“DZSZ－1 型电动机及自动控制实验装置”上使用时，通过操作控制屏左侧的自耦调压器，将输出的线电压调到 220V 左右，然后才能将电源接入挂件)，用两根导线将 200V 交流电压接到 DJK03－1 的“外接 220V”端，按下“启动”按钮，打开 DJK03－1 电源开关，这时挂件中所有的触发电路都开始工作，用双踪示波器观察正弦波触发电路各观察点的电压波形。

2）确定脉冲的初始相位。当 $U_{ct}=0$ 时（将 RP_1 电位器逆时针旋到底），调节 U_b（调 RP_2），使 U_4 波形与图 2-36 中的 TP_4 波形相同，使得触发脉冲的后沿接近 90°。

3）保持 RP_2 电位器不变，顺时针旋转 RP_1（即逐渐增大 U_{ct}），用示波器观察挂件中同步电压信号及输出脉冲“5”点的波形，注意 U_{ct} 增加时脉冲的移动情况，并估计移相范围。

4）调节 U_{ct}（调 RP_1），使 $\alpha=60°$，观察并记录面板上观察点“1”～“5”及输出脉冲“G_1”“K_1”的电压波形及其幅值。调节 RP_3，观测“5”点脉冲宽度的变化。

八、实验报告

1）画出 $\alpha=60°$时，观察点“1”～“5”及输出脉冲电压的波形。

2）指出 U_{ct}增加时，α 应如何变化？移相范围大约等于多少度？指出同步电压的哪一段为脉冲移相范围。

3）分析 RP_3 对输出脉冲宽度的影响。

九、注意事项

1）参见本书实验一的注意事项。

2）由于正弦波触发电路的特殊性，我们设计的移相电路的调节范围较小，如需将 α 调节到逆变区，除了调节 RP_1 外，还需调节 RP_2 电位器。

3）由于脉冲“G”“K”输出端有电容影响，故观察输出脉冲电压波形时，需将输出端“G”和“K”分别接到晶闸管的门极和阴极（或者也可用100Ω 左右阻值的电阻接到“G”“K”两端，来模拟晶闸管门极与阴极的阻值），否则无法观察到正确的脉冲波形。

实验三　锯齿波同步移相触发电路实验

一、实验目的

1）加深理解锯齿波同步移相触发电路的工作原理及各元器件的作用。

2）掌握锯齿波同步移相触发电路的调试方法。

二、实验所需挂件及附件

锯齿波同步移相触发电路实验所需挂件及附件见表 7-3。

表 7-3　锯齿波同步移相触发电路实验所需挂件及附件

序　号	型　号	备　注
1	DJK01 电源控制屏	该控制屏包含三相电源输出等几个模块
2	DJK03－1 晶闸管触发电路	该挂件包含锯齿波同步移相触发电路等模块
3	双踪示波器	自备

三、实验电路及原理

锯齿波同步移相触发电路的原理图见图 2-37。锯齿波同步移相触发电路由同步检测、锯齿波形成、移相控制、脉冲形成、脉冲放大等环节组成。

四、实验内容

1）锯齿波同步移相触发电路的调试。

2）锯齿波同步移相触发电路各点波形的观察和分析。

五、预习要求

1）阅读本书项目二“项目扩展”中有关锯齿波同步移相触发电路的有关内容，弄清锯齿波同步移相触发电路的工作原理。

2）掌握锯齿波同步移相触发电路脉冲初始相位的调整方法。

六、思考题

1）锯齿波同步移相触发电路有哪些特点？

2）锯齿波同步移相触发电路的移相范围与哪些参数有关？

3）为什么锯齿波同步移相触发电路的脉冲移相范围比正弦波同步移相触发电路的移相范围要大？

七、实验过程

1）将 DJK01 电源控制屏的电源选择开关打到“直流调速”侧，使输出线电压为 200V（不能打到“交流调速”侧工作，因为 DJK03－1 的正常工作电源电压为 220(1±10%)V，而“交流调速”侧输出的线电压为 240V。如果输入电压超出其标准工作范围，挂件的使用寿命将减少，甚至会导致挂件的损坏。在“DZSZ－1 型电动机及自动控制实验装置”上使用时，通过操作控制屏左侧的自耦调压器，将输出的线电压调到 220V 左右，然后才能将电源接入挂件），用两根导线将 200V 交流电压接到 DJK03－1 的“外接 220V”端，按下“启动”按钮，打开 DJK03－1 电源开关，这时挂件中所有的触发电路都开始工作，用双踪示波器观察锯齿波同步触发电路各观察孔的电压波形。

① 同时观察挂件中同步电压和“1”点的电压波形，了解“1”点波形形成的原因。

② 观察“1”“2”点的电压波形，了解锯齿波宽度和“1”点电压波形的关系。

③ 调节电位器 RP_1，观测“2”点锯齿波斜率的变化。

④ 观察“3”～“6”点电压波形和输出电压的波形，记下各波形的幅值与宽度，并比较“3”点电压 U_3 和“6”点电压 U_6 的对应关系。

2）调节触发脉冲的移相范围。将控制电压 U_{ct} 调至零（将电位器 RP_2 顺时针旋到底），用示波器观察同步电压信号和“6”点 U_6 的波形，调节偏移电压 U_b（即调 RP_3 电位器），使 $\alpha=170°$，其波形如图 7-2 所示。

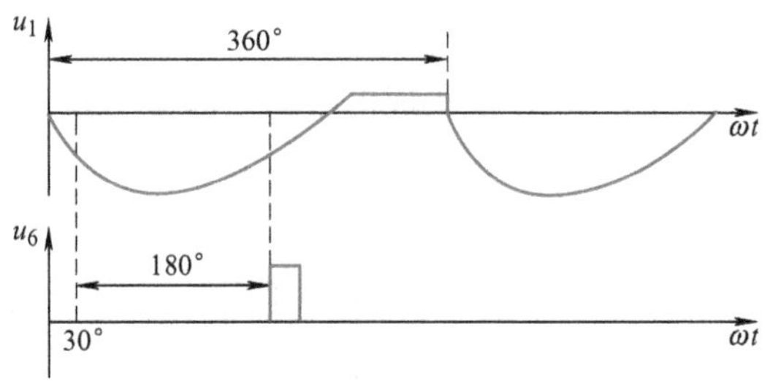

图 7-2　锯齿波同步移相触发电路

3）调节 U_{ct}（即电位器 RP_2）使 $\alpha=60°$，观察并记录 U_1～U_6 及输出“G、K”脉冲电压的波形，标出其幅值与宽度，并记录在表 7-4 中（可在示波器上直接读出，读数时应将示波器的“V/DIV”和“t/DIV”微调旋钮旋到校准位置）。

表 7-4　$\alpha=60°$ 时 U_1～U_6 的值

	U_1	U_2	U_3	U_4	U_5	U_6
幅值/V						
宽度/ms						

八、实验报告

1）整理、描绘实验中记录的各点波形，并标出其幅值和宽度。

2）总结锯齿波同步移相触发电路移相范围的调试方法，如果要求在 $U_{ct}=0$ 的条件下，使 $\alpha=90°$，如何调整？

3）讨论、分析实验中出现的各种现象。

九、注意事项

参照实验一和实验二的注意事项。

实验四　西门子 TCA785 集成触发电路实验

一、实验目的

1）加深理解锯齿波集成同步移相触发电路的工作原理及各元器件的作用。

2）掌握西门子的 TCA785 集成锯齿波同步移相触发电路的调试方法。

二、实验所需挂件及附件

西门子 TCA785 集成触发电路实验所需挂件及附件见表 7-5。

表 7-5　西门子 TCA785 集成触发电路实验所需挂件及附件

序　号	型　号	备　注
1	DJK01 电源控制屏	该控制屏包含三相电源输出等几个模块
2	DJK03－1 晶闸管触发电路	该挂件包含单相集成触发电路等模块
3	双踪示波器	自备

三、实验电路及原理

西门子 TCA785 集成电路的内部框图如图 7-3 所示。

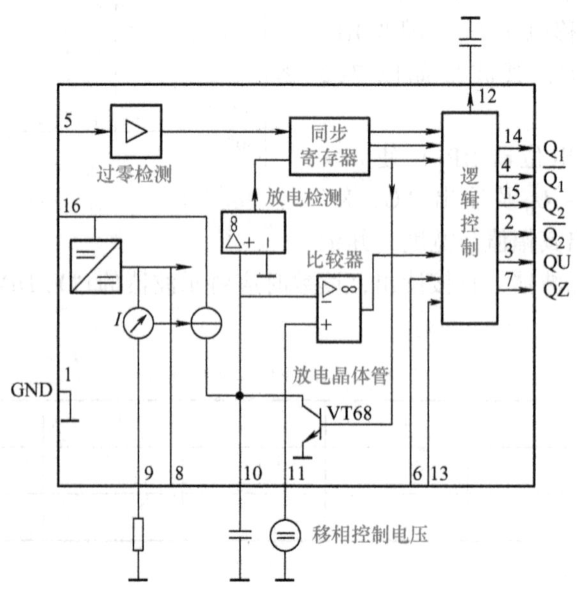

图 7-3　西门子 TCA785 集成电路内部框图

同步信号从 TCA785 集成电路的第 5 脚输入，“过零检测”部分对同步电压信号进行检测，当检测到同步信号过零时，信号送“同步寄存器”。

“同步寄存器”输出控制锯齿波发生电路，锯齿波的斜率大小由第 9 脚外接电阻和 10 脚外接电容决定；输出脉冲宽度由 12 脚外接电容的大小决定；14、15 脚输出对应负半周和正半周的触发脉冲，移相控制电压从 11 脚输入。

具体电路如图 7-4 所示。

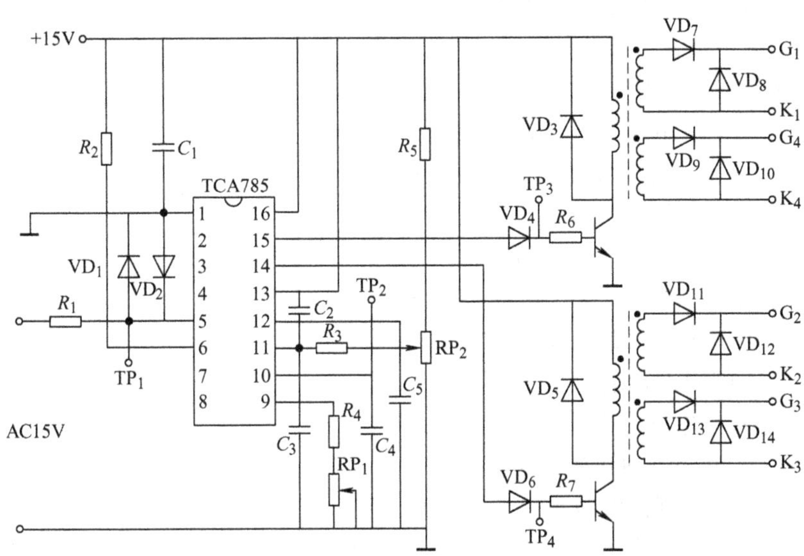

图 7-4　TCA785 集成移相触发电路原理图

电位器 RP_1 主要调节锯齿波的斜率，电位器 RP_2 则调节输入的移相控制电压，脉冲从 14、15 脚输出，输出的脉冲恰好互差 180°，可供单相整流及逆变实验用，各点波形请参考图 7-5。

电位器 RP_1、RP_2 均已安装在挂箱的面板上，同步变压器二次侧已在挂箱内部接好，所有的测试信号都在面板上引出。

四、实验内容

1）TCA785 集成移相触发电路的调试。

2）TCA785 集成移相触发电路各点波形的观察和分析。

五、预习要求

阅读有关 TCA785 触发电路的内容，弄清触发电路的工作原理。

六、思考题

1）TCA785 触发电路有哪些特点？

2）TCA785 触发电路的移相范围和脉冲宽度与哪些参数有关？

七、实验过程

1）将 DJK01 电源控制屏的电源选择开关打到“直流调速”侧，使输出线电压为 200V（不能打到“交流调速”侧工作，因为 DJK03－1 的正常工作电源电压为 220（1±10%）V，而“交流调速”侧输出的线电压为240V。如果输入电压超出其标准工作范围，挂件的使用寿命将减少，甚至会导致挂件的损坏。在“DZSZ－1型电动机及自动控制实验装置”上使用时，通过操作控制屏左侧的自耦调压器，将输出的线电压调到220V左右，然后才能将电源接入挂件)，用两根导线将200V交流电压接到DJK03－1的“外接220V”端，按下“启动”按钮，打开DJK03－1电源开关，这时挂件中所有的触发电路都开始工作；用双踪示波器一路探头观测15V的同步电压信号，另一路探头观察TCA785触发电路、同步信号“1”点的波形及“2”点的锯齿波，调节斜率电位器RP_1，观察挂件中“2”点锯齿波的斜率变化、“3”“4”互差180°的触发脉冲；最后观测输出的四路触发电压波形，其能否在30°～170°范围内移相？

① 同时观察挂件中同步电压和“1”点的电压波形，了解“1”点波形形成的原因。

② 观察“2”点的锯齿波波形，调节电位器RP_1，观测“2”点锯齿波斜率的变化。

③ 观察“3”“4”两点输出脉冲的波形，记下各波形的幅值与宽度。

2）调节触发脉冲的移相范围。调节RP_2电位器，用示波器观察同步电压信号和“3”点U_3的波形，观察和记录触发脉冲的移相范围。

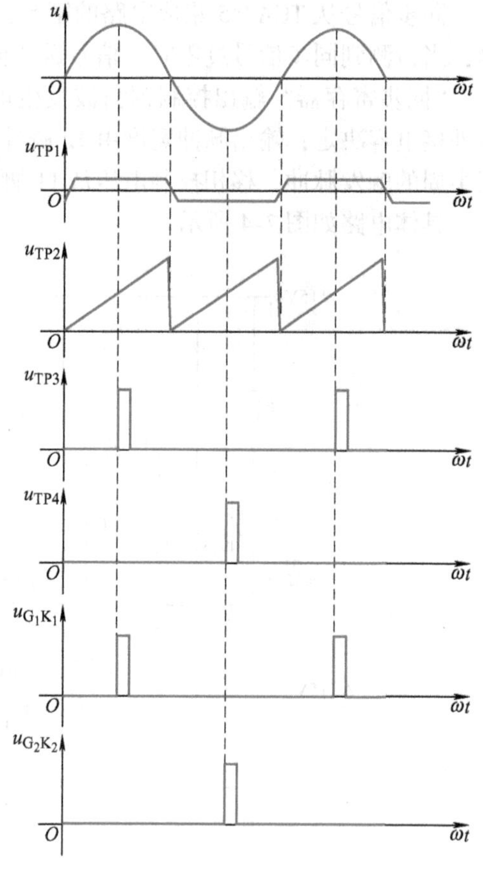

图7-5 单相集成锯齿波触发电路的各点电压波形（$\alpha=90°$）

3）调节电位器RP_2使$\alpha=60°$，观察并记录$U_1\sim U_4$及输出“G、K”脉冲电压的波形，标出其幅值与宽度，并记录在表7-6中（可在示波器上直接读出，读数时应将示波器的“V/DIV”和“t/DIV”微调旋钮旋到校准位置）。

表7-6 $\alpha=60°$时$U_1\sim U_4$的值

	U_1	U_2	U_3	U_4
幅值/V				
宽度/ms				

八、实验报告

1）整理、描绘实验中记录的各点波形，并标出其幅值和宽度。

2）讨论、分析实验中出现的各种现象。

九、注意事项

参照实验一的注意事项。

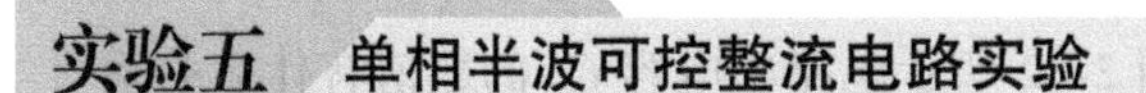

实验五　单相半波可控整流电路实验

一、实验目的

1）掌握单结晶体管触发电路的调试步骤和方法。

2）掌握单相半波可控整流电路在电阻性负载及电阻电感性负载时的工作。

3）了解续流二极管的作用。

二、实验所需挂件及附件

单相半波可控整流电路实验所需挂件及附件见表7-7。

表7-7　单相半波可控整流电路实验所需挂件及附件

序　号	型　号	备　注
1	DJK01 电源控制屏	该控制屏包含三相电源输出、励磁电源等几个模块
2	DJK02 晶闸管主电路	该挂件包含晶闸管、电感等几个模块
3	DJK03－1 晶闸管触发电路	该挂件包含单结晶体管触发电路模块
4	DJK06 给定及实验器件	该挂件包含二极管等几个模块
5	D42 三相可调电阻	
6	双踪示波器	自备
7	万用表	自备

三、实验电路及原理

单结晶体管触发电路的工作原理及电路图已在项目二的知识链接二中做过介绍。将DJK03－1挂件上的单结晶体管触发电路的输出端“G”和“K”接到DJK02挂件面板上的反桥中的任意一个晶闸管的门极和阴极，并将相应的触发脉冲的钮子开关关闭（防止误触发），图中的R负载用挂件D42三相可调电阻，将两个900Ω接成并联形式。二极管VD_1和开关S_1均在DJK06挂件上，电感L_d在DJK02面板上，有100mH、200mH、700mH三档可供选择，本实验中选用700mH。直流电压表及直流电流表从DJK02挂件上得到。

四、实验内容

1）单结晶体管触发电路的调试。

2）单结晶体管触发电路各点电压波形的观察和记录。

3）单相半波整流电路带电阻性负载时$U_d/U_2=f(\alpha)$特性的测定。

4）单相半波整流电路带电阻电感性负载时续流二极管作用的观察。

五、预习要求

1）阅读本书中有关整流电路的内容，弄清单结晶体管触发电路的工作原理。

2）复习单相半波可控整流电路的有关内容，掌握单相半波可控整流电路接电阻性负载和电阻电感性负载时的工作波形。

3）掌握单相半波可控整流电路接不同负载时U_d、I_d的计算方法。

六、思考题

1）单结晶体管触发电路的振荡频率与图 2-32 所示电路中电容 C_1 的数值有什么关系？

2）单相半波可控整流电路接电感性负载时会出现什么现象？如何解决？

七、实验过程

1. 单结晶体管触发电路的调试

将 DJK01 电源控制屏的电源选择开关打到“直流调速”侧，使输出线电压为 200V，用两根导线将 200V 交流电压接到 DJK03－1 的“外接 220V”端，按下“启动”按钮，打开 DJK03－1 电源开关，用双踪示波器观察单结晶体管触发电路中整流输出的梯形波电压、锯齿波电压及单结晶体管触发电路输出电压等波形。调节移相电位器 RP_1，观察锯齿波的周期变化及输出脉冲波形的移相范围能否在 30°～170°范围内移动。

2. 单相半波可控整流电路接电阻性负载

单结晶体管触发电路调试正常后，按图 7-6 所示电路图接线。将可调电阻调在最大阻值位置，按下“启动”按钮，用示波器观察负载电压 U_d、晶闸管 VT 两端电压 U_{VT} 的波形，调节挂件 DJK03－1 上单结晶体管触发电路中的电位器 RP_1，观察 α＝30°、60°、90°、120°、150°时 U_d、U_{VT} 的波形，并测量直流输出电压 U_d 和电源电压 U_2，记录于表 7-8 中。

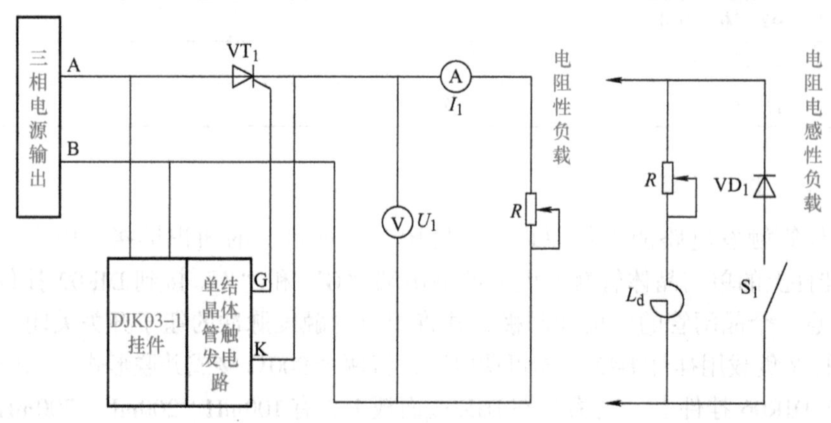

图 7-6 单相半波可控整流电路

表 7-8 单相半波可控整流电路接电阻性负载 α＝30°、60°、90°、120°、150°时 U_d 的值

α	30°	60°	90°	120°	150°
U_2					
U_d（记录值）					
U_d/U_2					
U_d（计算值）					

计算公式为 $$U_d = 0.45U_2(1+\cos\alpha)/2$$

3. 单相半波可控整流电路接电阻电感性负载

将负载电阻 R 改成电阻电感性负载（由电阻与平波电抗器 L_d 串联而成）。暂不接续流二极管 VD_1，在不同阻抗角［阻抗角 $\phi = \arctan(\omega L/R)$，保持电感量不变，改变 R 的电阻值，注意电流不要超过 1A］情况下，观察并记录 $\alpha = 30°$、$60°$、$90°$、$120°$时的直流输出电压值 U_d 及 U_{VT} 的波形，记录于表 7-9 中。

表 7-9　单相半波可控整流电路接电阻电感性负载 $\alpha = 30°$、$60°$、$90°$、$120°$、$150°$时 U_d 的值

α	30°	60°	90°	120°	150°
U_2					
U_d（记录值）					
U_d/U_2					
U_d（计算值）					

接入续流二极管 VD_1，重复上述实验，观察续流二极管的作用以及 U_{VD1} 波形的变化，记录于表 7-10 中。

表 7-10　单相半波可控整流电路接电阻电感性负载、续流二极管 VD_1 $\alpha = 30°$、$60°$、$90°$、$120°$、$150°$时 U_d 的值

α	30°	60°	90°	120°	150°
U_2					
U_d（记录值）					
U_d/U_2					
U_d（计算值）					

计算公式为
$$U_d = 0.45U_2(1 + \cos\alpha)/2$$

八、实验报告

1）画出 $\alpha = 90°$时，电阻性负载和电阻电感性负载的 U_d、U_{VT} 波形。

2）画出电阻性负载时 $U_d/U_2 = f(\alpha)$ 的实验曲线，并与计算值 U_d 的对应曲线相比较。

3）分析实验中出现的现象，写出体会。

九、注意事项

1）参照实验一的注意事项。

2）在本实验中触发电路选用的是单结晶体管触发电路，同样也可以用锯齿波同步移相触发电路来完成实验。

3）在实验中，触发脉冲是从外部接入 DJK02 面板上晶闸管的门极和阴极，此时，应将所用晶闸管对应的正桥触发脉冲或反桥触发脉冲的开关拨向“断”的位置，避免误触发。

4）为避免晶闸管意外损坏，实验时要注意以下几点：

① 在主电路未接通时，首先要调试触发电路，只有触发电路工作正常后，才可以接通主电路。

② 在接通主电路前，必须先将控制电压 U_{ct} 调到零，且将负载电阻调到最大阻值处；接

通主电路后，才可逐渐加大控制电压 U_{ct}，避免过电流。

③ 要选择合适的负载电阻和电感，避免过电流。在无法确定的情况下，应尽可能选用大的电阻值。

5）由于晶闸管持续工作时，需要有一定的维持电流，故要使晶闸管主电路可靠工作，其通过的电流不能太小，否则可能会造成晶闸管时断时续，工作不可靠。在本实验装置中，要保证晶闸管正常工作，负载电流必须大于 50mA 以上。

6）在实验中要注意同步电压与触发相位的关系，例如，在单结晶体管触发电路中，触发脉冲产生的位置是在同步电压的上半周；而在锯齿波触发电路中，触发脉冲产生的位置是在同步电压的下半周。所以在主电路接线时应充分考虑到这个问题，否则实验就无法顺利完成。

7）使用电抗器时要注意其通过的电流不要超过 1A，保证线性。

实验六　单相桥式半控整流电路实验

一、实验目的

1）加深对单相桥式半控整流电路带电阻性、电阻电感性负载时各工作情况的理解。

2）了解续流二极管在单相桥式半控整流电路中的作用，学会对实验中出现的问题加以分析和解决。

二、实验所需挂件及附件

单相桥式半控整流电路实验所需挂件及附件见表 7-11。

表 7-11　单相桥式半控整流电路实验所需挂件及附件

序　号	型　号	备　注
1	DJK01 电源控制屏	该控制屏包含三相电源输出、励磁电源等几个模块
2	DJK02 晶闸管主电路	该挂件包含晶闸管、电感等几个模块
3	DJK03－1 晶闸管触发电路	该挂件包含锯齿波同步触发电路模块
4	DJK06 给定及实验器件	该挂件包含二极管等几个模块
5	D42 三相可调电阻	
6	双踪示波器	自备
7	万用表	自备

三、实验电路及原理

本实验电路如图 7-7 所示，两组锯齿波同步移相触发电路均在 DJK03－1 挂件上，它们由同一个同步变压器保持与输入的电压同步，触发信号加到共阴极的两个晶闸管，图中的 R 用 D42 三相可调电阻，将两个 900Ω 接成并联形式，二极管 VD_1、VD_2、VD_3 及开关 S_1 均在 DJK06 挂件上，电感 L_d 在 DJK02 面板上，有 100mH、200mH、700mH 三档可供选择，本实验用 700mH，直流电压表、电流表从 DJK02 挂件获得。

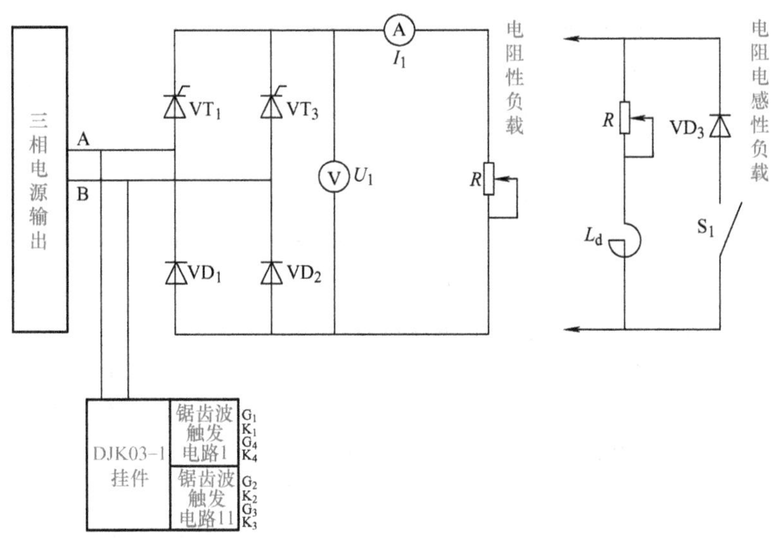

图 7-7 单相桥式半控整流电路实验电路图

四、实验内容

1）锯齿波同步触发电路的调试。

2）单相桥式半控整流电路带电阻性负载。

3）单相桥式半控整流电路带电阻电感性负载。

4）单相桥式半控整流电路带反电动势负载（选做）。

五、预习要求

1）阅读本书中有关单相桥式半控整流电路的有关内容。

2）了解续流二极管在单相桥式半控整流电路中的作用。

六、思考题

1）单相桥式半控整流电路在什么情况下会发生失控现象？

2）在加续流二极管前后，单相桥式半控整流电路中晶闸管两端的电压波形如何？

七、实验过程

1）将 DJK01 电源控制屏的电源选择开关打到“直流调速”侧，使输出线电压为 200V，用两根导线将 200V 交流电压接到 DJK03－1 的“外接 220V”端，按下“启动”按钮，打开 DJK03－1 电源开关，用双踪示波器观察“锯齿波同步触发电路”各观察孔的波形。

2）锯齿波同步移相触发电路调试：其调试方法与实验三相同。令 $U_{ct}=0$ 时（将图 2-37 中的 RP_2 电位器顺时针转到底），$\alpha=170°$。

3）单相桥式半控整流电路带电阻性负载。按图 7-7 接线，主电路接可调电阻 R，将电阻器调到最大阻值位置，按下“启动”按钮，用示波器观察负载电压 U_d、晶闸管两端电压 U_{VT} 和整流二极管两端电压 U_{VD1} 的波形，调节锯齿波同步移相触发电路上的移相控制电位器 RP_2，观察并记录在不同 α 角时 U_d、U_{VT}、U_{VD1} 的波形，测量相应电源电压 U_2 和负载电压 U_d 的数值，记录于表 7-12 中。

表 7-12 单相桥式半控整流电路带电阻性负载不同 α 角时电源电压 U_2 和负载电压 U_d 的数值

α	30°	60°	90°	120°	150°
U_2					
U_d（记录值）					
U_d/U_2					
U_d（计算值）					

计算公式为 $$U_d = 0.9U_2(1+\cos\alpha)/2$$

4）单相桥式半控整流电路带电阻电感性负载。

① 断开主电路后，将负载换成将平波电抗器 L_d（700mH）与电阻 R 串联。

② 不接续流二极管 VD_3，接通主电路，用示波器观察不同触发延迟角 α 时 U_d、U_{VT}、U_{VD1}、I_d 的波形，并测定相应的 U_2、U_d 数值，记录于表 7-13 中。

表 7-13 单相桥式半控整流电路带电阻电感性负载不接续流二极管时 U_d 的数值

α	30°	60°	90°
U_2			
U_d（记录值）			
U_d/U_2			
U_d（计算值）			

③ 在 $\alpha=60°$ 时，移去触发脉冲（将锯齿波同步触发电路上的“G_3”或“K_3”拔掉），观察并记录移去脉冲前、后 U_d、U_{VT1}、U_{VT3}、U_{VD1}、U_{VD2}、I_d 的波形。

④ 接上续流二极管 VD_3，接通主电路，观察不同触发延迟角 α 时 U_d、U_{VD3}、I_d 的波形，并测定相应的 U_2、U_d 数值，记录于表 7-14 中。

表 7-14 单相桥式半控整流电路带电阻电感性负载接续流二极管时 U_d 的数值

α	30°	60°	90°
U_2			
U_d（记录值）			
U_d/U_2			
U_d（计算值）			

⑤ 在接有续流二极管 VD_3 及 $\alpha=60°$ 时，移去触发脉冲（将锯齿波同步触发电路上的“G_3”或“K_3”拔掉），观察并记录移去脉冲前、后 U_d、U_{VT1}、U_{VT3}、U_{VD2}、U_{VD1} 和 I_d 的波形。

5）单相桥式半控整流电路带反电动势负载（选做）。要完成此实验还应加一台直流电动机。

① 断开主电路，将负载改为直流电动机，不接平波电抗器 L_d，调节锯齿波同步触发电路上的 RP_2 使 U_d 由零逐渐上升，用示波器观察并记录不同 α 时输出电压 U_d 和电动机电枢两端电压 U_a 的波形。

② 接上平波电抗器，重复上述实验。

八、实验报告

1）画出电阻性负载和电阻电感性负载时 $U_d/U_2=f(\alpha)$ 的曲线。

2）画出电阻性负载和电阻电感性负载情况下，α 角分别为30°、60°、90°时的 U_d、U_{VT} 的波形。

3）说明续流二极管对消除失控现象的作用。

九、注意事项

1）参照实验一的注意事项。

2）在本实验中，触发脉冲是从外部接入DJK02面板上晶闸管的门极和阴极，此时，应将所用晶闸管对应的正桥触发脉冲或反桥触发脉冲的开关拨向“断”的位置，并将 U_{lf} 及 U_{lr} 悬空，避免误触发。

3）带直流电动机做实验时，要避免电枢电压超过其额定值，转速也不要超过1.2倍的额定值，以免发生意外，影响电动机功能。

4）带直流电动机做实验时，必须要先加励磁电源，然后加电枢电压，停机时要先将电枢电压降到零后，再关闭励磁电源。

实验七　单相桥式全控整流及有源逆变电路实验

一、实验目的

1）加深理解单相桥式全控整流及逆变电路的工作原理。

2）研究单相桥式整流电路整流的全过程。

3）研究单相桥式整流电路逆变的全过程，掌握实现有源逆变的条件。

4）掌握产生逆变颠覆的原因及预防方法。

二、实验所需挂件及附件

单相桥式全控整流及有源逆变电路实验所需挂件及附件见表7-15。

表7-15　单相桥式全控整流及有源逆变电路实验所需挂件及附件

序　号	型　号	备　注
1	DJK01 电源控制屏	该控制屏包含三相电源输出、励磁电源等几个模块
2	DJK02 晶闸管主电路	该挂件包含晶闸管、电感等几个模块
3	DJK03-1 晶闸管触发电路	该挂件包含锯齿波同步触发电路模块
4	DJK10 变压器实验	该挂件包含逆变变压器、三相不控整流等模块
5	D42 三相可调电阻	
6	双踪示波器	自备
7	万用表	自备

三、实验电路及原理

图7-8为单相桥式全控整流带电阻电感性负载电路，其输出负载 R 用D42三相可调电

阻，将两个900Ω接成并联形式，电抗L_d用DJK02面板上的700mH，直流电压表、电流表均在DJK02面板上。触发电路采用DJK03-1组件挂箱上的“锯齿波触发电路Ⅰ”和“锯齿波触发电路Ⅱ”。

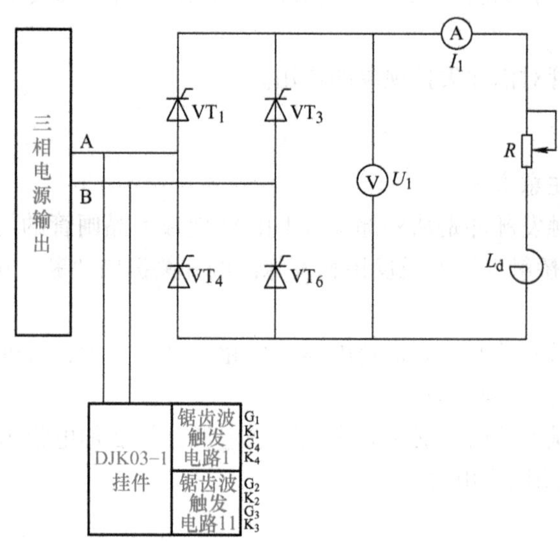

图7-8　单相桥式全控整流实验原理图

图7-9为单相桥式有源逆变原理图，三相电源经三相不控整流，得到一个上负下正的直流电源，供逆变桥路使用，逆变桥路逆变出的交流电压经升压变压器反馈回电网。“三相不控整流”是DJK10上的一个模块，其“心式变压器”在此作为升压变压器用，从晶闸管逆变出的电压接“心式变压器”的中压端A_1、B_1，返回电网的电压从其高压端A、B输出。为了避免输出的逆变电压过高而损坏心式变压器，故将变压器接成Y/Y接法。图中的电阻R、电抗L_d和触发电路与单相桥式整流电路所用元件相同。

有关实现有源逆变的必要条件等内容可参见电力电子技术教材的相关内容。

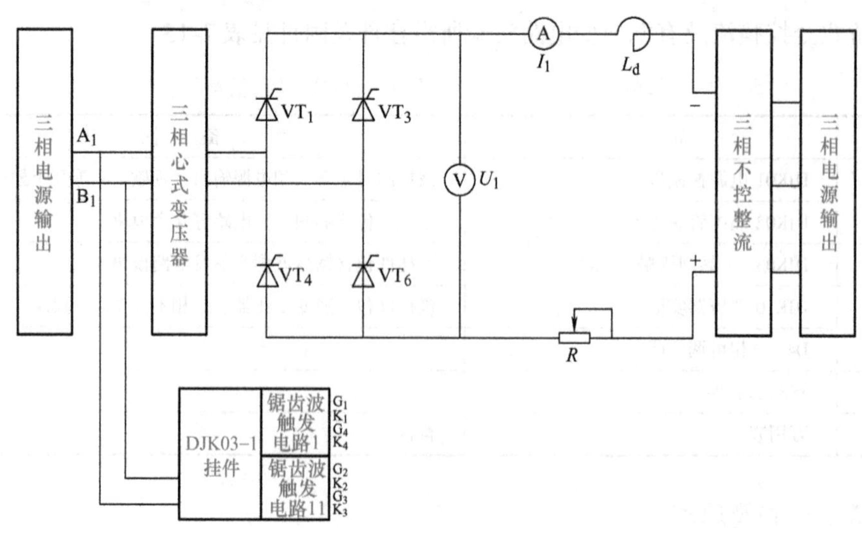

图7-9　单相桥式有源逆变电路图

四、实验内容

1）单相桥式全控整流电路带电阻电感性负载。

2）单相桥式有源逆变电路带电阻电感性负载。

3）有源逆变电路逆变颠覆现象的观察。

五、预习要求

1）阅读本书中有关单相桥式全控整流电路的有关内容。

2）阅读本书中有关有源逆变电路的内容，掌握实现有源逆变的基本条件。

六、思考题

实现有源逆变的条件是什么？在本实验中如何保证能满足这些条件？

七、实验过程

1. 触发电路的调试

将 DJK01 电源控制屏的电源选择开关打到“直流调速”侧，使输出线电压为 200V，用两根导线将 200V 交流电压接到 DJK03－1 的“外接 220V”端，按下“启动”按钮，打开 DJK03－1 电源开关，用示波器观察锯齿波同步触发电路各观察孔的电压波形。

将控制电压 U_{ct}调至零（将电位器 RP_2 顺时针旋到底），观察同步电压信号和“6”点电压 U_6的波形，调节偏移电压 U_b（即调 RP_3 电位器），使 $\alpha=180°$。

将锯齿波触发电路的输出脉冲端分别接至全控桥中相应晶闸管的门极和阴极，注意不要把相序接反了，否则无法进行整流和逆变。将 DJK02 上的正桥和反桥触发脉冲开关都打到“断”的位置，并使 U_{lf}和 U_{lr}悬空，确保晶闸管不被误触发。

2. 单相桥式全控整流电路的调试

按图 7-8 接线，将可调电阻放在最大阻值处，按下“启动”按钮，保持 U_b偏移电压不变（即锯齿波触发电路中的 RP_3 固定），逐渐增加 U_{ct}（调节 RP_2），在 $\alpha=0°$、30°、60°、90°、120°时，用示波器观察、记录整流电压 U_d和晶闸管两端电压 U_{VT}的波形，并记录电源电压 U_2和负载电压 U_d的数值于表 7-16 中。

表 7-16　单相桥式全控整流电路不同 α 值时负载电压 U_d 的数值

α	30°	60°	90°	120°
U_2				
U_d（记录值）				
U_d（计算值）				

计算公式为

$$U_d=0.9U_2(1+\cos\alpha)/2$$

3. 单相桥式有源逆变电路实验

按图 7-9 接线，将可调电阻放在最大阻值处，按下“启动”按钮，保持 U_b偏移电压不变（即 RP_3 固定），逐渐增加 U_{ct}（调节 RP_2），在 $\beta=30°$、60°、90°时，观察、记录逆变电流 I_d和晶闸管两端电压 U_{VT}的波形，并记录负载电压 U_d的数值于表 7-17 中。

表 7-17　单相桥式有源逆变电路不同 β 值时负载电压 U_d 的数值

β	30°	60°	90°
U_2			
U_d（记录值）			
U_d（计算值）			

4. 逆变颠覆现象的观察

调节 U_{ct}，使 $\alpha=150°$，观察 U_d波形。突然关断触发脉冲（可将触发信号拆去），用双踪慢扫描示波器观察逆变颠覆现象，记录逆变颠覆时的 U_d波形。

八、实验报告

1）画出 $\alpha=30°$、60°、90°、120°、150°时 U_d和 U_{VT}的波形。

2）画出电路的移相特性 $U_d=f(\alpha)$ 曲线。

3）分析逆变颠覆的原因及逆变颠覆后会产生的后果。

九、注意事项

1）参照实验一的注意事项。

2）在本实验中，触发脉冲是从外部接入 DJK02 面板上晶闸管的门极和阴极，此时，应将所用晶闸管对应的正桥触发脉冲或反桥触发脉冲的开关拨向“断”的位置，并将 U_{lf}及 U_{lr}悬空，避免误触发。

3）为了保证从逆变到整流不发生过电流，其回路的电阻 R 应取比较大的值，但也要考虑到晶闸管的维持电流，保证可靠导通。

实验八　三相半波可控整流电路实验

一、实验目的

了解三相半波可控整流电路的工作原理，研究可控整流电路在电阻性负载和电阻电感性负载时的工作情况。

二、实验所需挂件及附件

三相半波可控整流电路实验所需挂件及附件见表 7-18。

表 7-18　三相半波可控整流电路实验所需挂件及附件

序　号	型　号	备　注
1	DJK01 电源控制屏	该控制屏包含三相电源输出等几个模块
2	DJK02 晶闸管主电路	
3	DJK02－1 三相晶闸管触发电路	该挂件包含触发电路、正反桥功放等几个模块
4	DJK06 给定及实验器件	该挂件包含给定等模块
5	D42 三相可调电阻	
6	双踪示波器	自备
7	万用表	自备

三、实验电路及原理

三相半波可控整流电路用了三个晶闸管，与单相电路比较，其输出电压脉动小，输出功率大。不足之处是晶闸管电流即变压器的二次电流在一个周期内只有1/3时间有电流流过，变压器利用率较低。图7-10中晶闸管用DJK02正桥组的三个，电阻R用D42三相可调电阻，将两个900Ω接成并联形式，L_d电感用DJK02面板上的700mH，其三相触发信号由DJK02-1内部提供，只需在其外加一个给定电压接到U_{ct}端即可。直流电压表、电流表由DJK02获得。

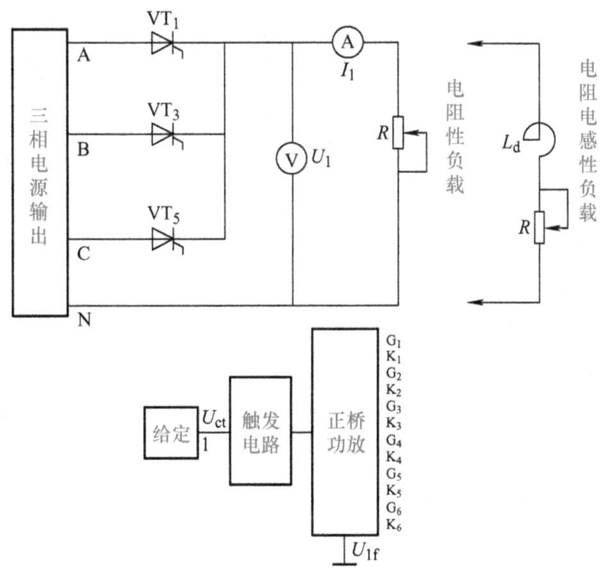

图7-10　三相半波可控整流电路实验原理图

四、实验内容

1）研究三相半波可控整流电路带电阻性负载。

2）研究三相半波可控整流电路带电阻电感性负载。

五、预习要求

阅读本书中有关三相半波整流电路的内容。

六、思考题

1）如何确定三相触发脉冲的相序，主电路输出的三相相序能任意改变吗？

2）根据所用晶闸管的定额，如何确定整流电路的最大输出电流？

七、实验过程

1. DJK02和DJK02-1上的“触发电路”调试

1）打开DJK01总电源开关，操作“电源控制屏”上的“三相电网电压指示”开关，观察输入的三相电网电压是否平衡。

2）将DJK01“电源控制屏”上的“调速电源选择开关”拨至“直流调速”侧。

3）用10芯的扁平电缆，将DJK02的“三相同步信号输出”端和DJK02－1“三相同步信号输入”端相连，打开DJK02－1电源开关，拨动“触发脉冲指示”钮子开关，使“窄”的发光管亮。

4）观察A、B、C三相的锯齿波，并调节A、B、C三相锯齿波斜率调节电位器（在各观测孔左侧），使三相锯齿波斜率尽可能一致。

5）将DJK06上的“给定”输出U_g直接与DJK02－1上的移相控制电压U_{ct}相接，将给定开关S_2拨到接地位置（即$U_{ct}=0$），调节DJK02－1上的偏移电压电位器，用双踪示波器观察A相同步电压信号和“双脉冲观察孔”VT_1的输出波形，使$\alpha=150°$（注意此处的α表示三相晶闸管电路中的移相角，它的0°是从自然换流点开始计算，前面实验中的单相晶闸管电路的0°移相角表示从同步信号过零点开始计算，两者存在相位差，前者比后者滞后30°）。

6）适当增加给定U_g的正电压输出，观测DJK02－1上“脉冲观察孔”的波形，此时应观测到单窄脉冲和双窄脉冲。

7）用8芯的扁平电缆，将DJK02－1面板上“触发脉冲输出”和“触发脉冲输入”相连，使得触发脉冲加到正反桥功放的输入端。

8）将DJK02－1面板上的U_{lf}端接地，用20芯的扁平电缆，将DJK02－1的“正桥触发脉冲输出”端和DJK02“正桥触发脉冲输入”端相连，并将DJK02“正桥触发脉冲”的六个开关拨至“通”，观察正桥VT_1～VT_6晶闸管门极和阴极之间的触发脉冲是否正常。

2. 三相半波可控整流电路带电阻性负载

按图7-10接线，将可调电阻放在最大阻值处，按下“启动”按钮，DJK06上的“给定”从零开始，慢慢增加移相电压，使α能从30°～180°范围内调节，用示波器观察并记录三相电路中$\alpha=30°$、60°、90°、120°、150°时整流输出电压U_d和晶闸管两端电压U_{VT}的波形，并记录相应的电源电压U_2及U_d的数值于表7-19中。

表7-19 三相半波可控整流电路带电阻性负载不同α值时输出电压U_d的值

α	30°	60°	90°	120°	150°
U_2					
U_d（记录值）					
U_d/U_2					
U_d（计算值）					

计算公式为
$$U_d=1.17U_2\cos\alpha \quad (0°\sim30°)$$
$$U_d=0.675U_2\left[1+\cos\left(\alpha+\frac{\pi}{6}\right)\right] \quad (30°\sim150°)$$

3. 三相半波整流带电阻电感性负载

将DJK02上700mH的电抗器与负载电阻R串联后接入主电路，观察不同移相角α时U_d、I_d的输出波形，并记录相应的电源电压U_2及U_d、I_d值，画出$\alpha=90°$时的U_d及I_d波形图，填写表7-20。

表 7-20　三相半波整流带电阻电感性负载不同 α 值时输出电压 U_d 的值

α	30°	60°	90°	120°
U_2				
U_d（记录值）				
U_d/U_2				
U_d（计算值）				

八、实验报告

绘出当 $\alpha=90°$ 时，整流电路供电给电阻性负载、电阻电感性负载时的 U_d 及 I_d 的波形，并进行分析讨论。

九、注意事项

1）可参考实验六的注意事项 1）、2）。

2）整流电路与三相电源连接时，一定要注意相序，必须一一对应。

实验九　三相半波有源逆变电路实验

一、实验目的

研究三相半波有源逆变电路的工作原理，验证可控整流电路在有源逆变时的工作条件，并比较与三相半波整流电路工作时的区别。

二、实验所需挂件及附件

三相半波有源逆变电路实验所需挂件及附件见表 7-21。

表 7-21　三相半波有源逆变电路实验所需挂件及附件

序　号	型　号	备　注
1	DJK01 电源控制屏	该控制屏包含三相电源输出等几个模块
2	DJK02 晶闸管主电路	
3	DJK02－1 三相晶闸管触发电路	该挂件包含触发电路、正反桥功放等几个模块
4	DJK06 给定及实验器件	该挂件包含二极管等模块
5	DJK10 变压器实验	该挂件包含逆变变压器三相不控整流模块
6	D42 三相可调电阻	
7	双踪示波器	自备
8	万用表	自备

三、实验电路及原理

其工作原理详见本书中的有关内容。

三相半波有源逆变电路实验原理如图 7-11 所示。晶闸管可选用 DJK02 上的正桥，电感用 DJK02 上的 L_d = 700mH，电阻 R 选用 D42 三相可调电阻，将两个 900Ω 接成串联形式，直流电源用 DJK01 上的励磁电源，其中 DJK10 中的心式变压器用作升压变压器使用，变压器接成 Y/Y 接法，逆变输出的电压接心式变压器的中压端 A_1、B_1、C_1，返回电网的电压从高压端 A、B、C 输出。直流电压表、电流表均在 DJK02 上。

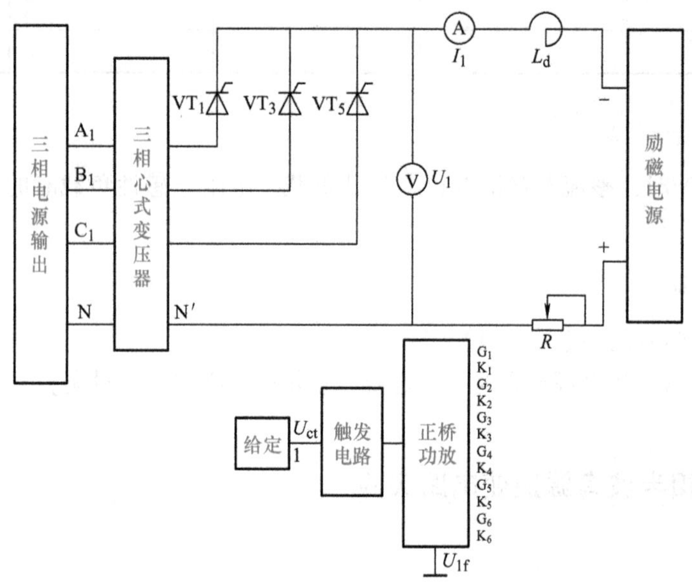

图 7-11　三相半波有源逆变电路实验原理图

四、实验内容

三相半波整流电路在整流状态工作下带电阻电感性负载的研究。

五、思考题

1）画出在不同工作状态时可控整流电路的输出波形。

2）可控整流电路在 $\beta=60°$ 和 $\beta=90°$ 时输出电压有何差异？

六、实验过程

1. DJK02 和 DJK02－1 上的“触发电路”调试

1）打开 DJK01 总电源开关，操作“电源控制屏”上的“三相电网电压指示”开关，观察输入的三相电网电压是否平衡。

2）将 DJK01“电源控制屏”上的“调速电源选择开关”拨至“直流调速”侧。

3）用 10 芯的扁平电缆，将 DJK02 的“三相同步信号输出”端和 DJK02－1“三相同步信号输入”端相连，打开 DJK02－1 电源开关，拨动“触发脉冲指示”钮子开关，使“窄”的发光管亮。

4）观察 A、B、C 三相的锯齿波，并调节 A、B、C 三相锯齿波斜率调节电位器（在各观测孔左侧），使三相锯齿波斜率尽可能一致。

5）将 DJK06 上的“给定”输出 U_g 直接与 DJK02－1 上的移相控制电压 U_{ct} 相接，将给定开关 S_2 拨到接地位置（即 $U_{ct}=0$），调节 DJK02－1 上的偏移电压电位器，用双踪示波器观察 A 相同步电压信号和“双脉冲观察孔”VT_1 的输出波形，使 $\alpha = 120°$（注意此处的 α 表示三相晶闸管电路中的移相角，它的 0°是从自然换流点开始计算，前面实验中的单相晶闸管电路的 0°移相角表示从同步信号过零点开始计算，两者存在相位差，前者比后者滞后 30°）。

6）适当增加给定 U_g 的正电压输出，观测 DJK02－1 上“脉冲观察孔”的波形，此时应观测到单窄脉冲和双窄脉冲。

7）用 8 芯的扁平电缆，将 DJK02－1 面板上“触发脉冲输出”和“触发脉冲输入”相连，使得触发脉冲加到正反桥功放的输入端。

8）将 DJK02－1 面板上的 U_{lf} 端接地，用 20 芯的扁平电缆，将 DJK02－1 的“正桥触发脉冲输出”端和 DJK02“正桥触发脉冲输入”端相连，并将 DJK02“正桥触发脉冲”的六个开关拨至“通”，观察正桥 VT_1 ~ VT_6 晶闸管门极和阴极之间的触发脉冲是否正常。

2. 三相半波整流及有源逆变电路

1）按图 7-11 接线，将负载电阻放在最大阻值处，使输出给定调到零。

2）按下“启动”按钮，此时三相半波可控电路处于逆变状态，$\alpha = 150°$，用示波器观察电路输出电压 U_d 的波形，缓慢调节给定电位器，升高输出给定电压。观察电压表的指示，其值由负的电压值向零靠近，当到零电压时，也就是 $\alpha = 90°$，继续升高给定电压，输出电压由零向正的电压升高，进入整流区。在这过程中记录 $\alpha = 30°$、60°、90°、120°、150°时的电压值（见表 7-22）以及波形。

表 7-22　三相半波整流及有源逆变电路不同 α 值时输出电压 U_1 的值

α	30°	60°	90°	120°	150°
U_1					

七、实验报告

1）画出实验所得的各特性曲线与波形图。

2）对可控整流电路在整流状态与逆变状态的工作特点进行比较。

八、注意事项

1）可参考实验六的注意事项 1）、2）。

2）为防止逆变颠覆，逆变角必须设置在 $90° \geq \beta \geq 30°$ 范围内，即 $U_{ct} = 0$ 时，$\beta = 30°$。调整 U_{ct} 时，用直流电压表监视逆变电压，待逆变电压接近零时，必须缓慢操作。

3）在实验过程中调节 β，必须监视主电路电流，防止 β 的变化引起主电路出现过大的电流。

4）在实验接线过程中，注意三相心式变压器高压侧和中压侧的中性线不能接一起。

5）有时会发现脉冲的相位只能移动 120°左右就消失了，这是因为触发电路的原因，触发电路要求相位关系按 A、B、C 的顺序排列，如果 A、C 两相相位接反，结果就会如此，对整流实验无影响，但在逆变时，由于调节范围只能到 120°，实验效果不明显，用户可自行将四芯插头内的 A、C 相两相的导线对调，就能保证有足够的移相范围。

实验十　三相桥式半控整流电路实验

一、实验目的

1）了解三相桥式半控整流电路的工作原理及输出电压、电流波形。

2）了解晶闸管在带电阻性及电阻电感性负载时，在不同触发延迟角 α 下的工作情况。

二、实验所需挂件及附件

三相桥式半控整流电路实验所需挂件及附件见表 7-23。

表 7-23　三相桥式半控整流电路实验所需挂件及附件

序　号	型　号	备　注
1	DJK01 电源控制屏	该控制屏包含三相电源输出等几个模块
2	DJK02 晶闸管主电路	
3	DJK02－1 三相晶闸管触发电路	该挂件包含触发电路、正反桥功放等几个模块
4	DJK06 给定及实验器件	该挂件包含二极管等模块
5	D42 三相可调电阻	
6	双踪示波器	自备
7	万用表	自备

三、实验电路及原理

在中等容量的整流装置或要求不可逆的电力拖动中，可采用比三相全控桥式整流电路更简单、经济的三相桥式半控整流电路。它由共阴极接法的三相半波可控整流电路与共阳极接法的三相半波不可控整流电路串联而成，因此这种电路兼有可控与不可控两者的特性。共阳极组三个整流二极管总是在自然换流点换流，使电流换到比阴极电位更低的一相，而共阴极组三个晶闸管则要在触发后才能换到阳极电位高的一个。输出整流电压 U_d 的波形是三组整流电压波形之和，改变共阴极组晶闸管的触发延迟角 α，可获得 0 ~ 2.34U_2 的直流可调电压。

具体电路如图 7-12 所示。其中三个晶闸管在 DJK02 面板上，三相触发电路在 DJK02－1 上，二极管和给定在 DJK06 挂件上，直流电压表电流表以及电感 L_d 从 DJK02 上获得，电阻 R 用 D42 三相可调电阻，将两个 900Ω 接成并联形式。

四、实验内容

1）三相桥式半控整流供电给电阻性负载。

2）三相桥式半控整流供电给电阻电感性负载。

3）三相桥式半控整流供电给反电动势负载。（选做）

4）观察平波电抗器的作用。（选做）

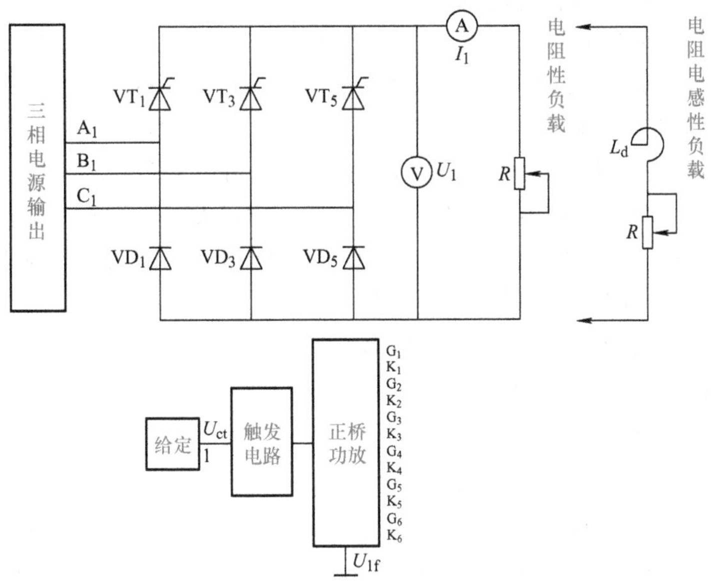

图 7-12　三相桥式半控整流电路实验原理图

五、思考题

1）为什么说可控整流电路供电给电动机负载与电阻性负载在工作上有很大差别？

2）实验电路在电阻性负载工作时能否突加一阶跃控制电压？在电动机负载工作时呢？

六、实验过程

1. DJK02 和 DJK02－1 上的“触发电路”调试

1）打开 DJK01 总电源开关，操作“电源控制屏”上的“三相电网电压指示”开关，观察输入的三相电网电压是否平衡。

2）将 DJK01“电源控制屏”上的“调速电源选择开关”拨至“直流调速”侧。

3）用 10 芯的扁平电缆，将 DJK02 的“三相同步信号输出”端和 DJK02－1“三相同步信号输入”端相连，打开 DJK02－1 电源开关，拨动“触发脉冲指示”钮子开关，使“窄”的发光管亮。

4）观察 A、B、C 三相的锯齿波，并调节 A、B、C 三相锯齿波斜率调节电位器（在各观测孔左侧），使三相锯齿波斜率尽可能一致。

5）将 DJK06 上的“给定”输出 U_g 直接与 DJK02－1 上的移相控制电压 U_{ct} 相接，将给定开关 S_2 拨到接地位置（即 $U_{ct}=0$），调节 DJK02－1 上的偏移电压电位器，用双踪示波器观察 A 相同步电压信号和“双脉冲观察孔”VT_1 的输出波形，使 $\alpha=120°$（注意此处的 α 表示三相晶闸管电路中的移相角，它的 0°是从自然换流点开始计算，前面实验中的单相晶闸管电路的 0°移相角表示从同步信号过零点开始计算，两者存在相位差，前者比后者滞后 30°）。

6）适当增加给定 U_g 的正电压输出，观测 DJK02－1 上“脉冲观察孔”的波形，此时应观测到单窄脉冲和双窄脉冲。

7）用 8 芯的扁平电缆，将 DJK02－1 面板上“触发脉冲输出”和“触发脉冲输入”相连，使得触发脉冲加到正反桥功放的输入端。

8）将 DJK02－1 面板上的 U_{lf}端接地，用 20 芯的扁平电缆，将 DJK02－1 的“正桥触发脉冲输出”端和 DJK02“正桥触发脉冲输入”端相连，并将 DJK02“正桥触发脉冲”的六个开关拨至“通”，观察正桥 VT_1、VT_3、VT_5 晶闸管门极和阴极之间的触发脉冲是否正常。

2. 三相半控桥式整流电路供电给电阻性负载时的特性测试

按图 7-12 接线，将给定输出调到零，负载电阻调在最大阻值位置，按下“启动”按钮，缓慢调节给定，观察 α 在 30°、60°、90°、120°等不同移相范围内，整流电路的输出电压 U_d、输出电流 I_d以及晶闸管端电压 U_{VT}的波形，并加以记录。

3. 三相半控桥式整流电路带电阻电感性负载

将电抗 700mH 的 L_d接入，重复上述步骤 2。

4. 带反电动势负载（选做）

要完成此实验还应加一台直流电动机。断开主电路，将负载改为直流电动机，不接平波电抗器 L_d，调节 DJK06 上的“给定”输出 U_g使输出由零逐渐上升，直到电动机电压额定值，用示波器观察并记录不同 α 时输出电压 U_d和电动机电枢两端电压 U_a的波形。

5. 接上平波电抗器，重复上述实验

选做。

七、实验报告

1）绘出实验的整流电路供电给电阻性负载时的 $U_d=f(t)$、$I_d=f(t)$ 以及晶闸管端电压 $U_{VT}=f(t)$ 的波形。

2）绘出整流电路在 $\alpha=60°$与 $\alpha=90°$时带电阻电感性负载时的波形。

八、注意事项

可参考实验六的注意事项 1）、2）。

实验十一　三相桥式全控整流及有源逆变电路实验

一、实验目的

1）加深理解三相桥式全控整流及有源逆变电路的工作原理。

2）了解 KC 系列集成触发器的调整方法和各点的波形。

二、实验所需挂件及附件

三相桥式全控整流及有源逆变电路实验所需挂件及附件见表 7-24。

表 7-24　三相桥式全控整流及有源逆变电路实验所需挂件及附件

序　号	型　号	备　注
1	DJK01 电源控制屏	该控制屏包含三相电源输出等几个模块
2	DJK02 晶闸管主电路	
3	DJK02－1 三相晶闸管触发电路	该挂件包含触发电路、正反桥功放等几个模块

（续）

序　号	型　号	备　注
4	DJK06 给定及实验器件	该挂件包含二极管等几个模块
5	DJK10 变压器实验	该挂件包含逆变变压器以及三相不控整流
6	D42 三相可调电阻	
7	双踪示波器	自备
8	万用表	自备

三、实验电路及原理

实验电路如图 7-13 及图 7-14 所示。主电路由三相全控整流电路及作为逆变直流电源的三相不控整流电路组成，触发电路为 DJK02－1 中的集成触发电路，由 KC04、KC41、KC42 等集成芯片组成，可输出经高频调制后的双窄脉冲链。集成触发电路的原理可参考项目二的“项目扩展”中的有关内容，三相桥式整流及逆变电路的工作原理可参见电力电子技术教材的有关内容。

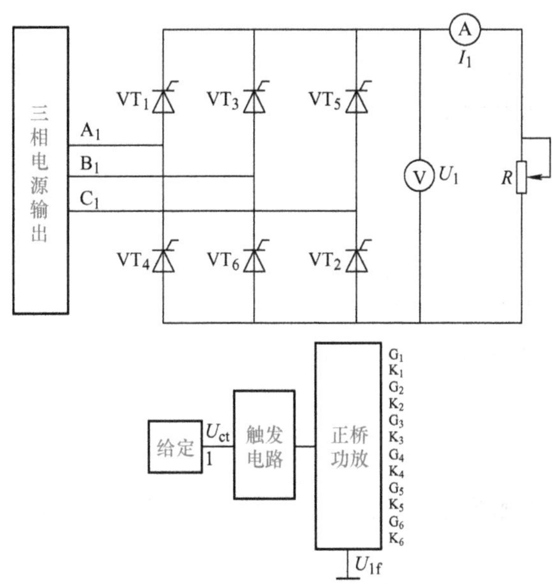

图 7-13　三相桥式全控整流电路实验原理图

在三相桥式有源逆变电路中，电阻、电感与整流电路中的一致，而三相不控整流及心式变压器均在 DJK10 挂件上，其中心式变压器用作升压变压器，逆变输出的电压接心式变压器的中压端 A_1、B_1、C_1，返回电网的电压从高压端 A、B、C 输出，变压器接成 Y/Y 接法。

图 7-13 中的 R 均使用 D42 三相可调电阻，将两个 900Ω 接成并联形式；电感 L_d 在 DJK02 面板上，选用 700mH，直流电压表、电流表由 DJK02 获得。

四、实验内容

1）三相桥式全控整流电路。

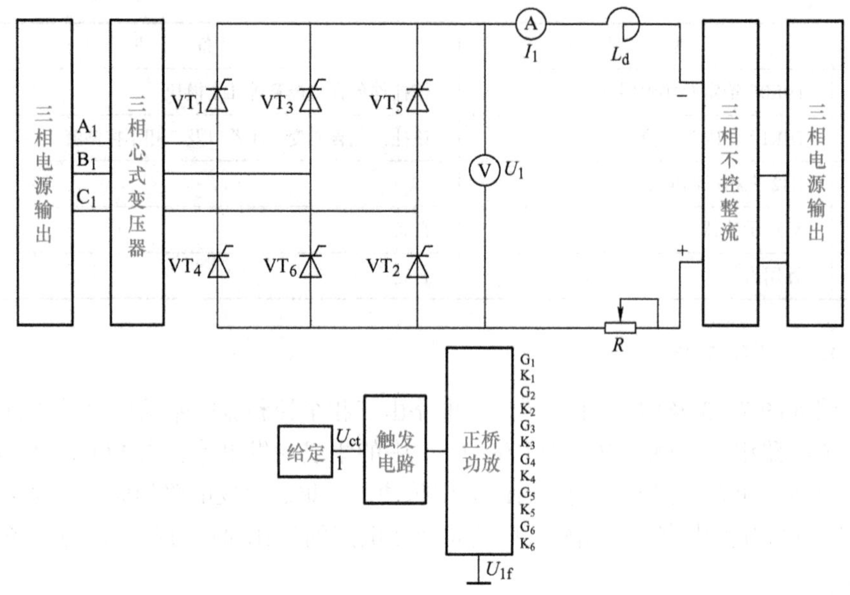

图 7-14　三相桥式有源逆变电路实验原理图

2）三相桥式有源逆变电路。

3）在整流或有源逆变状态下，当触发电路出现故障（人为模拟）时观测主电路的各电压波形。

五、预习要求

1）阅读本书中有关三相桥式全控整流电路的有关内容。

2）阅读本书中有关有源逆变电路的有关内容，掌握实现有源逆变的基本条件。

3）学习本书项目二“项目扩展”中有关集成触发电路的内容，掌握该触发电路的工作原理。

六、思考题

1）如何解决主电路和触发电路的同步问题？在本实验中主电路三相电源的相序可任意设定吗？

2）在本实验的整流及逆变时，对 α 角有什么要求？为什么？

七、实验过程

1. DJK02 和 DJK02－1 上的“触发电路”调试

1）打开 DJK01 总电源开关，操作“电源控制屏”上的“三相电网电压指示”开关，观察输入的三相电网电压是否平衡。

2）将 DJK01“电源控制屏”上的“调速电源选择开关”拨至“直流调速”侧。

3）用 10 芯的扁平电缆，将 DJK02 的“三相同步信号输出”端和 DJK02－1“三相同步信号输入”端相连，打开 DJK02－1 电源开关，拨动“触发脉冲指示”钮子开关，使“窄”的发光管亮。

4）观察 A、B、C 三相的锯齿波，并调节 A、B、C 三相锯齿波斜率调节电位器（在各观测孔左侧），使三相锯齿波斜率尽可能一致。

5）将 DJK06 上的"给定"输出 U_g 直接与 DJK02－1 上的移相控制电压 U_{ct} 相接，将给定开关 S_2 拨到接地位置（即 $U_{ct}=0$），调节 DJK02－1 上的偏移电压电位器，用双踪示波器观察 A 相同步电压信号和"双脉冲观察孔" VT_1 的输出波形，使 $\alpha=150°$（注意此处的 α 表示三相晶闸管电路中的移相角，它的 0°是从自然换流点开始计算，前面实验中的单相晶闸管电路的 0°移相角表示从同步信号过零点开始计算，两者存在相位差，前者比后者滞后 30°）。

6）适当增加给定 U_g 的正电压输出，观测 DJK02－1 上"脉冲观察孔"的波形，此时应观测到单窄脉冲和双窄脉冲。

7）用 8 芯的扁平电缆，将 DJK02－1 面板上"触发脉冲输出"和"触发脉冲输入"相连，使得触发脉冲加到正反桥功放的输入端。

8）将 DJK02－1 面板上的 U_{lf} 端接地，用 20 芯的扁平电缆，将 DJK02－1 的"正桥触发脉冲输出"端和 DJK02"正桥触发脉冲输入"端相连，并将 DJK02"正桥触发脉冲"的六个开关拨至"通"，观察正桥 VT_1～VT_6 晶闸管门极和阴极之间的触发脉冲是否正常。

2. 三相桥式全控整流电路

按图 7-13 接线，将 DJK06 上的"给定"输出调到零（逆时针旋到底），使可调电阻处于最大阻值处，按下"启动"按钮，调节给定电位器，增加移相电压，使 α 角在 30°～150°范围内调节，同时，根据需要不断调整负载电阻 R，使得负载电流 I_d 保持在 0.6A 左右（注意 I_d 不得超过 0.65A）。用示波器观察并记录 $\alpha=30°$、60°及 90°时的整流电压 U_d 和晶闸管两端电压 U_{VT} 的波形，并记录相应的 U_d 数值于表 7-25 中。

表 7-25　三相桥式全控整流电路 α 为不同值时整流电压 U_d 的值

α	30°	60°	90°
U_2			
U_d（记录值）			
U_d/U_2			
U_d（计算值）			

计算公式为

$$U_d=2.34U_2\cos\alpha \qquad (0°\sim60°)$$

$$U_d=2.34U_2\left[1+\cos\left(\alpha+\frac{\pi}{3}\right)\right] \qquad (60°\sim120°)$$

3. 三相桥式有源逆变电路

按图 7-14 接线，将 DJK06 上的"给定"输出调到零（逆时针旋到底），将可调电阻放在最大阻值处，按下"启动"按钮，调节给定电位器，增加移相电压，使 β 角在 30°～90°范围内调节，同时，根据需要不断调整负载电阻 R，使得电流 I_d 保持在 0.6A 左右（注意 I_d 不得超过 0.65A）。用示波器观察并记录 $\beta=30°$、60°、90°时的电压 U_d 和晶闸管两端电压 U_{VT} 的波形，并记录相应的 U_d 数值于表 7-26 中。

表 7-26　三相桥式有源逆变电路 β 为不同值时电压 U_d 的值

β	30°	60°	90°
U_2			
U_d（记录值）			
U_d/U_2			
U_d（计算值）			

计算公式为 $$U_d = 2.34U_2\cos(180° - \beta)$$

4. 故障现象的模拟

当 $\beta = 60°$ 时，将触发脉冲钮子开关拨向“断开”位置，模拟晶闸管失去触发脉冲时的故障，观察并记录这时的 U_d、U_{VT} 波形的变化情况。

八、实验报告

1）画出电路的移相特性 $U_d = f(\alpha)$。

2）画出触发电路的传输特性 $\alpha = f(U_{ct})$。

3）画出 α = 30°、60°、90°、120°、150°时的整流电压 U_d 和晶闸管两端电压 U_{VT} 的波形。

4）简单分析模拟的故障现象。

九、注意事项

1）可参考实验六的注意事项 1)、2)。

2）为了防止过电流，启动时将负载电阻 R 调至最大阻值位置。

3）三相不控整流桥的输入端可加接三相自耦调压器，以降低逆变用直流电源的电压值。

4）有时会发现脉冲的相位只能移动 120°左右就消失了，这是因为 A、C 两相的相位接反了，这对整流状态无影响，但在逆变时，由于调节范围只能到 120°，使实验效果不明显，用户可自行将四芯插头内的 A、C 相两相的导线对调，就能保证有足够的移相范围。

实验十二　单相交流调压电路实验（1）

一、实验目的

1）加深理解单相交流调压电路的工作原理。

2）加深理解单相交流调压电路带电感性负载对脉冲及移相范围的要求。

3）了解 KC05 晶闸管移相触发器的原理和应用。

二、实验所需挂件及附件

单相交流调压电路实验（1）所需挂件及附件见表 7-27。

表 7-27　单相交流调压电路实验（1）所需挂件及附件

序　号	型　号	备　注
1	DJK01 电源控制屏	该控制屏包含三相电源输出等几个模块
2	DJK02 晶闸管主电路	该挂件包含晶闸管、电感等模块
3	DJK03－1 晶闸管触发电路	该挂件包含单相调压触发电路等模块
4	D42 三相可调电阻	
5	双踪示波器	自备
6	万用表	自备

三、实验电路及原理

本实验采用 KC05 晶闸管集成移相触发器。该触发器适用于双向晶闸管或两个反向并联晶闸管电路的交流相位控制，具有锯齿波线性好、移相范围宽、控制方式简单、易于集中控制、有失电压保护、输出电流大等优点。

单相晶闸管交流调压器的主电路由两个反向并联的晶闸管组成，如图 7-15 所示。

图 7-15 中电阻 R 用 D42 三相可调电阻，将两个 900Ω 接成并联接法，晶闸管则利用 DJK02 上的反桥器件，交流电压表、电流表由 DJK01 控制屏上得到，电抗器 L_d 从 DJK02 上得到，选用 700mH。

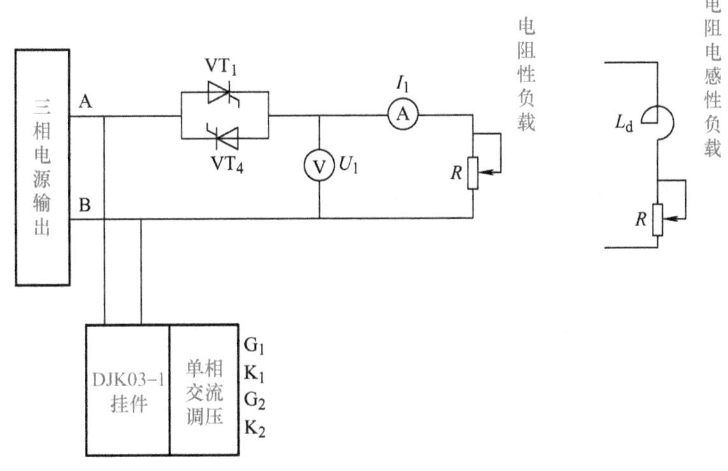

图 7-15　单相交流调压主电路原理图

四、实验内容

1）KC05 集成移相触发电路的调试。

2）单相交流调压电路带电阻性负载。

3）单相交流调压电路带电阻电感性负载。

五、预习要求

1）阅读本书中有关交流调压的内容，掌握交流调压的工作原理。

2）学习本书项目三知识链接二中有关单相交流调压触发电路的内容，了解 KC05 晶闸管触发芯片的工作原理及在单相交流调压电路中的应用。

六、思考题

1）交流调压在带电感性负载时可能会出现什么现象？为什么？如何解决？

2）交流调压有哪些控制方式？有哪些应用场合？

七、实验过程

1. KC05 集成晶闸管移相触发电路调试

将 DJK01 电源控制屏的电源选择开关打到“直流调速”侧，使输出线电压为 200V，用两根导线将 200V 交流电压接到 DJK03 的“外接 220V”端，按下“启动”按钮，打开 DJK03 电源开关，用示波器观察“1” ~ “5”端及脉冲输出的波形。单相交流调压触发电路如图 2-39 所示，调节电位器 RP_1，观察锯齿波斜率是否变化，调节 RP_2，观察输出脉冲的移相范围如何变化，移相能否达到 170°，记录上述过程中观察到的各点电压波形。

2. 单相交流调压带电阻性负载

将 DJK02 面板上的两个晶闸管反向并联而构成交流调压器，将触发器的输出脉冲端“G_1”“K_1”“G_2”和“K_2”分别接至主电路相应晶闸管的门极和阴极。接上电阻性负载，用示波器观察负载电压、晶闸管两端电压 U_{VT}的波形。调节“单相调压触发电路”上的电位器 RP_2，观察在不同 α 角时各点波形的变化，并记录 $\alpha=30°$、60°、90°、120°时的波形。

3. 单相交流调压接电阻电感性负载

1）在进行电阻电感性负载实验时，需要调节负载阻抗角的大小，因此应该知道电抗器的内阻和电感量。常采用直流伏安法来测量内阻，如图 7-16 所示。电抗器的内阻为

$$R_L = U_L/I \tag{7-1}$$

电抗器的电感量可采用交流伏安法测量，如图 7-17 所示。由于电流大时，对电抗器的电感量影响较大，采用自耦调压器调压，多测几次取其平均值，从而可得到交流阻抗。

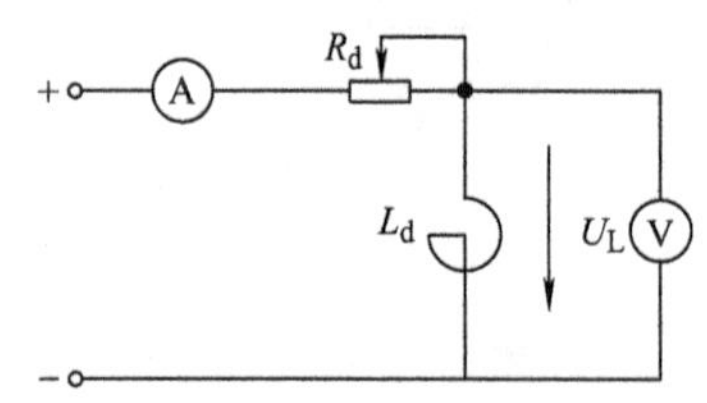

图 7-16　用直流伏安法测电抗器内阻

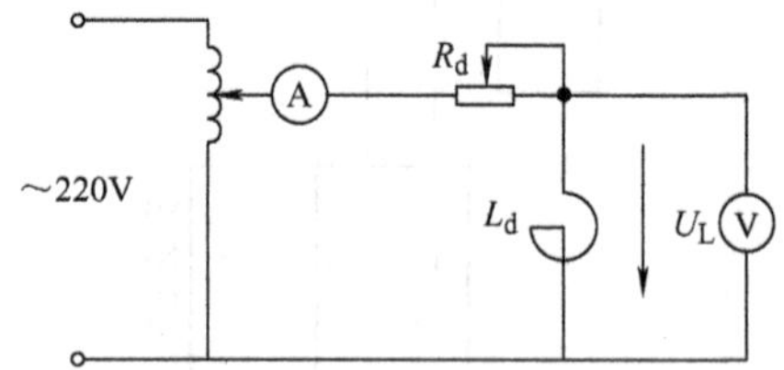

图 7-17　用交流伏安法测定电感量

$$Z_L = \frac{U_L}{I} \tag{7-2}$$

电抗器的电感为

$$L = \sqrt{\frac{Z_L^2 - R_L^2}{2\pi f}} \tag{7-3}$$

这样，即可求得负载阻抗角

$$\varphi = \arctan\frac{\omega L}{R_d + R_L}$$

在实验中，欲改变阻抗角，只需改变滑线变阻器 R 的电阻值即可。

2）切断电源，将 L 与 R 串联，改接为电阻电感性负载。按下“启动”按钮，用双踪示波器同时观察负载电压 U_1 和负载电流 I_1 的波形。调节 R 的数值，使阻抗角为一定值，观察在不同 α 角时波形的变化情况，记录 $\alpha > \varphi$、$\alpha = \varphi$、$\alpha < \varphi$ 三种情况下负载两端的电压 U_1 和流过负载的电流 I_1 的波形。

八、实验报告

1）整理、画出实验中所记录的各类波形。

2）分析电阻电感性负载时，α 角与 ϕ 角相应关系的变化对调压器工作的影响。

3）分析实验中出现的各种问题。

九、注意事项

1）可参考实验六的注意事项 1）、2）。

2）触发脉冲是从外部接入 DJK02 面板上晶闸管的门极和阴极，此时，应将所用晶闸管对应的正桥触发脉冲或反桥触发脉冲的开关拨向“断”的位置，并将 U_{lf} 及 U_{lr} 悬空，避免误触发。

3）可以用 DJK02－1 上的触发电路来触发晶闸管。

4）由于“G”“K”输出端有电容影响，故观察触发脉冲电压波形时，需将输出端“G”和“K”分别接到晶闸管的门极和阴极（或者也可用 100Ω 左右阻值的电阻接到“G”“K”两端，来模拟晶闸管门极与阴极的阻值），否则，无法观察到正确的脉冲波形。

实验十三　单相交流调压电路实验（2）

一、实验目的

熟悉用双向晶闸管组成的交流调压电路的结构与工作原理。

二、实验所需挂件及附件

单相交流调压电路实验（2）所需挂件及附件见表 7-28。

表 7-28　单相交流调压电路实验（2）所需挂件及附件

序　号	型　号	备　注
1	DJK01 电源控制屏	
2	DJK22 单相交流调压/调功电路	
3	慢扫描双踪示波器	自备
4	万用表	自备

三、实验电路及原理

将一种形式的交流电变成另一种形式的交流电，可以通过改变电压、电流、频率和相位等参数。只改变相位而不改变交流电频率的控制，在交流电力控制中称为交流调压。单相交流调压的典型电路如图 7-18 所示。

本实验采用双向晶闸管 BCR（Z0409MF）取代由两个单向晶闸管 SCR 反并联的结构形式，并利用 RC 充放电电路和双向触发二极管 DB_3 的特点，在每半个周波内，通过对双向晶闸管的通断进行移相触发控制，可以方便地调节输出电压的有效值。由图 7-19 可见，正负半周触发延迟角 α 的起始时刻均为电源电压的过零时刻，且正负半周的触发延迟角相等，可见负载两端的电压波形只是电源电压波形的一部分。在电阻性负载下，负载电流和负载电压的波形相同，α 角的移相范围为 $0 \leqslant \alpha \leqslant \pi$，$\alpha=0$ 时，相当于晶闸管一直导通，输入电压为最大值，$U_o=U_i$，灯最亮；随着 α 的增大，U_o 逐渐降低，灯的亮度也由亮变暗，直至 $\alpha=\pi$ 时，$U_o=0$，灯熄灭。此外，$\alpha=0$ 时，功率因数 $\cos\phi=1$，随着 α 的增大，输入电流滞后于电压且发生畸变，$\cos\phi$ 也逐渐降低，且对电网电压、电流造成谐波污染。交流调压电路已广泛用于调光控制、异步电动机的软起动和调速控制。和整流电路一样，交流调压电路的工作情况也和负载的性质有很大的关系，在阻感负载时，若负载上电压、电流的相位差为 ϕ，则移相范围为 $\phi \leqslant \alpha \leqslant \pi$，详细分析从略。

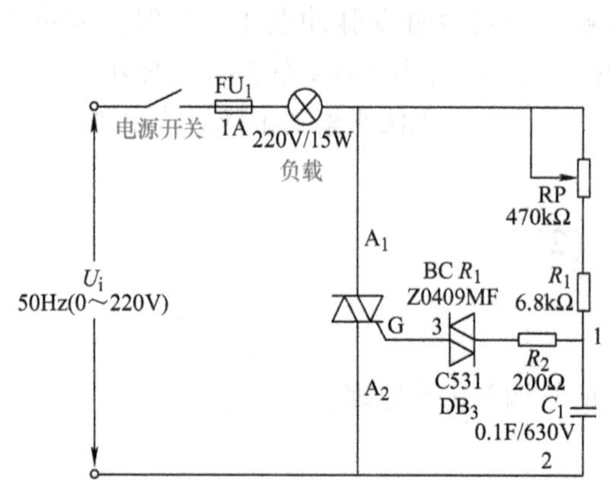

图 7-18　单相交流调压电路

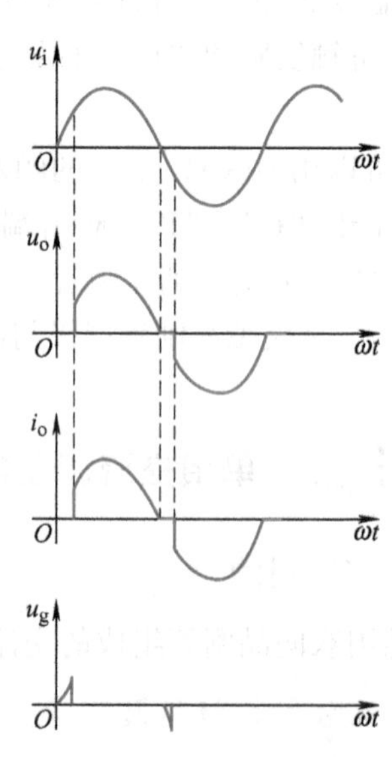

图 7-19　单相交流调压电路波形图

四、实验内容

交流调压电路的测试。

五、思考题

双向晶闸管与两个单向晶闸管反并联有什么不同点？控制方式有什么不同？

六、实验过程

将 DJK01 电源控制屏的电源选择开关打到“直流调速”侧，使输出线电压为 200V，用两根导线将 200V 交流电压接到 DJK22 的“U_i”电源输入端，按下“启动”按钮。

接入 220V、25W 的灯泡负载，打开交流调压电路的电源开关。

调节面板上的“移相触发控制”电位器 RP，观察白炽灯亮暗的变化。

调节“移相触发控制”电位器，用双踪示波器同时观察电容两端及 BCR 触发极信号波形的变化规律，并记录。

取不同的 α 值，用示波器分别观测 BCR 触发信号及白炽灯两端的波形，并记录。

七、实验报告

按实验过程的要求，分别画出各电路的测试波形，并分析。

八、注意事项

1）双踪示波器有两个探头，可同时测量两路信号，但这两个探头的地线都与示波器的外壳相连，所以两个探头的地线不能同时接在同一电路的不同电位的两个点上，否则这两点会通过示波器外壳发生电气短路。为此，为了保证测量的顺利进行，可将其中一根探头的地线取下或外包绝缘，只使用其中一路的地线，这样就从根本上解决了这个问题。当需要同时观察两个信号时，必须在被测电路上找到这两个信号的公共点，将探头的地线接于此处，探头各接至被测信号，只有这样才能在示波器上同时观察到两个信号，而不发生意外。

2）调功电路的触发控制电路，其低压直流电源是通过交流电源电容降压，而不是通过降压变压器隔离，因此在实验时不要用手直接触摸线路的低压部分，以免触电。

实验十四　单相交流调功电路实验

一、实验目的

熟悉调功电路的基本工作原理与特点。

二、实验所需挂件及附件

单相交流调功电路实验所需挂件及附件见表 7-29。

表 7-29　单相交流调功电路实验所需挂件及附件

序　号	型　号	备　注
1	DJK01 电源控制屏	
2	DJK22 单相交流调压/调功电路	
3	双踪示波器	自备
4	万用表	自备

三、实验电路及原理

单相交流调功电路框图如图 7-20 所示。

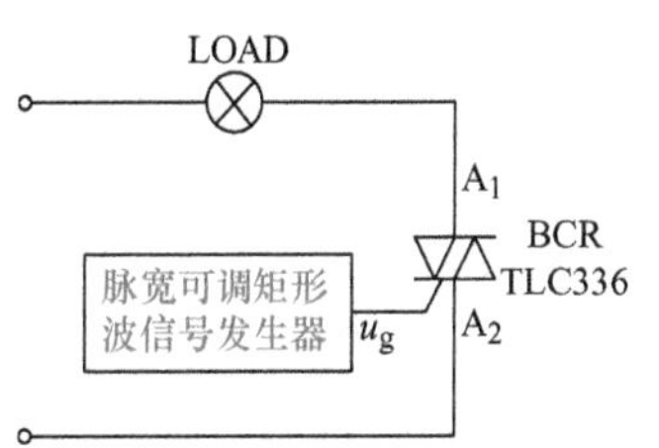

图 7-20　单相交流调功电路框图

交流调功电路的主电路和交流调压电路的形式基本相同，只是控制的方式不同，它不是采用移相控制而是采用通断控制方式。交流调压是在交流电源的半个周期内做移相控制，交流调功是以交流电的周期为单位控制晶闸管的通断，即负载与交流电源接通几个周波，再断开几个周波，通过改变接通周波数和断开周波数的比值来调节负载所消耗的平均功率。如图 7-21 所示，这种电路常用于电炉的温度控制，因为像电炉这样的控制对象，其时间常数往往很大，没有必要对交流电源的各个周期进行频繁地控制。只要大致以周波数为单位控制负载所消耗的平均功率，故称之为交流调功电路。

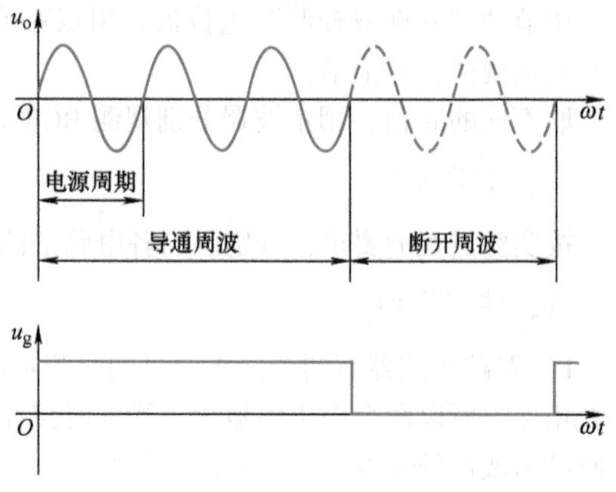

图 7-21　交流调功电路典型波形图

采用周波控制方式，使得负载电压、电流的波形都是正弦波，不会对电网电压、电流造成通常意义的谐波污染。此外由于在 BCR 导通期间，负载上的电压保持为电源电压，因此若将此控制方式用于手电钻在低速下对玻璃或塑性材料进行钻孔，将非常有利。

图 7-22 是一个实际应用的实验电路，选用灯泡作为实验负载，从灯泡亮、暗时段的变化，可了解交流调功电路的原理与特征。实验电路中双向晶闸管的触发信号由 555 组成的振荡器提供一个占空比可调的触发脉冲，并通过模拟门形成可靠的触发信号，其频率要低于市电的频率，并可在一定的范围内调节。

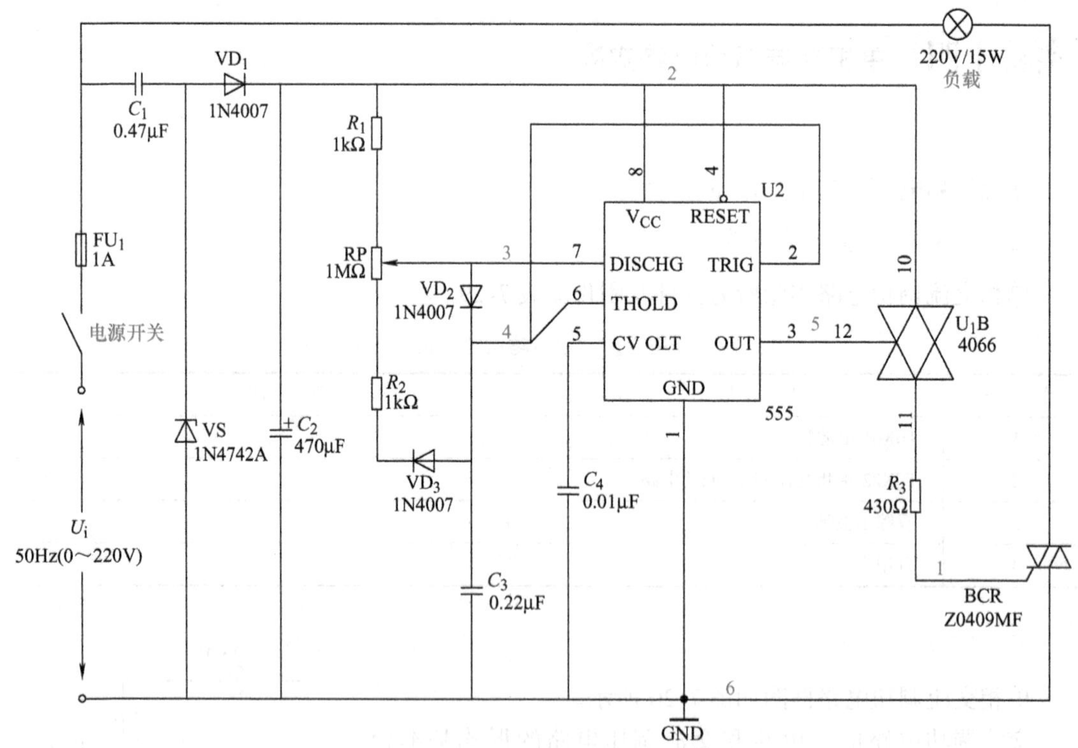

图 7-22　单相交流调功电路原理图

四、实验内容

交流调功电路的测试。

五、思考题

1）交流调压与交流调功电路的电路结构是否相同？控制方式有什么不同？

2）说明这两种交流控制方式的特点，并列举它们的应用。

六、实验过程

将 DJK01 电源控制屏的电源选择开关打到“直流调速”侧，使输出线电压为 200V，用两根导线将 200V 交流电压接到 DJK22 的“U_i”电源输入端，按下“启动”按钮。

打开交流调功电路的电源开关，用万用表测量 555 的电源电压是否接近 10V。

用示波器观测 555 输出端“3”的波形及 4066 输出（即 BCR 触发信号）波形是否正常。

当触发电路波形正常后关闭电源，接入负载（220V、15W 灯泡）。

开启交流调功电路的电源开关，调节“周波控制”电位器，观察灯泡亮暗或闪烁的变化规律。

调节“周波控制”电位器，用示波器分别观测 BCR 的触发信号、BCR 两端以及灯泡两端的波形，并记录。

七、实验报告

1）按实验过程的要求，分别画出各电路的测试波形，并分析。

2）总结交流调功电路控制方式的特点及其应用。

八、注意事项

1）双踪示波器有两个探头，可同时测量两路信号，但这两个探头的地线都与示波器的外壳相连，所以两个探头的地线不能同时接在同一电路的不同电位的两个点上，否则这两点会通过示波器外壳发生电气短路。为此，为了保证测量的顺利进行，可将其中一根探头的地线取下或外包绝缘，只使用其中一路的地线，这样就从根本上解决了这个问题。当需要同时观察两个信号时，必须在被测电路上找到这两个信号的公共点，将探头的地线接于此处，探头各接至被测信号，只有这样才能在示波器上同时观察到两个信号，而不发生意外。

2）调功电路的触发控制电路，其低压直流电源是通过交流电源电容降压，而不是通过降压变压器隔离，因此在实验时不要用手直接触摸线路的低压部分，以免触电。

实验十五　三相交流调压电路实验

一、实验目的

1）了解三相交流调压触发电路的工作原理。

2）加深理解三相交流调压电路的工作原理。

3）了解三相交流调压电路带不同负载时的工作特性。

二、实验所需挂件及附件

三相交流调压电路实验所需挂件及附件见表 7-30。

表 7-30　三相交流调压电路实验所需挂件及附件

序　号	型　号	备　注
1	DJK01 电源控制屏	该控制屏包含三相电源输出等几个模块
2	DJK02 晶闸管主电路	
3	DJK02－1 三相晶闸管触发电路	该挂件包含触发电路、正反桥功放等几个模块
4	DJK06 给定及实验器件	该挂件包含给定等模块
5	D4 三相可调电阻	
6	双踪示波器	自备
7	万用表	自备

三、实验电路及原理

交流调压器应采用宽脉冲或双窄脉冲进行触发。实验装置中使用双窄脉冲。实验电路如图 7-23 所示。图中晶闸管均在 DJK02 上，用其正桥，将 D42 三相可调电阻接成三相负载，其所用的交流表均在 DJK01 控制屏的面板上。

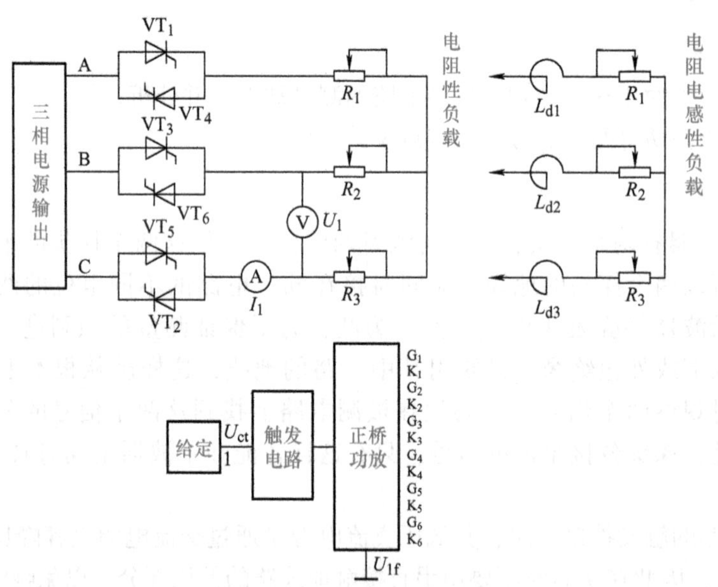

图 7-23　三相交流调压实验电路图

四、实验内容

1）三相交流调压器电路的调试。

2）三相交流调压电路带电阻性负载。

3）三相交流调压电路带电阻电感性负载（选做）。

五、预习要求

1）阅读电力电子技术教材中有关交流调压的内容，掌握三相交流调压的工作原理。

2）如何使三相可控整流的触发电路用于三相交流调压电路。

六、实验过程

1. DJK02 和 DJK02 - 1 上的“触发电路”调试

1）打开 DJK01 总电源开关，操作“电源控制屏”上的“三相电网电压指示”开关，观察输入的三相电网电压是否平衡。

2）将 DJK01“电源控制屏”上的“调速电源选择开关”拨至“直流调速”侧。

3）用 10 芯的扁平电缆，将 DJK02 的“三相同步信号输出”端和 DJK02 - 1“三相同步信号输入”端相连，打开 DJK02 - 1 电源开关，拨动“触发脉冲指示”钮子开关，使“窄”的发光管亮。

4）观察 A、B、C 三相的锯齿波，并调节 A、B、C 三相锯齿波斜率调节电位器（在各观测孔左侧），使三相锯齿波斜率尽可能一致。

5）将 DJK06 上的“给定”输出 U_g直接与 DJK02 - 1 上的移相控制电压 U_{ct}相接，将给定开关 S_2拨到接地位置（即 $U_{ct}=0$），调节 DJK02 - 1 上的偏移电压电位器，用双踪示波器观察 A 相同步电压信号和“双脉冲观察孔”VT_1 的输出波形，使 $\alpha=180°$。

6）适当增加给定 U_g的正电压输出，观测 DJK02 - 1 上“脉冲观察孔”的波形，此时应观测到单窄脉冲和双窄脉冲。

7）用 8 芯的扁平电缆，将 DJK02 - 1 面板上“触发脉冲输出”和“触发脉冲输入”相连，使得触发脉冲加到正反桥功放的输入端。

8）将 DJK02 - 1 面板上的 U_{lf}端接地，用 20 芯的扁平电缆，将 DJK02 - 1 的“正桥触发脉冲输出”端和 DJK02“正桥触发脉冲输入”端相连，并将 DJK02“正桥触发脉冲”的六个开关拨至“通”，观察正桥 VT_1 ~ VT_6 晶闸管门极和阴极之间的触发脉冲是否正常。

2. 三相交流调压器带电阻性负载

使用正桥晶闸管 VT_1 ~ VT_6，按图 7-23 连成三相交流调压主电路，其触发脉冲已通过内部连线接好，只要将正桥脉冲的 6 个开关拨至“接通”，“U_{lf}”端接地即可。接上三相平衡电阻负载，接通电源，用示波器观察并记录 $\alpha=30°$、60°、90°、120°、150°及 180°时的输出电压波形，并记录相应的输出电压有效值，填入表 7-31 中。

表 7-31 三相交流调压器带电阻性负载 α 取不同值时输出电压有效值

α/(°)	30	60	90	120	150	180
U						

3. 三相交流调压器接电阻电感性负载（选做）

要完成该实验，需加上三个电抗器。切断电源输出，将三相电抗器接入。接通电源，调节三相负载的阻抗角（调节电阻阻值即可），使 $\phi=60°$，用示波器观察并记录 $\alpha=30°$、60°、90°及 120°时的波形，并记录输出电压 U_1、电流 I_1 的波形及输出电压有效值 U，记于表 7-32 中。

表 7-32 三相交流调压器接电阻电感性负载 α 取不同值时输出电压有效值

α/(°)	30	60	90	120
U				

七、实验报告

1）整理并画出实验中记录的波形，作不同负载时的 $U=f(\alpha)$ 的曲线。

2）讨论、分析实验中出现的各种问题。

八、注意事项

可参考实验六的注意事项 1)、2)。

实验十六　直流斩波电路原理实验

一、实验目的

1）加深理解斩波电路的工作原理。

2）掌握斩波主电路、触发电路的调试步骤和方法。

3）熟悉斩波电路各点的电压波形。

二、实验所需挂件及附件

直流斩波电路原理实验所需挂件及附件见表 7-33。

表 7-33　直流斩波电路原理实验所需挂件及附件

序　号	型　号	备　注
1	DJK01 电源控制屏	该控制屏包含三相电源输出等几个模块
2	DJK05 直流斩波电路	该挂件包含触发电路及主电路两个部分
3	DJK06 给定及实验器件	该挂件包含给定等模块
4	D42 三相可调电阻	
5	双踪示波器	自备
6	万用表	自备

三、实验电路及原理

本实验采用脉宽可调的晶闸管斩波器，主电路如图 7-24 所示。其中 VT_1 为主晶闸管，VT_2 为辅助晶闸管，C 和 L_1 构成振荡电路，它们与 VD_2、VD_1、L_2 组成 VT_1 的换流关断电路。当接通电源时，C 经 L_1、VD_1、L_2 及负载充电至 $+U_{d0}$，此时 VT_1、VT_2 均不导通，当主脉冲到来时，VT_1 导通，电源电压将通过该晶闸管加到负载上。当辅助脉冲到来时，VT_2 导通，C 通过 VT_2、L_1 放电，然后反向充电，其电容的极性从 $+U_{d0}$ 变为 $-U_{d0}$，当充电电流下降到零时，VT_2 自行关断，此时 VT_1 继续导通。VT_2 关断后，电容 C 通过 VD_1 及 VT_1 反向放电，流过 VT_1 的电流开始减小，当流过 VT_1 的反向放电电流与负载电流相同时，VT_1 关断；此时，电容 C 继续通过 VD_1、L_2、VD_2 放电，然后经 L_1、VD_1、L_2 及负载充电至 $+U_{d0}$，电源停止输出电流，等待下一个周期的触发脉冲到来。VD_3 为续流二极管，为反电动势负载提供放电回路。

从以上斩波器工作过程可知，控制 VT_2 脉冲出现的时刻即可调节输出电压的脉宽，从而可达到调节输出直流电压的目的。VT_1、VT_2 的触发脉冲间隔由触发电路确定。实验接线如图 7-25 所示，电阻 R 用 D42 三相可调电阻，用其中一个 900Ω 的电阻；励磁电源和直流电压表、电流表均在控制屏上。

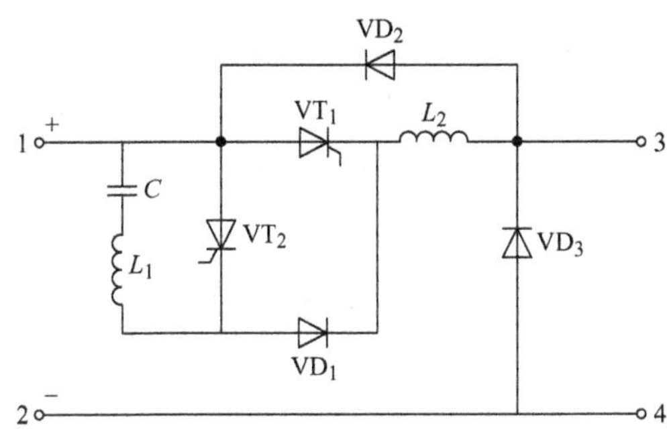

图 7-24　斩波主电路原理图

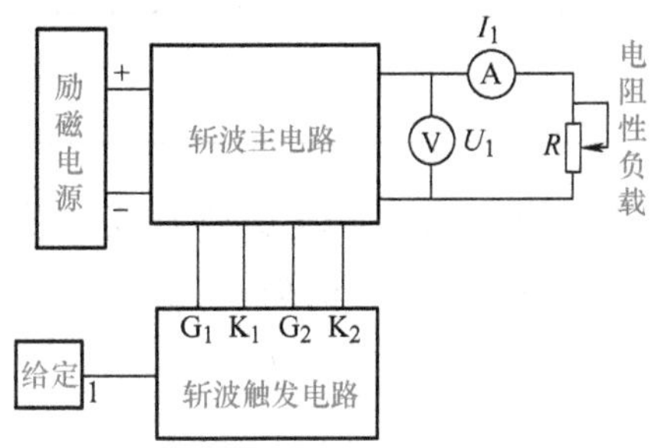

图 7-25　直流斩波器实验电路图

四、实验内容

1）直流斩波器触发电路调试。

2）直流斩波器接电阻性负载。

3）直流斩波器接电阻电感性负载（选做）。

五、预习要求

1）阅读电力电子技术教材中有关斩波器的内容，弄清脉宽可调斩波器的工作原理。

2）学习本书中有关斩波器及其触发电路的内容，掌握斩波器及其触发电路的工作原理及调试方法。

六、思考题

1）直流斩波器有哪几种调制方式？本实验中的斩波器为何种调制方式？

2）本实验采用的斩波主电路中电容 C 起什么作用？

七、实验过程

1. 斩波器触发电路调试

调节 DJK05 面板上的电位器 RP_1、RP_2，RP_1 用于调节锯齿波的上下电平位置，而 RP_2 用于调节锯齿波的频率。先调节 RP_2，将频率调节到 200 ~300Hz 之间，然后在保证三角波不失真的情况下，调节 RP_1 为三角波提供一个偏置电压（接近电源电压），使斩波主电路工作时有一定的起始直流电压，供给晶闸管一定的维持电流，保证系统能可靠工作，将 DJK06 上的给定接入，观察触发电路的第二点波形，增加给定，使占空比从 0.3 调到 0.9。

2. 斩波器带电阻性负载

1）按图 7-25 接线，直流电源由电源控制屏上的励磁电源提供，接斩波主电路（要注意极性），斩波主电路接电阻性负载，将触发电路的输出“G_1”“K_1”“G_2”“K_2”分别接至 VT_1、VT_2 的门极和阴极。

2）用示波器观察并记录触发电路的“G_1”“K_1”“G_2”“K_2”波形，并记录输出电压 U_d 及晶闸管两端电压 U_{VT1} 的波形，注意观测各波形间的相对相位关系。

3）调节 DJK06 上的“给定”值，观察在不同 τ（即主脉冲和辅助脉冲的间隔时间）时 U_d 的波形，并记录相应的 U_d 和 τ 于表 7-34 中，从而画出 $U_d=f(\tau/T)$ 的关系曲线，其中 τ/T 为占空比。

表 7-34　斩波器带电阻性负载在不同 τ 时 U_d 的值

τ						
U_d						

3. 斩波器带电阻电感性负载（选做）

要完成该实验，需加一电感。关断主电源后，将负载改接成电阻电感性负载，重复上述电阻性负载时的实验步骤。

八、实验报告

1）整理并画出实验中记录下的各点波形，画出不同负载下 $U_d=f(\tau/T)$ 的关系曲线。

2）讨论、分析实验中出现的各种现象。

九、注意事项

1）可参考实验六的注意事项 1）。

2）触发电路调试好后，才能接主电路实验。

3）将 DJK06 上的“给定”与 DJK05 的公共端相连，以使电路正常工作。

4）负载电流不要超过 0.5A，否则容易造成电路失控现象。

5）当斩波器出现失控现象时，请首先检查触发电路参数设置是否正确，确保无误后将直流电源的开关重新打开。

实验十七　SCR、GTO、MOSFET、GTR、IGBT 特性实验

一、实验目的

1）掌握各种电力电子器件的工作特性。

2）掌握各器件对触发信号的要求。

二、实验所需挂件及附件

SCR、GTO、MOSFET、GTR、IGBT 特性实验所需挂件及附件见表 7-35。

表 7-35　SCR、GTO、MOSFET、GTR、IGBT 特性实验所需挂件及附件

序　号	型　号	备　注
1	DJK01 电源控制屏	该控制屏包含三相电源输出等几个模块
2	DJK06 给定及实验器件	该挂件包含二极管等几个模块
3	DJK07 新器件特性实验挂件	
4	DJK09 单相调压与可调负载	
5	万用表	自备

三、实验电路及原理

将电力电子器件（包括 SCR、GTO、MOSFET、GTR、IGBT 五种）和负载电阻 R 串联后接至直流电源的两端，由 DJK06 上的给定为新器件提供触发电压信号，给定电压从零开始调节，直至器件触发导通，从而可测得在上述过程中器件的 U/I 特性；图 7-26 中的电阻 R 用 DJK09 上的可调电阻，将两个 90Ω 的电阻接成串联形式，最大可通过电流为 1.3A；直流电压表和电流表可从 DJK01 电源控制屏上获得，五种电力电子器件均在 DJK07 挂箱上；直流电源从电源控制屏的输出接 DJK09 上的单相调压器，然后调压器输出接 DJK09 上整流及滤波电路，从而得到一个输出可以由调压器调节的直流电压源。

实验电路的具体接线如图 7-26 所示。

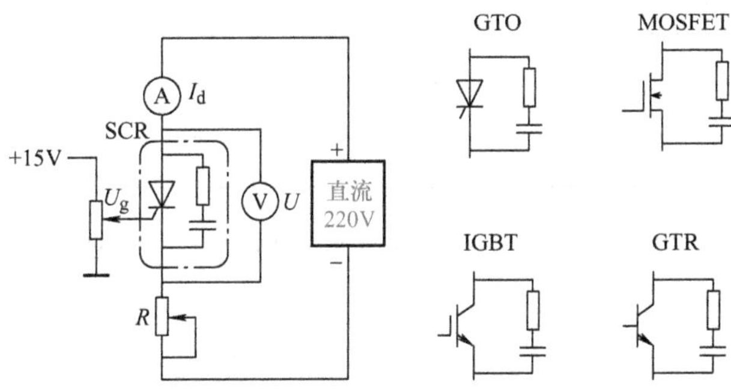

图 7-26　新器件特性实验原理图

四、实验内容

1）晶闸管（SCR）特性实验。
2）门极关断晶闸管（GTO）特性实验。
3）功率场效应晶体管（MOSFET）特性实验。
4）大功率晶体管（GTR）特性实验。
5）绝缘栅双极型晶体管（IGBT）特性实验。

五、预习要求

阅读本书中有关电力电子器件的内容。

六、思考题

各种器件对触发脉冲要求的异同点是什么？

七、实验过程

1）按图 7-26 接线，首先将晶闸管（SCR）接入主电路，在实验开始时，将 DJK06 上的给定电位器 RP_1 沿逆时针旋到底，S_1 拨到“正给定”侧，S_2 拨到“给定”侧，单相调压器逆时针调到底，DJK09 上的可调电阻调到阻值为最大的位置；打开 DJK06 的电源开关，按下控制屏上的“启动”按钮，然后缓慢调节调压器，同时监视电压表的读数，当直流电压升到 40V 时，停止调节单相调压器（在以后的其他实验中，均不用调节）；调节给定电位器 RP_1，逐步增加给定电压，监视电压表、电流表的读数，当电压表指示接近零（表示管子完全导通）时，停止调节，记录给定电压 U_g 调节过程中回路电流 I_d 以及器件的管压降 U_v，见表 7-36。

表 7-36　晶闸管（SCR）在给定电压 U_g 调节过程中回路电流 I_d 以及器件的管压降 U_v 的值

U_g					
I_d					
U_v					

2）按下控制屏的“停止”按钮，将晶闸管换成门极关断晶闸管（GTO），重复上述步骤，并记录数据，见表 7-37。

表 7-37　门极关断晶闸管（GTO）在给定电压 U_g 调节过程中回路电流 I_d 以及器件的管压降 U_v 的值

U_g					
I_d					
U_v					

3）按下控制屏的“停止”按钮，换成功率场效应晶体管（MOSFET），重复上述步骤，并记录数据，见表 7-38。

表 7-38　功率场效应晶体管（MOSFET）在给定电压 U_g 调节过程中回路电流 I_d 以及器件的管压降 U_v 的值

U_g					
I_d					
U_v					

4）按下控制屏的“停止”按钮，换成大功率晶体管（GTR），重复上述步骤，并记录数据，见表 7-39。

表 7-39　大功率晶体管（GTR）在给定电压 U_g 调节过程中回路电流 I_d 以及器件的管压降 U_v 的值

U_g					
I_d					
U_v					

5）按下控制屏的“停止”按钮，换成绝缘栅双极型晶体管（IGBT），重复上述步骤，并记录数据，见表 7-40。

表 7-40　绝缘栅双极型晶体管（IGBT）在给定电压 U_g 调节过程中回路电流 I_d 以及器件的管压降 U_v 的值

U_g					
I_d					
U_v					

八、实验报告

根据得到的数据，绘出各器件的输出特性。

九、注意事项

1）可参考实验六的注意事项1)。

2）为保证功率器件在实验过程中能避免功率击穿，应保证管子的功率损耗（即功率器件的管压降与器件流过的电流乘积）小于8W。

3）为使GTR特性实验更典型，其电流控制在0.4A以下。

4）在本实验中，完成的是关于器件的伏安特性的实验项目，老师可以根据自己的实际需要调整实验项目，如可增加测量器件的导通时间等实验项目。

实验十八　GTO、MOSFET、GTR、IGBT驱动与保护电路实验

一、实验目的

1）理解各种自关断器件对驱动与保护电路的要求。

2）熟悉各种自关断器件的驱动与保护电路的结构及特点。

3）掌握由自关断器件构成PWM直流斩波电路的原理与方法。

二、实验所需挂件及附件

GTO、MOSFET、GTR、IGBT驱动与保护电路实验所需挂件及附件见表7-41。

表7-41　GTO、MOSFET、GTR、IGBT驱动与保护电路实验所需挂件及附件

序　号	型　号	备　注
1	DJK01 电源控制屏	该控制屏包含三相电源输出等几个模块
2	DJK06 给定及实验器件	该挂件包括负载等几个模块
3	DJK07 新器件特性实验挂件	该挂件包括 IGBT、GTR 等几个模块
4	DJK12 功率器件驱动电路实验箱	该挂件包括 PWM 发生电路等几个模块
5	双踪示波器	自备

三、实验电路及原理

自关断器件的实验接线及实验原理图如图7-27所示，图中直流电源可由控制屏上的励磁电压提供，或由控制屏上三相电源中的两相经整流滤波后输出，接线时，应从直流电源的正极出发，经过限流电阻、自关断器件及保护电路、直流电流表再回到直流电源的负端，构成实验主电路。

四、实验内容

自关断器件及其驱动、保护电路的研究（可根据需要选择一种或几种自关断器件）。

五、实验过程

1. GTR的驱动与保护电路实验

在本实验中，把DJK12实验挂箱中的频率选择开关拨至“低频档”，然后调节频率按钮，使PWM波输出频率在1kHz左右。

在主电路中，直流电源由控制屏上的励磁电源输出，负载电阻R用DJK06上的灯泡负

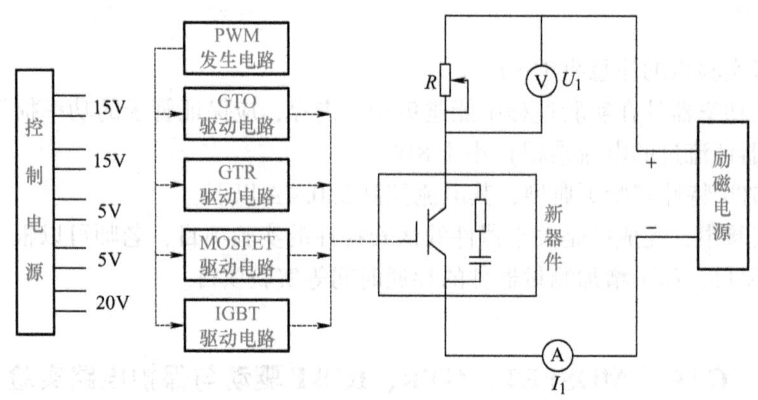

图 7-27　自关断器件的实验接线及原理图

载，直流电压表、电流表均在控制屏上。

驱动与保护电路接线时，要注意控制电源及接地的正确连接。对于 GTR 器件，采用 ±5V 电源驱动。接线时，PWM 波形的输出端接 GTR 驱动模块的输入端，±5V 电源分别接 GTR 电源的输入端。

实验时应先检查驱动电路的工作情况。在未接通主电路的情况下，接通驱动模块的电源，此时可在驱动模块的输出端观察到相应的波形，调节 PWM 波形发生器的频率及占空比，观测 PWM 波形的变化规律。

在驱动电路正常工作后，将占空比调小，然后合上主电路电源开关，再调节占空比，用示波器观测、记录不同占空比时基极的驱动电压、GTR 管压降及负载上的波形。

测定并记录不同占空比 d 时负载的电压平均值 U_a 于表 7-42 中。

表 7-42　不同占空比 d 时负载的电压平均值 U_a

d						
U_a						

2. GTO 的驱动与保护电路实验

将 DJK12 实验挂箱上的频率选择开关拨至“低频档”，调节频率调节电位器，使方波的输出频率在 1kHz 左右，然后再按实验原理图接好驱动与保护电路。其基本的实验过程与 GTR 的驱动与保护电路及斩波调速实验相同。

3. MOSFET 的驱动与保护电路实验

将 DJK12 实验挂箱上的频率选择开关拨至“高频档”，调节频率调节电位器，使方波的输出频率在 8～10kHz 范围内，然后再按实验原理图接好驱动与保护电路的实验电路，其基本的实验过程与 GTR 的驱动与保护电路实验一致。

4. IGBT 的驱动与保护电路实验

在本实验中，将 DJK12 实验挂箱中的频率选择开关拨至“高频档”，改变频率调节电位器，使方波的输出频率在 8～10kHz 范围内，然后再按实验原理图接好驱动与保护电路的实验电路，其基本的实验过程与 GTR 的驱动与保护电路实验一致。

六、实验报告

1）整理并画出不同自关断器件的基极（或门极）驱动电压、驱动电流、元器件管压降的波形。

2）画出 $U_a = f(\alpha)$ 的曲线。

3）讨论并分析实验中出现的问题。

七、注意事项

1）可参考实验六的注意事项 1)。

2）连接驱动电路时必须注意各器件不同的接地方式。

3）不同的自关断器件需接不同的控制电压，接线时应注意正确选择。

4）实验开始前，必须先加上自关断器件的控制电压，然后再加主电路的电源；实验结束时，必须先切断主电路电源，然后再切断控制电源。

参考文献

[1] 马宏骞．变频调速技术与应用项目教程［M］．北京：电子工业出版社，2011．

[2] 周元一．电力电子应用技术［M］．北京：机械工业出版社，2013．

[3] 王兆安，刘进军．电力电子技术［M］．5版．北京：机械工业出版社，2013．